贺州龟石饮用水源
保护工程设计与实践

欧文昌　刘　良　谢熊祥　伍　林　著

黄河水利出版社
·郑州·

内容提要

本书是在贺州龟石饮用水源保护工程及相关发明技术等成果的基础上，对饮用水源地进行系统调查，对各支流洪水、径流等进行分析，研究各支流和水库的水质调查和分析报告，根据研究成果进行饮用水源保护工程设计：确定治理范围、设计水平年、工程任务与规模、治理方案和措施等。主要内容涉及污染负荷及污染量、生态透水坝、低洼塘（前置库）、生态修复池、农村生活污水收集和处理一体化站、面源污染防护、截污沟防护、植物吸收、岸壁式及河湖式水质监测和测报信息化等新概念和技术措施。

本书可供从事水库、饮用水源保护、水源地保护、生态环境、农村生活污水处理等的工程设计人员和高等院校相关专业师生阅读参考。

图书在版编目(CIP)数据

贺州龟石饮用水源保护工程设计与实践/欧文昌等著.—郑州：黄河水利出版社，2022.7
ISBN 978-7-5509-3327-9

Ⅰ.①贺…　Ⅱ.①欧…　Ⅲ.①饮用水-供水水源-水源保护-研究-贺州　Ⅳ.①TU991.2

中国版本图书馆CIP数据核字(2022)第124705号

组稿编辑：王路平　电话：0371-66022212　E-mail：hhslwlp@126.com
田丽萍　66025553　912810592@qq.com

出 版 社：黄河水利出版社　网址：www.yrcp.com
地址：河南省郑州市顺河路黄委会综合楼14层　邮政编码：450003
发行单位：黄河水利出版社
发行部电话：0371-66026940、66020550、66028024、66022620(传真)
E-mail：hhslcbs@126.com
承印单位：河南新华印刷集团有限公司
开本：787 mm×1 092 mm　1/16
印张：13.25　插页：6
字数：320千字
版次：2022年7月第1版　印次：2022年7月第1次印刷

定价：120.00元

龟石水库碧溪山北片水源保护项目效果图

龟石水库碧溪山南片水源保护项目效果图

龟石水库碧溪山南监测站水源保护项目效果图

龟石水库内新片水源保护效果图

龟石水库库区一级水源保护区现状

现状桉树种植情况

柳家乡碧溪山村入库河流河口

柳家乡碧溪山村入库河流

坝首至碧溪山段现状管护道路

碧溪山村违章建筑

坝首至碧溪山段现状管护道路

龟石水库库区二级水源保护区现状

柳家乡老铺寨消落区

柳家乡龙头村入库排污沟

柳家乡老岭塝消落区

柳家乡淮南河河口

柳家乡峡头村消落区

柳家乡速生桉种植

龟石水库库区准保护区现状

莲山镇内新村入库排污沟

莲山镇内新村现状牲畜

莲山镇内新村现状牲畜棚

莲山镇内新消落区

莲山镇马田村现状牲畜棚

莲山镇马田村现状消落区

现场航拍图

碧溪山北片施工前现状

碧溪山北片施工中现状

碧溪山南水质监测站片施工前现状

碧溪山南水质监测站片施工中现状

老岭塝南片施工前现状

老岭塝南片施工中现状

新石片施工前现状

新石片施工中现状

石坝片施工前现状

石坝片施工中现状

龙头片施工前现状

龙头片施工中现状

内新片施工前现状

内新片施工中现状

前 言

水,是生命之源泉。水资源一直都是人类基础性的自然资源和战略性的经济资源。节约和保护水资源是一项重大国策,尤其是饮用水源保护更是关系国计民生。随着全球范围的水污染问题越来越受到人们广泛的关注,世界各国都为污染物(源)的处理制定了严格的标准,工业废水和生活污水必须经过严格处理达标后才允许排放。城市基本上都设置截污工程,城市污水处理达标后统一排放,做到了“源头治理和过程阻断”。然而在我国广大农村,存在大量的污染源。首先,由于村庄沿江、河、库周边布设,村民生活污水,以及产生的大量生活污染物,大都直排入河道,流入水库中。其次,农作物耕作时所施的氨氮、总磷肥等易溶解,随地表径流直接流入江、河、水库中。因此,为保护以水库作为集中水源的下游城市和乡(镇)人民群众饮用水源,必须做到河流入库的“末端强化”,即农村污染源在入河、库前对河、湖、库集中水源进行“源头治理、过程阻断、末端强化”治理,避免水源受污染,维持饮用水源标准。

河流入库过程中受污染水的净化机制多有报道,但在“末端强化”治理中,对农村面源污染和农村生活污水调查、污染量的定量分析、与治理相关的入库支流的设计洪水与生态用水标准、设计水平年、研究范围、规划范围、治理方案和措施、工程投资等方面的饮用水源保护系统工程研究和实践,鲜于报道。鉴于入库支流水污染的普遍性、危害性及复杂性,在保护和治理入库河流型饮用水源保护工程领域中存在的问题,本书以广西贺州龟石饮用水源保护工程设计和实践为例,以入库小流域为单元分区分片治理,处理、拦截、削减小流域各片区的末端入库污染量,在设计水平年限内,使各级水源保护区水质达标。结合对入库支流、水库消落区生态修复的工程措施、植物措施,构筑水环境生物圈,“成片、成林、成景”保护龟石饮用水源。因此,本书具有一定的理论价值和现实意义。

本书在编写过程中,得到了恒晟水环境治理股份有限公司王荣华、邓振贵的帮助和指导,在此表示感谢!

项目设计时间和实践过程较长,各种资料文献繁杂,涉及的内容较多,不可避免地存在一些疏漏之处,敬请读者批评指正。

作 者

2022 年 4 月

目 录

第1章 绪 论

1.1 工程概况

贺州市于2002年11月正式挂牌成立建市,位于广西壮族自治区东北部,北纬23°39′~25°09′,东经111°05′~112°03′。东与广东省的怀集县、连县、连山县等毗邻,北与湖南省的江永、江华两县相连,西与桂林接壤,南与梧州相邻。贺州市辖八步区、平桂区、钟山县、昭平县、富川瑶族自治县等2个区、2个县、1个自治县,总面积1.18万km^2,总人口242.91万人。贺州市是湘、粤、桂三省(区)的交界地,历史上有"三省通衢"之称。国道323线和207线贯穿全境,境内拥有已建成通车的洛湛铁路、广贺高速公路、桂梧高速公路以及贵广高速铁路,是大西南地区东进粤港澳和出海的重要通道。

龟石水库位于珠江流域西江水系贺江干流上游富江上,坝址位于钟山县,库区位于富川境内柳家乡长溪江村黄牛头处,是一座集防洪、供水、灌溉、发电等综合利用的水利工程。水库集水面积约1 254 km^2,坝址以上为富川县,占富川瑶族自治县土地面积(1 572.54 km^2)的80%,坝址以下为地级贺州市和县级钟山县。龟石水库是贺州市城区、平桂管理区、钟山县城镇生活饮用水,主要工业区旺高工业园、华润水泥厂、华润电厂等供水水源和工农业生产、水力发电的重要取水水源。现状供水范围内供水人口为14.5万人,供水规模为15.585 1万m^3/d,年供水量4 531万m^3。龟石灌区为桂东南大型灌区,灌溉面积30.45万亩(1亩=1/15 hm^2,全书同)。

随着富川瑶族自治县社会经济的发展、进步,库区周围的乡村人口不断增多,大力发展特色果业,在居民日常生活、生产中,大量未经处理的生活污水,种植过程使用的农药和化肥,经地表径流最终汇入龟石水库,导致龟石水库水质磷、氮浓度逐年增大,加速龟石水库富营养化趋势,同时库区周边山岭大量种植速生桉,树种单一,导致水源涵养能力下降。另外,龟石水库库区涉及范围大,地形地貌复杂,管理范围未进行确权划界,由于投入严重不足,水库管护能力严重滞后,一些部门组织实施的污水处理项目长期处于闲置状态,未发挥作用,难以适应保护水源日益严峻的形势。经分析,各水源保护区内各片水质污染主要由各片的农村生活、农业生产的面源污染所造成。农村生活、农业生产的面源污染的产生随着村落沿库区分布,造成了面源污染分布范围广、不确定性大、成分及过程复杂、难以收集等特点。贺州市环境保护局将龟石水库饮用水源划分为一级保护区、二级保护区和准保护区,对直接入库的河流、滩地进行分片治理。以26条入库支流为单元,形成"三区26片"总体格局,其中一级饮用水源保护区2片,二级饮用水源保护区12片,准保护区12片。按照水源保护治理"源头控制、过程阻断、末端强化"的原则,确定在入库支流后与水库正常蓄水位182.0 m(珠基,下同)以下的交汇区域水源保护进行末端强化治理,分析研究污染源数量,按照工程设计要求,采用新技术,工程措施和植物措施相结合,对农村生活污染源进行收集处理、生态拦截,以加强水质净化;实施监控,确保入库支流污染源监测,满足在各片区设计水平年限内水质达标。

治理范围为龟石水库整个集雨区,主要涉及库内、库周及水库上游富川瑶族自治县境内柳家乡、富阳镇、莲山镇等 11 个乡(镇)的治理。匡算总投资为 185 207.34 万元。项目实施分两期工程进行。一期工程总治理面积为 449.08 km^2,共建设生态拦截隔离沟 70.98 km、前置库生态透水坝 42 座、管护道路 49.225 km、种植植物 1 534.13 hm^2、生态库岸 69.02 km、细分子超饱和溶氧站 1 座、变流速污染水体生态净化系统修复池 2 处等。本工程为一期工程,总投资为 47 742.54 万元。

1.2 龟石饮用水源保护工程研究历程及规划成果

1.2.1 龟石饮用水源保护工程研究历程和相关规划

1963 年竣工的龟石水库位于贺江干流上游富江上,属大(2)型水库,是贺州市唯一的大型水库,集雨面积 1 254 km^2,有效库容 3.48 亿 m^3,总库容 5.95 亿 m^3,项目建设初期是以灌溉为主,结合发电、防洪、供水、工业用水等综合利用的水利工程。作为 2003 年挂牌的新兴建市城市最重要的供水水源地,2003 年贺州市水利电力局就完成了《龟石水库水源地保护规划》编制工作;2003 年 11 月,贺州市水利电力局和梧州水环境监测中心编制完成《广西贺州市龟石水库饮用水水源地保护规划》,龟石水库于 2003 年 11 月被确定作为贺州市的水源地(水源地编号 H04451100000R1),对饮用水水源保护区进行划分和水质目标确定、水源地污染物排放总量控制,提出饮用水水源地保护对策与措施。国务院以《关于全国重要江河湖泊水功能区划(2011—2030 年)的批复》文,明确龟石水库属于贺江流域,龟石水库坝址以上共划分为 2 个一级水功能区,分别为 1 个保护区与 1 个开发利用区,其中开发利用区内又区划 10 个二级水功能区。2008 年,梧州水利电力设计院完成了《贺州市龟石水库水源地保护及水资源配置工程可行性研究报告》;2009 年编制完成了《贺州市龟石水库饮用水水源保护示范工程实施方案》。2011 年 6 月,贺州市环境保护局完成了《贺州市市区饮用水水源保护区划定方案》。

随着社会经济的发展,特别是 2011 年以来,龟石水库总体水质由《地表水环境质量标准》(GB 3838—2002)Ⅱ类下降为Ⅲ类,局部时段水质超过Ⅲ类,个别污染物超标严重,水质达不到城镇饮用水地表取水水质标准。龟石水库水质下降严重影响贺州市城区及钟山县城区饮用水安全。

党中央、国务院高度重视饮水安全保障工作,《中共中央 国务院关于加快水利改革发展的决定》(中发〔2011〕1 号)明确要求加强水源地保护,到 2020 年城乡供水保证率显著提高,城乡居民饮水安全得到全面保障,主要江河湖泊水功能区水质明显改善,城镇供水水源地水质全面达标。2012 年 1 月 12 日,国务院发布《国务院关于实行最严格水资源管理制度的意见》(国发〔2012〕3 号),要求到 2020 年城镇供水水源地水质全面达标。2013 年,贺州市人民政府发布了《贺州市人民政府关于进一步加强龟石水库管理的意见》(贺政发〔2013〕22 号),指出龟石水库是贺州市重要的水利工程,保护水库生态环境,规范水库开发利用,保证水资源可持续利用,对发挥水库综合效益、保障人民生命安全和促进经济社会可持续发展具有重要意义。

至此,针对龟石水库开展了如下水源保护工作:

(1)2013年,国家林业局文件林湿发〔2013〕243号同意国家林业设计院编制的《广西龟石国家湿地公园总体规划报告》,对含龟石国家湿地公园在内的131处湿地开展国家湿地公园试点工作。主要内容是湿地保护与恢复规划、科研监测规划、防御灾害规划、保护管理基础能力建设规划、基础工程规划、管理规划、区域协调与社区规划、科普宣教规划和合理利用规划。

(2)2012年10月,广西壮族自治区水利电力勘测设计研究院和广西梧州水利电力设计院编制完成了《贺州市龟石水库综合利用规划报告》,将现状龟石水库以灌溉为主,结合发电、防洪、供水、工业用水等综合利用的水库功能顺序调整为防洪、供水、灌溉、发电等综合利用。

(3)2017年水利部珠江水利委员会完成了《贺江流域综合规划》(2013—2030)。规划的范围为贺江全流域,总面积11 599 km^2。行政区划包括湖南省永州市江华县和江永县;广西壮族自治区贺州市富川县、钟山县、八步区、平桂管理区,梧州市万秀区、苍梧县;广东省清远市连山县、连南县,肇庆市封开县、德庆县和怀集县共13个县(区)。规划目标为建立和完善流域防洪减灾、水资源供给和保障、水资源保护与生态环境修复和流域综合管理四大体系,主要任务以发电、防洪为主,兼顾灌溉、航运、水资源与水生态保护等。

(4)2019年,广西壮族自治区梧州水利电力设计院完成《贺州市供水水源规划报告(修编)》。修编后贺州市城区近期(2020年)常规供水水源方案为:在现状供水(龟石水库17万 m^3/d)的基础上,结合在建的路花水库和新建大湾水库,形成以龟石水库、路花水库、大湾水库为水源的多水源安全供水格局,其中龟石水库供水17万 m^3/d,路花水库供水6.8万 m^3/d,大湾水库供水9.2万 m^3/d。贺州市城区远期(2030年)常规供水水源方案为:以大湾水库为水源建设大湾水库二期工程,以龟石水库为水源建设龟石水库输水扩建工程,形成以龟石水库、路花水库、大湾水库为水源的多水源安全供水格局,其中龟石水库供水28万 m^3/d,路花水库供水6.8万 m^3/d,大湾水库供水23.2万 m^3/d。

(5)2013—2015年期间,广西壮族自治区梧州水利电力设计院开展了《广西贺州市龟石水库饮用水水源保护规划修编报告》编制工作。

2017年9月9日,贺州市以贺发改农经〔2017〕204号批复了贺州市龟石饮用水源保护工程(一期)项目建设书。2017年12月5日,贺州市以贺发改农经〔2017〕283号批复了贺州市龟石饮用水源保护工程(一期)可行性研究报告,项目总投资估算为50 866.36万元。2018年2月,贺州市批复了《贺州市龟石饮用水源保护工程(一期)初步设计报告》。2018年10月,贺州市龟石饮用水源保护工程(一期)开工建设。

1.2.2　广西贺州市龟石水库饮用水水源保护规划修编报告成果

1.2.2.1　规划范围

龟石水库饮用水水源地流域范围内有7条较大的支流,即金田河、巩塘河、石家河、新华河、莲山河、涝溪河、淮南河，富江干流及7条支流流域内分布着富川县13个乡(镇)中的10个乡(镇)，分别为富阳镇、古城镇、莲山镇、福利镇、麦岭镇、葛坡镇、城北镇、新华乡、石家乡、柳家乡。

本次龟石水库饮用水水源地保护规划修编范围不仅为龟石水库水利工程管理处管理范围，即184.70 m以下(黄基)，还包括龟石水库整个1 254 km^2集雨面积的来水区域，即龟石水库大小支流及10个乡(镇)，但不含龟石水库取水点至贺州市城区、钟山县城区各水厂之间的输水渠道范围，旨在对库区、库周及水库上游区域范围的保护规划。

1.2.2.2 规划水平年

本规划基准年为2012年，近期规划水平年为2020年，远期规划水平年为2030年。

1.2.2.3 规划目标

近期目标(2020年)：对贺州市龟石水库饮用水水源地保护规划，力争在规划水平年内，使水源地达到“水量保证、水质合格”，使水源地供水保证率达到95%以上；通过加强龟石水库水源地水保护区的管理和实施水库周边水污染治理措施，使龟石水库的水质达到《地表水环境质量标准》(GB 3838—2002)Ⅲ类及以上。

远期目标(2030年)：通过管理和水库来水区域的综合治理，使龟石水库水源地水量满足供水需求，水质完全达到地表水饮用水水源地水质标准，实现水资源和水生态系统的良性循环，以确保人民生活、生产用水安全，促进社会经济可持续发展。

1.2.2.4 规划指标

水污染评价指标：《地表水环境质量标准》(GB 3838—2002)中要求的24个基本项目，包括水温、pH值、化学需氧量(COD_{Cr})、五日生化需氧量(BOD_5)、氨氮(NH_3—N)、亚硝酸盐氮、硝酸盐氮、挥发酚、总氰化物、总砷、总汞、六价铬等。

必控指标：将化学需氧量(COD_{Cr})、氨氮(NH_3—N)作为必控指标。

1.2.2.5 规划主要内容

本次规划修编工作主要有现状调查、评价及主要问题分析、水功能区划及水源保护区划分，主要治理措施有水域纳污能力及污染物入河控制量方案、入河排污口布局与整治、面源及内源污染控制与治理、水生态系统保护与修复、饮用水水源地保护、水源地保护监测、综合管理等。具体如下。

1. 现状水质调查与评价及主要问题分析

1)现状水质调查与评价

现状调查资料包括自然环境、社会经济、水资源、水生态、水功能区和水污染状况及相关规划、水资源保护监督管理等。

现状评价主要是对水质现状评价，包括龟石水库营养状态、水功能区水质评价。

2)主要问题分析

(1)根据水质现状评价结论，分析造成龟石水库水质变化的主要原因。

(2)根据水资源监控的评价结果，分析监控体系、站网布设、监测项目和频率、监测能力等方面存在的问题及其原因。

(3)根据水资源监督管理的评价结果，分析监督管理的法规体系、制度、管理能力建设等方面存在的问题及其原因。

2. 主要治理措施的选择及投资

1) 纳污能力及限排总量控制

计算龟石水库的纳污能力,根据纳污能力制定限排总量控制方案。

2) 排污口布局与整治

根据龟石水库现状排污口分布提出排污口布局及整治方案。

对饮用水水源保护区内入河排污口按照有关法律规定进行关停,确保水源保护区内没有排污口。

3) 面源及内源污染控制与治理

a. 面源污染控制与治理

面源污染控制与治理要和小流域综合治理相结合,以发展生态农业、改进耕作方式、调整农业种植结构,采用先进科学的施肥技术,提高农作物对氮、磷的吸收效率,采用生态沟渠拦截农药污染。

另外,重点加强农村生活污水和垃圾收集处理、动物粪便收集与回收。

b. 内源污染控制与治理

内源污染控制与治理主要包括污染底泥、水产养殖、流动污染源及因水体富营养化而造成的蓝藻暴发等形成的间接污染治理。

4) 水生态系统保护与修复

a. 生态需水保障

按照河流径流计算,生态基流采用不小于90%保证率或最枯月平均流量和多年平均天然径流量的10%两者之间的大值。

b. 水源涵养

水源涵养措施主要为石漠化综合治理和水土保持综合治理。

对龟石水库流域范围内富川县境内石漠化较严重的地区进行措施治理。

以小流域或者镇域为单元,对龟石水库流域范围内富川县境内水土流失较严重的地区进行措施治理。

c. 重要生境保护与修复

应针对流域或区域具体生态保护目标,结合不同类型生境范围和特点,划分适宜的规划单元,明确水生态系统保护和修复的方向和重点,提出措施布局。

5) 饮用水水源地保护

饮用水水源地保护工程主要为水源地隔离防护工程、生态修复与保护工程(含入库支流及库周)及龟石水库违章清筑工程。

6) 水源地保护监测

水资源保护监测规划内容应包括水资源保护监测和水资源保护信息管理及决策支持系统建设等。

7) 龟石水库综合管理

龟石水库水源地保护工程建设完成后,建议以龟石水利工程管理处为基础,成立龟石饮用水源地管理站,主要负责龟石水库水源保护工程的日常运行和维护。运行条件:具有经过培训的技术人员、管理人员和相应数量的操作人员;具备完备的保障污水安全处理的规章制度;具有保障人工湿地污水处理工程正常运行的周转资金和辅助原料;具有负责污水处理效果监测、评价工作的机构和人员。机构设置与劳动定岗、定员:污水处理工程运营机构的设置应以精简高效、安全生产、提高劳动生产率为原则,做到分工合作、职责分明;污水处理工程的劳动定员可分为生产人员、辅助生产人员和管理人员,管理人员包括技术人员和安全管理人员。

管理中要加强湿地及浮床的植物管理,保证人工湿地及浮床水生植物的密度及良性生长。植物系统建立后必须由污水连续提供养分和水,保证植物多年的生长和繁殖,对死亡植物及时补种,保证植物的处理能力。秋季考虑周期性收割枯死植物和去除表面枯枝落叶。杂草的控制采取调节水位和人工拔除的方式,既要保证高效植物的生长优势,又要适当保持杂草的生长,维系生态系统的平衡。

8)规划实施意见与效果评价

a. 规划实施意见

在选定规划方案总体安排的基础上,提出与当地国民经济发展水平相适应及主要污染源的分期治理开发工程的实施意见。

b. 效果评价

规划实施效果评价主要考虑水资源保护、水生态保护的效果,以及经济社会等方面产生的间接效益。

9)投资估算主要指标

龟石水库水源地保护经过隔离防护等七项措施治理,从水质和水量,库区、库周,入库支流及流域范围内的富川县境,水库管理建设进行全面监控,为龟石水库实现安全供水提供保障,总投资为 185 207.34 万元。面源及内源污染控制与治理工程为 89 437.51 万元;水生态系统与修复工程为 15 382.04 万元;饮用水水源地保护工程为 79 960.05 万元;水源地预警监控体系建设工程为 427.75 万元。其中,近期总投资为 158 380.04 万元,远期总投资为 26 827.30 万元。

1.3 重大工程问题研究

1.3.1 水源保护工程技术路线

贺江上游富江横穿富川县城,龟石水库水源地入库排污口包括集中式排污口和分散式排污口。富江及其诸多支流,沿岸工业相对薄弱,以农村生活区和以水稻、果树等为主农业区,沿江的几个小乡(镇)无大的集中式生活污水排放口,只有一些分散的小型市政排污口。无污水处理措施,或者难以、尚未发挥作用,存在农村生活污水治理问题;另外,农作物耕作时所施的氨氮、总磷肥等易于溶解,并随地表径流直接流入富江及其支流,最终汇入龟石水库,使水源受污染,难以维持饮用水源标准,存在面源污染问题。

制定项目工作的技术路线(见图 1-1),指导龟石水源保护工程,对龟石水源地进行调查与评价、识别影响龟石水源水质问题、对富江及其支流进行水文分析、对龟石水源地进行水质评价等,研究水源保护的工程设计。

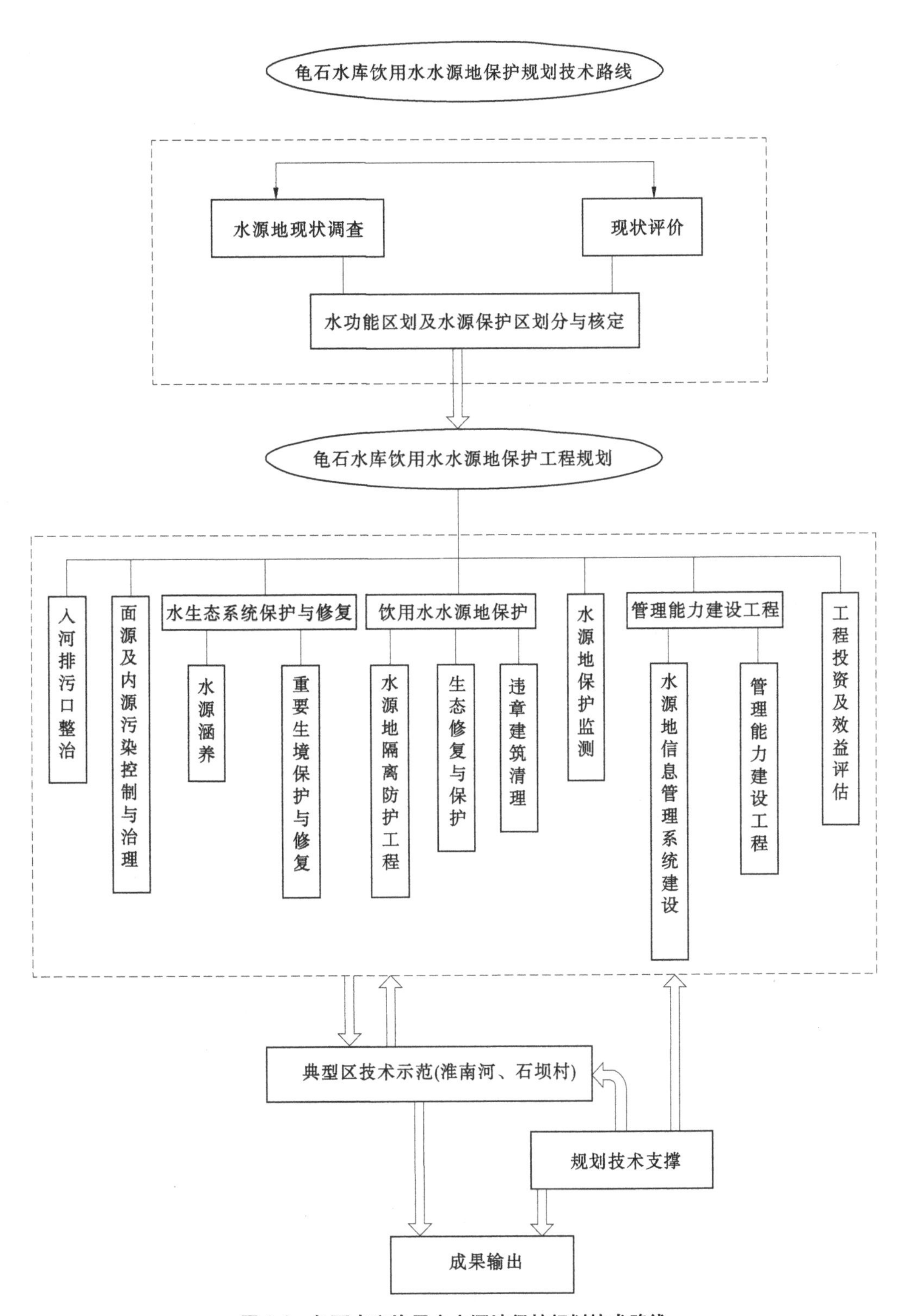

图1-1 龟石水库饮用水水源地保护规划技术路线

1.3.2 龟石水源保护工程污染量化问题的研究

河流入库后,形成“末端强化” 过程如何治理的问题。以小流域为单元,按照“分片分区”原则,对各片区农村面源污染和农村生活污水调查、污染负荷计算和预测、污染量设计水平年内削减目标分析研究。

1.3.3 龟石饮用水源保护工程设计问题研究

水源保护工程系统化研究和设计实例较少。尤其是从规划阶段、可研阶段,到初步设计阶段无完整规范进行水源保护工程。本工程是按照水利水电工程进行的,选取二级水源保护区石坝村作为试点,研究石坝村的农村生活污水处理工程,再在试点研究经验基础上开展对龟石饮用水源保护工程设计问题的研究,主要包括:

(1)研究龟石饮用水源保护工程“末端强化”治理的研究范围、规划范围、工程任务和规模。

(2)研究入库支流的设计洪水与生态用水。

(3)治理总体方案和相应的措施。

(4)研究农村生活污水治理、农业面源污染治理工程、生态修复等的工程等级、各建筑物设计标准。

(5)根据总体方案比较和选择各建筑物形式、工程布置、工程措施,进行建筑物结构设计。

(6)设计概算。

1.3.4 综合管护建设工程对水质保护问题的设计

龟石水源工程中还有隔离防护总体方案和措施研究、水质监测方案和措施的设计、标志和确权划界方案等综合管护建设工程对水质保护的设计。

1.3.5 龟石水库水源地调查的研究结论

1966年3月竣工的龟石水库,不是单一型水利工程,是一座集防洪、供水、灌溉、发电、水产养殖等综合利用功能的大(2)型水库。在确保工程安全的前提下,尽量发挥水库的调蓄作用,力求少留专门调洪库容,减少无益弃水,最大限度地发挥水库的兴利与防洪的综合效益。发电服从于供水、灌溉;灌溉、供水服从于防洪。水库泄洪与下游河道发生矛盾时,下游河道必须服从于水库安全。

因此,类似广西贺州市龟石水库河流入库饮用水源保护工程需充分研究与水库功能综合的关系问题。

1.4 采用的新技术、新方法

以小流域为设计单元,按照“分片分区”总格局,根据龟石水库库区各片区农村产生的污染源分布量大、面广、具有分散性,并伴随入库支流随地形空间异质性,在入库支流的设计范围断面设置在线监测,控制源头污染预警监控,以下治理主要进行末端强化。量化各小流域片区农村生活污水、农业面源污染量,采用一系列新技术和新方法。本书结合水源保护措施,获得了以小流域分散性污水分片集中治理的"变流速污染水体生态净化系统""多氧态水体生态修复方法"和"农村生活污水分散式全生态强化治理系统"等国家实用型发明专利,编制完成《湖库型饮用水水源地生态环境修复技术规范》(DB45/T 2234—2020)。贺州龟石水库水源保护及生态修复工程石坝村、坝首试点项目获广西水利系统优秀工程设计三等奖。根据技术路线,针对水源保护重大问题的研究,采用新技术、新方法。根据水利水电概(预)算定额,分析项目投资。

1.4.1 入库各支流污染源量化方法

本书项目为入库各支流污染源治理,包括农村生活污水、养殖污染、农业面源污染等。各入库支流面积不同,径流时空分布不均,使得以流域为单位入库污染源量不同。枯水期天然来水小,污染物沉积在河岸边,依附于水生植物,入库支流污染浓度大,入库后稀释和自净能力降低,会造就枯水期发生水污染事件。洪水期各支流来水量大,尽管污染物被带入库中,但洪水入库后稀释和自净能力增强,一般不会发生水污染事件。从饮用水源地调查、水文等基础资料、近年来历次水华事件入手,识别主要问题;污染源,研究入库河流污染负荷的量化问题,计算基准年、水平年的污染量,为工程处理措施提供理论依据。

1.4.1.1 入河负荷现状污染源量计算采用的方法

1. 生活污水现状分析

结合各支流径流量方案研究,农村生活污染源估算采用《广西壮族自治区农林渔业及农村居民生活用水定额》和《全国水环境容量核定技术指南》技术方法分析。

2. 工业污染排放现状分析

考虑干流是有源头控制和过程处理的,涉及干流沿江的工业布局和污水排放,参考《城镇污水处理厂污染物排放标准》(GB 18918—2002),按照排放标准计算工业污染物排放量工业污染排放现状。

3. 养殖污染现状分析

畜禽养殖所排放的污染负荷是通过湖泊流域内畜禽的种类和数目、每头畜禽所产生的污染当量以及粪尿的排放量来计算的。流域内畜禽养殖的排污系数参照《第一次全国污染源普查-畜禽养殖业源产排污系数手册》,并结合龟石水库集水区域内畜禽养殖情况取值。

4. 农业面源污染现状

根据《富川瑶族自治县土地利用总体规划(2010—2020)》中各乡(镇)土地利用规划图,确定各片区集水面积内耕地和园林地面积,然后参考《全国水环境容量核定技术指南》和《第一次全国污染源普查—农业污染源肥料流失系数手册》中的污染源调查方法介绍,并结合龟石流域具体情况,计算农业面源污染源污染量。

5. 污染负荷产生量和入库总量预测方法

按照《水域纳污能力计算规程》(SL 348—2006),确定入库系数,计算污染物数量。

本次计算预测到远期2030年,水库集水区内只考虑人口增长,耕地基本不变。按综合指数人口增长模型计算,预测污染物数量。

1.4.1.2 设计浓度计算,确定水质状况

根据水文站资料,统计计算不同要求的径流,基准年、设计水平年污染物浓度,判断各支流入库前是否满足《地表水环境质量标准》(GB 3838—2002)不同地表水标准。

1.4.2 工程设计系统化

1.4.2.1 水源保护工程缺少相关的工程实例

本次水源保护工程设计尽可能参考已有设计规范,使项目设计系统化,研究包括治理范围、设计范围、各片区的主要任务、规模、水源保护治理方案问题,对不满足水质要求的污染入库河流,则要采取工程措施和植物措施留置、削减、处理,达标后再排入库。

满足水质要求的削减量、达标量和各部门处理量关系,按照"污染物总入库量=削减量+各部门处理量"的总原则,确定前置库削减量,并确定植物措施;研究各片区隔离、管护防护工程、农村生活污水治理工程、农村面源污染治理工程、入库支流生态修复工程、标志工程、确权划界工程及综合管理建设总体布置,各建筑物等级划分、设计标准、结构形式,施工组织设计等问题。

1.4.2.2 生态透水坝新技术

末端强化技术主要包括低洼塘(前置库)技术、生态排水系统滞留拦截技术、人工湿地技术的研究。本次农业面源污染治理工程主要进行末端强化,采取的末端强化技术为生态透水坝形成低洼塘(前置库)兼顾生态修复池+植物措施,并进行底泥清除。通过在龟石水库各入库支流河口消落区范围内建设生态透水坝形成低洼塘(前置库),进一步将各入库支流带入的污染物滞留于坝前,再在消落区不同高程范围内种植各类型植物。生态透水坝结构设计为双向结构,既要满足前置库水位不造成壅高,不造成上游淹没,洪水期,恢复原天然状态,确定前置库最高水位;又要满足枯水期植物生长最低水位要求,确定前置库至少有大于 0.5 m 的水深。

1.4.2.3 各类型植物对各污染量削减作用

选取种植沉水植物、草本植物(挺水植物)、乔木植物对污染量削减。

1.4.2.4 农村生活污水和面源污染削减新技术

农村生活污水治理采用国家实用型发明专利处理新技术"变流速污染水体生态净化系统",设计农村生活污水修复池和污水处理站。

1.4.3 入库支流水质监测信息化

1.4.3.1 生态透水坝水位和渗压监测

生态透水坝既要挡入库前支流洪水,满足入库支流水位壅水不对上游淹没的溢流要求,形成稳定的前置库,又要满足库内洪水过高,形成倒灌的要求渗流又要挡库内洪水。对前置库水位和渗压实时自动监测,5G 传输中心站,通报管理人员。

1.4.3.2 浮动式自动监测站对支流入库后水质监测

为了实现龟石水库综合管理,本次设计从水质测报、水量测报、视频监控、事故预警、应急处置指挥、声控宣传等内容入手,实现龟石水库实时无线自动监控。

本次设计确定水质自动监测指标为水温、pH 值、DO、浊度、氨氮、COD、总氮、总磷、流量共9项参数。通过设置浮动式自动监测站研究各入库支流处理后进入龟石水库库区水质,主要监测龟石水库库区水质情况,并根据水质监测成果确定超标,产生预警。

1.4.3.3 岸壁式自动监测站技术

根据《水环境监测规范》(SL 219—2013),结合龟石水库水环境影响因子及管理能力的实际,本次设计确定水质自动监测指标为水温、pH 值、DO、浊度、氨氮、COD、总氮、总磷、流量共9项参数。通过设置岸壁式自动监测站实现入库支流污染源入库前自动水质指标无线监控,并根据水质监测成果确定超标,产生预警,5G 传输中心站,通报管理人员。

第2章　龟石饮用水源地调查

2.1　自然地理概况

2.1.1　地理位置

贺江属珠江流域西江水系，是西江的一级支流，发源于广西富川县麦岭镇长春村茗山，经富川县、钟山县、平桂管理区、贺州市区、贺州市八步区步头镇、信都镇直流至铺门镇扶隆村进入广东省境内，在广东封开县江口镇汇入西江。从源头到平桂管理区侧U形河道弯道河段称富江，以下称贺江。全流域面积11 599 km²，河流全长357.3 km，干流河道平均坡降0.47‰。其中，贺州市境内贺江流域面积7 029 km²，河流长239 km。贺江在富川县境内65 km，在钟山县境内26 km，在平桂管理区境内44 km，在八步区境内104 km。

龟石水源地位于东经111°10′~111°30′，北纬24°36′~24°50′，由贺江干流富江和26条支流入库汇集而成，水库坝址位于富川境内柳家乡长溪江村黄牛头处，库区位于富川瑶族自治县。龟石水库距离富川瑶族自治县县城约2 km，距离钟山县县城约13 km，距贺州市城区约50 km，是一座集防洪、供水、灌溉、发电等综合利用的大(2)型水库。具体地理位置详见图2-1。

2.1.2　地形地貌

龟石水库水源地地形四面环山，中间低凹，略呈椭圆形盆地，地势北高南低。主要构造形式有褶皱和断裂，西部及东南部分布着横亘连绵的山脉，谷深坡陡，地势高峻；东部为石灰岩溶蚀而成的岩溶峰林地貌，群峰拔挺；东北面为丘陵地貌，顶圆坡缓，波状起伏；中部为宽坦的溶蚀平原地区，地势低垂，孤峰独山拔地而起。富江河水北南纵流，地处都庞岭和萌渚岭余脉峡谷之间，形成南北风向要口，素有大风走廊之称。龟石水库坝址以上流域呈长方形，范围在东经111°10′~111°30′，北纬24°36′~24°50′，流域西面边缘较高，北面次之，东面较低，流域边缘的东南面也较高。

2.1.3　气候与气象

2.1.3.1　气候

龟石水源地所在区域属亚热带季风气候区，气候温和，雨热同季，春迟秋早，春秋两季短，冬夏两季长。夏季盛行暖湿海洋气团，多吹偏南风；冬季盛行大陆气团，多吹偏北风。县境内多年平均气温19.2 ℃，年平均最高气温多在36~38 ℃，年平均最低气温18.2 ℃，年均积温为6 993.1 ℃。极端最高气温38.5 ℃(1971年7月21日)，极端最低气温-4.1 ℃(1969年1月31日)。一般1月为一年中最冷月，历年平均气温为8.5 ℃，7月为一年

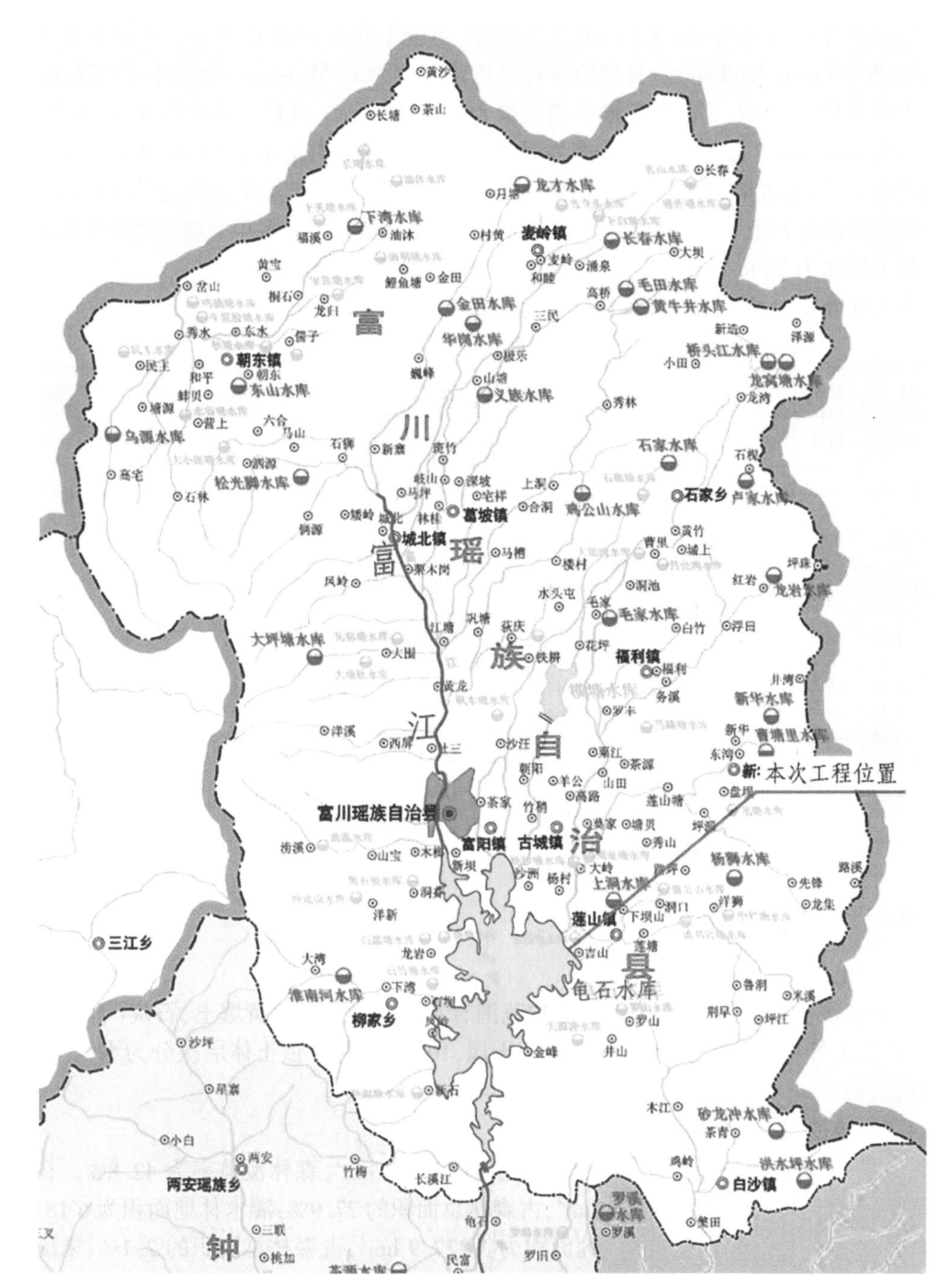

图 2-1　龟石水库地理位置

中最热月，历年平均气温为 28.1 ℃。

2.1.3.2　气象特征

根据富川瑶族自治县气象站实测资料统计，多年平均降水量为 1 729.0 mm，最多年降水量为 2 157.3 mm（1994 年），最少年降水量为 1 141.1 mm（1989 年）。雨季一般在 4

月中旬至9月上旬,其中4—8月降水尤为集中,占全年降水量的67.07%。实测日最大降水量为297.3 mm(2008年)。县境内多年平均蒸发量为1 758.6 mm,大于年平均降水量。年最大蒸发量为1 900.3 mm,年最小蒸发量为1 577.5 mm。月最大蒸发量在7—9月,比同期降水量多301.7 mm,各月平均蒸发量都超过200 mm,为降水量的181.0%。月最小蒸发量在12月至次年3月。县域历年平均风速为2.9 m/s,年均最大风速为14.3 m/s。月均最大风速在2月,历年平均风速达3.2 m/s,最小风速在8月,多年平均风速为2.3 m/s。历年最大风速为28 m/s,相应风向为NE及WSW,历年最多风向为WN。

富川瑶族自治县气象站气象特征值见表2-1。

表2-1 富川瑶族自治县气象站气象特征值

项目		1月	2月	3月	4月	5月	6月	7月	8月	9月	10月	11月	12月	全年
降水量/mm		78.1	93.6	141.3	218.9	300.4	291.0	164.1	157.9	69.1	78.4	65.4	51.8	1 710
蒸发量/mm		71.8	69.1	90.0	114.4	149.7	179.6	247.8	223.3	208.9	176.1	129.8	98.2	1 758.6
气压/hPa		1 000.1	998	994.7	990.9	986.8	983.3	982.5	983	988.7	994.3	998.6	1 000.5	991.8
湿度/%		75	77	79	81	80	79	76	77	72	69	69	69	75
气温/℃	平均	8.5	9.6	13.8	18.9	23.5	26.4	28.2	27.9	25.6	21.2	15.7	10.5	19.2
	最高	26.9	32.3	32	32.5	35.4	36	38.5	38.3	37.6	34.9	31.4	28.2	38.5
	最低	-4.1	-2.8	0.5	4.1	10.7	15.3	18.9	18.1	13.2	4.1	0.4	-2.7	-4.1
平均风速/(m/s)		3	3.2	3.2	3	2.8	2.8	3.1	2.3	2.7	3	3.1	2.8	2.9

2.1.4 土壤植被

2.1.4.1 **土壤**

据土壤普查资料,龟石水库水源保护范围有水稻土、红壤土、黄壤土、石灰(岩)土、紫色土、冲积土等6个土类,18个亚类,54个土属,109个土种。依土体层次分为水稻土、旱地土两大类。

2.1.4.2 **植被**

龟石水库水源保护区内各类森林总面积为57 249 hm^2,森林覆盖率为42.8%。在林业用地中,有林地面积为44 584.4 hm^2,占森林总面积的77.9%;灌木林地面积为6 181.9 hm^2,占森林总面积的10.8%;疏林地面积为1 227.9 hm^2,占森林总面积的2.1%;未成林地面积为5 186.4 hm^2,占森林总面积的9.1%;迹地面积为66.1 hm^2,占森林总面积的0.1%;苗圃面积为2.45 hm^2。活立木蓄积量为2 074 050 m^3,其中森林蓄积量为1 907 077 m^3,占富川瑶族自治县活立木蓄积量的96.7%,疏林、散生林、四旁树蓄积量为66 973 m^3,占富川瑶族自治县活立木蓄积量的3.3%。龟石水库周边共种植桉树3 868.8亩,其中富阳镇73.5亩、莲山镇673.8亩、古城镇14.5亩、天堂岭林场2 245亩、柳家乡862亩。

2.1.5　生物资源

龟石水库水源保护区生物资源较为丰富，植物种类多达 1 411 种，森林植被类型主要有灌木林、针叶林、阔叶林等，主要有松科、杉科、茶科、樟科、壳斗科、木兰科等。常见的乔木树种主要有马尾松、杉木、楠木等。其中，杉、松已发展成为县内用材林木的主要树种。主要野生植物有茉莉花、杜鹃花、厥根等。主要农作物有玉米、水稻、木薯、红薯、甘蔗等。常见药用植物有荆芥、山茶、苍术、野淮山等。果树有脐橙、蜜柑、沙田柚、柿子、板栗、梨、桃、梅、枣等。富川瑶族自治县盛产竹子，主要有毛竹、方竹、罗汉竹等。

2.1.6　矿产资源

集水区内发现矿种 22 种，探明储量矿种 19 种（含伴生矿产），其中小型矿床 16 处，矿点 84 处。全县矿产分布方面，花岗岩已探明小型矿床 5 处，保有资源储量 240 万 m^3；水泥灰岩已探明矿床 3 处，保有资源储量 31 262.4 万 t；高岭土、页岩保有资源储量 124 万 m^3；钨锡矿已探明矿床 19 个，保有资源储量 WO_3 0.81 万 t，锡金属量 0.64 万 t；铜、铅、锌矿有矿床 9 个，保有资源储量 12 万 t；稀土矿已探明开发小型矿床 2 处，保有资源储量 1 万 t；铁矿保有资源储量 1 450 万 t，储量丰富；硫铁矿保有资源储量 147 万 t。

矿产资源特点是：饰面花岗岩、水泥灰岩、稀土矿资源丰富，为优势矿产，可发展为支柱产业，钨、锡、铜、铅、锌、铁资源储量较多，潜力较大，可作为特色矿产；花岗岩、石灰石、石英石、砂石、黏土、稀土等资源较为丰富，是具有发展前景的矿产。

集水区共有矿山开采企业 34 个，从业人员 585 人；矿产品加工企业 15 个，从业人员 383 人。开采的矿种主要为水泥灰岩、铁矿以及用作普通建筑材料的砂、石、黏土等，主要分布在白沙镇、莲山镇、朝东镇、麦岭镇、新华乡等地。截至 2008 年，已开采矿山 48 座，开采矿石 500 万 t，工业产值达 8 000 万元，成为富川经济快速发展中不可或缺的部分。

2.1.7　自然保护区

为保护龟石水库水源保护区的生物多样性，经广西壮族自治区人民政府批准，于 1982 年成立了西岭山自然保护区。保护区位于贺州市富川瑶族自治县境内，流域汇雨区西部，涉辖柳家乡、富阳镇、城北镇、朝东镇的 15 个村及天堂岭林场的部分地区，南北长 60 km，东西宽约 15 km，西北邻湖南省江永县，西接恭城县，西岭山自然保护区土地总面积 175.60 km^2，有林面积 16 415.7 hm^2，森林覆盖率 93.5%。保护区面积占富川瑶族自治县土地总面积（1 573 km^2）的 11.16%，西岭山自然保护区的主要保护对象有中亚热带山地常绿阔叶林森林生态系统，黄腹角雉（国家一级重点保护野生动物）等珍稀野生动植物资源及其栖息地，水源涵养林及其生物多样性。据调查，已知野生维管束植物 1 411 种，隶属 175 科 665 属，其中蕨类植物 31 科 63 属 105 种，裸子植物 7 科 4 属 16 种，双子叶植物 115 科 474 属 1 096 种。已知陆生脊椎动物有 4 纲 27 目 86 科 165 种。其中，两栖类 20 种，爬行类 28 种，鸟类 87 种，兽类 30 种。植物中，列入国家珍稀濒危植物名录的有 14 种，国家一级保护植物有红豆杉 2 种（红豆杉、柏乐杉），二级保护植物有 13 种；列入国家珍稀濒危动物名录的有 23 种，属国家一级保护动物的有 3 种（黄腹角雉、娃娃鱼、金雕）、二级保护动物21种。大面积水源林存在,平均每亩林地的涵水量达630 m^3,是龟石水库重要的水源涵养地区,年总径流量达1.74亿 m^3。

2.2 生态环境概况

龟石水库作为贺州市重要的饮用水源地,需对水生态环境现状进行动态监测、全面调查与评估,分析库区主要水生生物类群,评价龟石水库生物资源状况及水生态系统状况。

2.2.1 水生态生物现状

据调查统计,水源地脊椎动物共计31目76科205种,其中哺乳类8目11科19种、鸟类14目37科105种、爬行类2目9科28种、两栖类1目5科18种、鱼类6目14科35种。

水源地内保护物种较多,有国家二级重点保护动物19种,其中鸟类16种,分别为黄嘴白鹭(Egretta eulophotes)、黑鸢(Milvusmigrans)、蛇鵰(Spilornis cheela)、普通鵟(Accipiter virgatus)、赤腹鹰(Accipiter soloensis)、燕隼(Falco subbuteo)、鸳鸯(Aix galericualata)、黑冠鹃隼(Aviceda leuphotes)、苍鹰(Accipiter gentilis)、松雀鹰(Accipiter virgatus)、日本松雀鹰(Accipiter gentilis)、灰背隼(Falco columbarius)、红隼(Falco tinnunculus)、红腹锦鸡(Chrysolophus pictus)、草鸮(Tyto capensis)、红角鸮(Otusscops);兽类2种,分别为穿山甲(Manis pentadactyla)、水獭(Lutra lutra);两栖类1种,为虎纹蛙(Hoplobatrachus chinensis)。

2.2.1.1 **哺乳类**

水源地内哺乳类共计8目11科19种,分别占广西壮族自治区哺乳类动物11目36科180种的60.87%、45.12%、15.28%。区内哺乳动物多以小型哺乳类为主,占哺乳类动物种数的70%以上。哺乳动物的分布型以东洋型和南中国型为主,占总种数的68%,其余为古北型和季风型,占总种数的32%。

2.2.1.2 **鸟类**

水源地内鸟类共计14目37科105种,分别占广西壮族自治区23目82科687种鸟类的60.87%、37.80%、10.63%。其中,雀形目鸟类种数占水源地内鸟类种数的30%,在非雀形目鸟类中,以鸭科和鹭科的鸟类最多,其中鹭科鸟类在湿地公园内广为分布,多栖息在植被较好的湖心洲岛和库周山体森林的林冠层,在夏、秋季数量较多。

2.2.1.3 **爬行类**

水源地内爬行类动物共计2目9科28种,分别占广西壮族自治区爬行类2目21科177种的100%、42.86%和15.82%。从分布型上看,其中大部分为南中国型,仅有1种为华北型。蜥蜴类多以宅旁和穴居型为主,蛇类则以陆栖蛇类为主,没有水蛇。

2.2.1.4 **两栖类**

水源地内两栖类种类较多,共计1目5科18种,分别占广西壮族自治区两栖类3目11科105种的33.33%、45.46%和17.14%。国家二级重点保护物种虎纹蛙(Hoplobatrachus chinensis),主要栖息于农田、沟渠、池塘等生境,因其肉味鲜美而被过度捕捉,其种群数量已经严重下降,现已不易见到。从分布型上来看,两栖类以南中国型和东洋型为主,兼有少量的季风型。

2.2.1.5　鱼类

龟石水库鱼类资源丰富，根据调查共有鱼类 35 种，隶属于 1 纲、6 目、13 科。其中，土著鱼类占总鱼类的 80%以上，鲤科鱼类为本地区的主要类群，分布广，种类和数量多，共 16 种，占总鱼类的 50%。本土经济鱼类主要有草鱼、青鱼、鲢鱼、鳙鱼、鲤鱼和鲫鱼等，还有光倒刺鲃、黄颡鱼、鳜鱼、胡子鲶、黄鳝、泥鳅等优质鱼类。引进的国内养殖鱼类品种有建鲤、丰鲤、团头鲂、银鲫、太湖银鱼等；引进的国外鱼类品种有埃及塘角鱼、尼罗罗非鱼、斑点叉尾鮰等。依照动物地理分布区划，水源地内淡水鱼类为东洋界的华南区。

此外，龟石水库还包括水生经济动物鳖、龟、河蚌、田螺、福寿螺、青虾、青蛙等。

2.2.2　植被覆盖现状

贺州龟石水库集水区内植被构成较为复杂，基本上为湿生植物群落，并有少量的水生植物群落和外来入侵植物构成的植物系统。大部分植物群系多以小群落斑块状分布于库区消落带，面积相对比较小，具有代表性的主要群落类型有蓼子草群系、节节草群系、尼泊尔蓼群系等。

本地区植物群落的物种多样性指数不高，单优势种群落比较多，其中热带成分和世界分布成分的建群种明显。湿地植物群落的结构简单，分层的现象不甚明显。

2.2.2.1　阔叶林湿地植被型组

阔叶林湿地植被型组有枫杨群系（Form. Pterocarya stenoptera）。枫杨群系主要分布在湿地公园内河流漫滩，伴生种有朴树、八角枫，灌木层伴生种有红背山麻杆，草本层伴生种有柳叶箬、荩草等。

2.2.2.2　灌丛湿地植被型组

灌丛湿地植被型组有野牡丹群系（Form. Melastoma malabathricum）。野牡丹群系主要分布在湿地消落带及山麓临水处，为群团状分布，群落高度在 0.6~0.8 m。

2.2.2.3　草丛湿地植被型组

草丛湿地植被型组有以下几种：

（1）莎草型湿地植被型的水虱草群系（Form. Fimbristylis miliacea）、萤蔺群系（Form. Scirpus juncoides）、扁穗莎草群系（Form. Cyperus compressus）、牛毛毡群系（Form. Eleocharis yokoscensis）、硕大藨草群系（Form. Scirpus grossus）。

（2）禾草型湿地植被型的李氏禾群系（Form. Leersia hexandra）、双穗雀稗群系（Form. Paspalum distichum）、卡开芦群系（Form. Phragmites karka）、芦竹群系（Form. Arundo donax）。

（3）杂类草湿地植被型的节节草群系（Form. Equisctum ramosissimum）、火炭母群系（Form. Polygonum chinense）、尼泊尔蓼群系（Form. Polygomum nepalense）、蓼子草群系（Form. Polygonum criopolitanum）、酸模叶蓼群系（Form. Polygonum lapathifolium）、水蓼群系（Form. Polygonum hydropiper）、慈姑群系（Form. Sagittaria trifolia var. sinensis）、香蒲群系（Form. Typha orientalis）、灯心草群系（Form. Juncus effusus）。

2.2.2.4 浅水植物湿地植被型组

浅水植物湿地植被型组有以下几种：

(1)漂浮植物植被型的满江红群系(Form. Azolla pinnata)、凤眼莲群系(Form. Eichhornia crassipes)、槐叶苹群系(Form. Salvinia natans)、喜旱莲子草群系(Form. Alternanthera philoxeroides)、浮萍群系(Form. Lemna minor)、紫萍群系(Form. Spirodela polyrhiza)。

(2)浮叶植物植被型。

(3)沉水植物植被型的金鱼藻群系(Form. Ceratophyllum demersum)、狐尾藻群系(Form. Myriophyllum verticillatum)、黑藻群系(Form. Halophial verticillata)、苦草群系(Form. Vallisneria natans)、竹叶眼子菜群系(Form. Potamogeton malaianus)、小眼子菜群系(Form. Potamogeton pusillus)、小茨藻群系(Form. Najas minor)。

2.2.3 水生维管束植物

龟石水库内共有水生维管束植物101科199属265种,其中蕨类植物12科13属18种,裸子植物1科2属2种,被子植物88科184属245种。除去6种外来种(喜旱莲子、番石榴、大漂、凤眼莲、赤桉、小叶桉),龟石水库内野生维管植物共计101科193属259种,其中蕨类植物12科13属18种,种子植物89科180属241种。

2.2.4 现场检测

2.2.4.1 浮游植物

龟石水库共检出浮游植物4门47属,优势种主要为硅藻门的颗粒直链藻、变异直链藻、单角盘星藻、单角盘星藻具孔变种、角星鼓藻、鼓藻和蓝藻门的颤藻、甲藻门的角甲藻。其中,以硅藻门种类最多,共有35属,占总属数的74.5%。蓝藻门次之,共有8属,占总属数的17.0%。甲藻门有3属,占总属数的5.4%。隐藻门1属,占总属数的2.1%。龟石水库浮游植物群落结构相对简单,稳定性一般,水质一般。

2.2.4.2 浮游动物

龟石水库7个断面共检出浮游动物38种,其中轮虫类11种,占28.9%;枝角类11种,占28.9%;原生动物9种,占23.7%;桡足类5种,占13.2%;水螨1种,占2.6%;线虫1种,占2.6%。以轮虫类、枝角类占优势,桡足类、水螨、线虫的种数相对较少。各断面采集的浮游动物种类不等,以波豆虫、平甲轮虫、水螨为优势种群。龟石水库浮游动物的多样性变化不大,种类分布较均匀。

2.2.5 水土流失现状

据2011年广西壮族自治区土壤侵蚀强度分级面积统计资料,调查库区所在县,即富川瑶族自治县辖区的水土流失面积合计为186.09 km^2,以轻度侵蚀为主,主要土壤侵蚀类型为水力侵蚀,流失特征为面蚀、片蚀、沟蚀。水土流失现状具体情况详见表2-2。项目建设区属于南方红壤丘陵区,水土流失容许值为500 t/(km^2 · a)。

表 2-2　富川瑶族自治县辖区土壤侵蚀强度分级面积

<table>
<tr><th rowspan="3">名称</th><th colspan="10">水力侵蚀强度</th><th rowspan="3">合计面积/km²</th></tr>
<tr><th colspan="2">轻度</th><th colspan="2">中度</th><th colspan="2">强烈</th><th colspan="2">极强烈</th><th colspan="2">剧烈</th></tr>
<tr><th>面积/km²</th><th>比例/%</th><th>面积/km²</th><th>比例/%</th><th>面积/km²</th><th>比例/%</th><th>面积/km²</th><th>比例/%</th><th>面积/km²</th><th>比例/%</th></tr>
<tr><td>富川瑶族自治县</td><td>110.16</td><td>59.2</td><td>42.28</td><td>22.72</td><td>21.62</td><td>11.62</td><td>0.49</td><td>0.27</td><td>11.54</td><td>6.20</td><td>186.09</td></tr>
</table>

2.2.6　生态环境概况评价

水源地地处亚太地区东亚—澳大利西亚水鸟迁飞通道，是一个重要的水鸟中继站，生物多样性较为突出。湿地植被就有 4 个型组，7 个湿地植被型、34 个湿地植被群系；湿地生物物种组成丰富，除湿地植物外，鸟类、哺乳类、两栖类、爬行类和鱼类的科属种数均占广西壮族自治区各类动物种数的 10% 以上。因此，水源地的生物物种多样性是较为突出的。

项目周围地势平坦，农业植被覆盖率高。水土流失特征以水力侵蚀为主，水土流失侵蚀强度为轻度，富川瑶族自治县属重点预防保护区。

2.3　饮用水源地水功能区划和保护概况

2.3.1　龟石饮用水源地水功能区划

《全国重要江河湖泊水功能区划》(2011—2030 年)，已对龟石水库水源地水功能区划进行了批复：龟石水库属于贺江流域，龟石水库坝址以上共划分为 2 个一级水功能区，分别为 1 个保护区与 1 个开发利用区，其中开发利用区内又区划 10 个二级水功能区。

2.3.1.1　一级水功能区

(1)贺江富川源头保护区：位于富川瑶族自治县，自源头至富川瑶族自治县富阳镇洞心村共 34 km，河源支流有自治区级的西岭山水源林保护区。

(2)贺江贺州开发利用区：上至富川瑶族自治县富阳镇洞心村，下至贺州贺街镇龙马村，共 97.9 km，该区的上游有龟石水库电站，是贺州市城区、平桂管理区、钟山县及其沿江城镇生活饮用、工农业生产、水力发电的重要取水水源，水质目标按二级水功能区执行。

2.3.1.2　二级水功能区

在贺江贺州开发利用区内划分 10 个二级水功能区，其中龟石水库上下游河段就有 4 个二级水功能区，龟石水库饮用水源地属于贺江龟石水库饮用、农业用水区。

(1)贺江富阳饮用水源区：从富川瑶族自治县富阳镇洞心村至富阳水文站，全长 2 km，为富川瑶族自治县富阳镇及莲山镇区人口饮用水源和工业、公共设施等用水区，水质目标按Ⅱ～Ⅲ类水控制。

(2)贺江富阳景观、工业用水区:从富阳水文站至龟石水库库尾(富阳镇毛家渡),全长5.9 km,出口断面水质按Ⅲ类水控制。

(3)贺江龟石水库饮用、农业用水区:从龟石水库库尾(富阳镇毛家渡)至龟石水库坝址,全长12 km,水域面积30 km^2,是贺州市城区、平桂管理区、钟山县的供水水源地,水质目标按Ⅱ~Ⅲ类水控制。

(4)贺江钟山工业、农业用水区:从龟石水库坝址至钟山县水泥厂水泵房,全长19 km,是钟山县城工业、农业灌溉用水区,水质按Ⅲ类水控制。

龟石水库水源地水功能区划分见表2-3、图2-2。

表2-3 龟石水库水源地水功能区划分

序号	一级水功能区	二级水功能区	河流	范围		长度/km	水质现状	水质目标(2030年)
				起始断面	终止断面			
1	贺江富川源头保护区		贺江	源头	富川县富阳镇洞心村	34	Ⅱ	Ⅱ
2	贺江贺州开发利用区	贺江富阳饮用水源区	贺江	富川县富阳镇洞心村	富阳水文站	2	Ⅲ	Ⅱ~Ⅲ
3	贺江贺州开发利用区	贺江富阳景观、工业用水区	贺江	富阳水文站	龟石水库库尾(富阳镇毛家渡)	5.9	Ⅲ	Ⅲ
4	贺江贺州开发利用区	贺江龟石水库饮用、农业用水区	贺江	龟石水库库尾(富阳镇毛家渡)	龟石水库坝址	12	Ⅱ~Ⅲ	Ⅱ~Ⅲ
5	贺江贺州开发利用区	贺江钟山工业、农业用水区	贺江	龟石水库坝址	钟山县水泥厂水泵房	19	Ⅲ	Ⅲ

2.3.2 饮用水源地保护区划分

2016年6月,根据《饮用水水源保护区污染防治管理规定》《广西城市饮用水水源保护区划分技术细则》《饮用水水源保护区划分技术规范》(HJ/T 338—2007)和《地表水环境质量标准》(GB 3838—2002)的要求以及龟石水库水质现状、水库库区周边和上游社会经济现状及发展规划,贺州市环保局组织开展工作,广西壮族自治区人民政府批复龟石水库水源保护区。

2.3.2.1 一级保护区

水域范围:取水口向上游延伸5 530 m(至水库峡口处)的水库正常水位线以下的水域和该水域的所有入库支流,以及供水明渠(取水口向下游东干明渠延伸20 300 m,至望高渡槽口)渠段水域,面积为2.67 km^2。

陆域范围:水库一级保护区水域两岸的汇水区陆域,水库供水明渠(取水口向下游东干明渠延伸20 300 m,至望高渡槽口)渠段两侧各纵深50 m的陆域,面积为20.57 km^2。

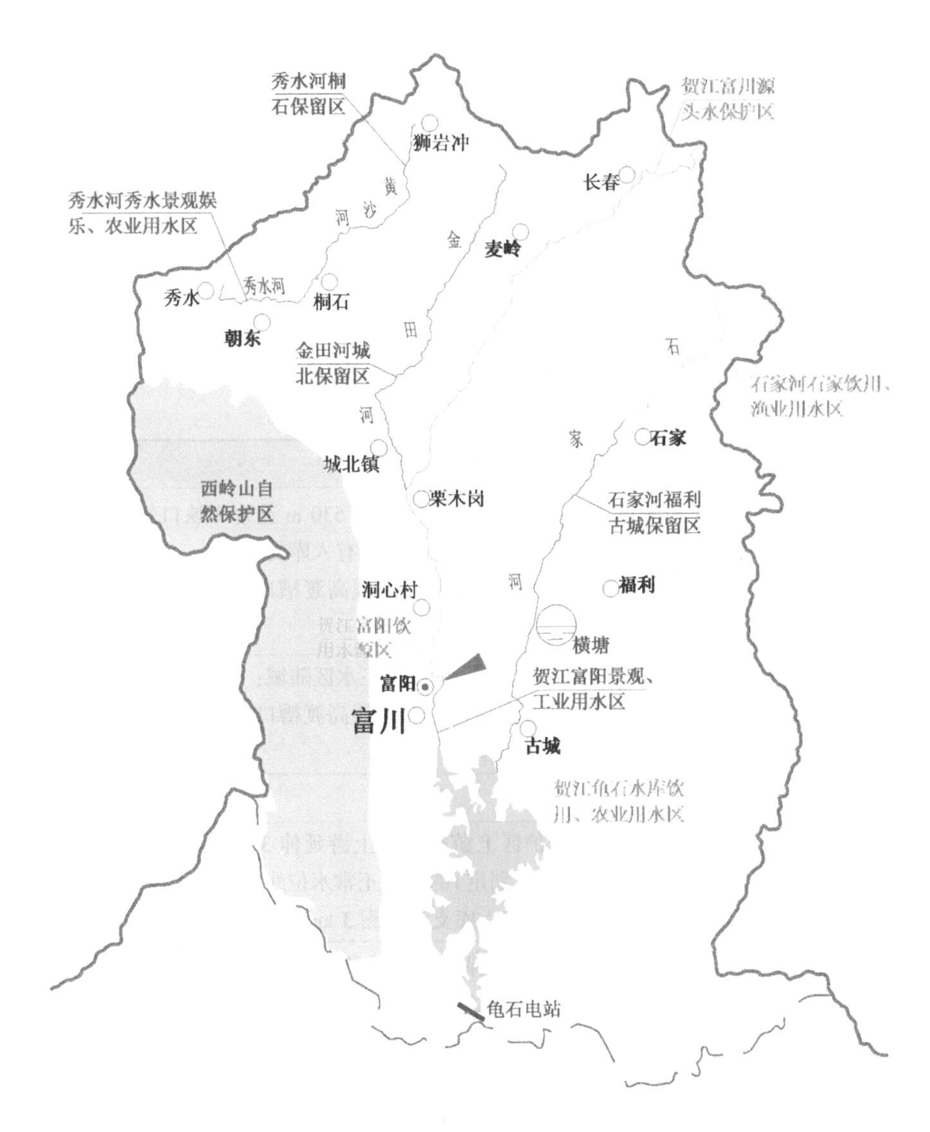

图 2-2　龟石水库水源地水功能区划分

一级保护区总面积为 23. 24 km^2。

2. 3. 2. 2　二级保护区

水域范围：水库一级保护区上游边界向上游延伸 3 000 m（沿着水库西岸龙头村、东岸内新村划定）的水库正常水位线以下的水域，以及该水域范围内入库支流上溯 3 000 m 的水域，二级保护区的水域范围面积为 14. 27 km^2。

陆域范围：水库东面一、二级保护区水域及支流（不小于 3 000 m）的汇水区陆域，水库西面一、二级保护区水域及支流（以永贺高速路为界）的汇水区陆域，水库北面一、二级保护区水域及支流（东北以内新村、西北以柳家乡为界）的汇水区陆域；水库供水明渠（取水口向下游东干明渠延伸 20 300 m，至望高渡槽口）渠段两侧各纵深 1 000 m 范围内的陆域。一级保护区陆域除外，面积为 85. 35 km^2。

二级保护区总面积为 99.62 km²。

2.3.2.3 准保护区

水域范围:除一、二级保护区水域外,全部水库水域,以及水库西面入库支流全长、北面入库支流上溯 3 000 m、东面入库支流上溯 1 000 m 的水域,准保护区的水域范围面积为 21.66 km²。

陆域范围:水库保护区水域范围内的汇水区陆域。一、二级保护区陆域除外,面积为 130.54 km²。

准保护区面积为 152.2 km²。

龟石水库水源地保护区划分见表 2-4、划分图见图 2-3。

表 2-4 龟石水库水源地保护区划分

保护区		划分范围	面积/km²
一级保护区	水域范围	1. 龟石水库坝首取水口向上游延伸 5 530 m 至水库峡口的水库正常水位线以下的水域和该水域的所有入库支流; 2. 龟石水库坝首取水口供水明渠至望高渡槽口的 20.3 km 长的明渠水域	2.67
	陆域范围	1. 龟石水库一级保护区水域两岸的汇水区陆域; 2. 龟石水库坝首取水口供水明渠至望高渡槽口的 20.3 km 长的渠段两侧各纵深 50 m 的陆域	20.57
	小计	—	23.24
二级保护区	水域范围	1. 龟石水库一级保护区上游边界向上游延伸 3 km(沿着水库西岸龙头村、东岸内新村划定)的水库正常水位线以下的水域; 2. 龟石水库水域范围内入库支流上溯 3 km 的水域	14.27
	陆域范围	1. 龟石水库东面一、二级保护区水域及支流(不小于 3 km)的汇水区陆域,水库西面一、二级保护区水域及支流(以永贺高速路为界)的汇水区陆域,水库北面一、二级保护区水域及支流(东北以内新村、西北以柳家乡为界)的汇水区陆域; 2. 龟石水库坝首取水口供水明渠至望高渡槽口的 20.3 km 长的渠段,明渠沿岸纵深 1 000 m(不含一级保护区陆域)	85.35
	小计	—	99.62
准保护区	水域范围	除一、二级保护区水域外,全部水库水域,以及水库西面入库支流全长、北面入库支流上溯 3 km、东面入库支流上溯 1 km 的水域	21.66
	陆域范围	龟石水库保护区水域范围内的汇水区陆域,一、二级保护区陆域除外	130.54
	小计	—	152.2
合计	水域范围	—	38.6
	陆域范围	—	236.46
	总范围	—	275.06

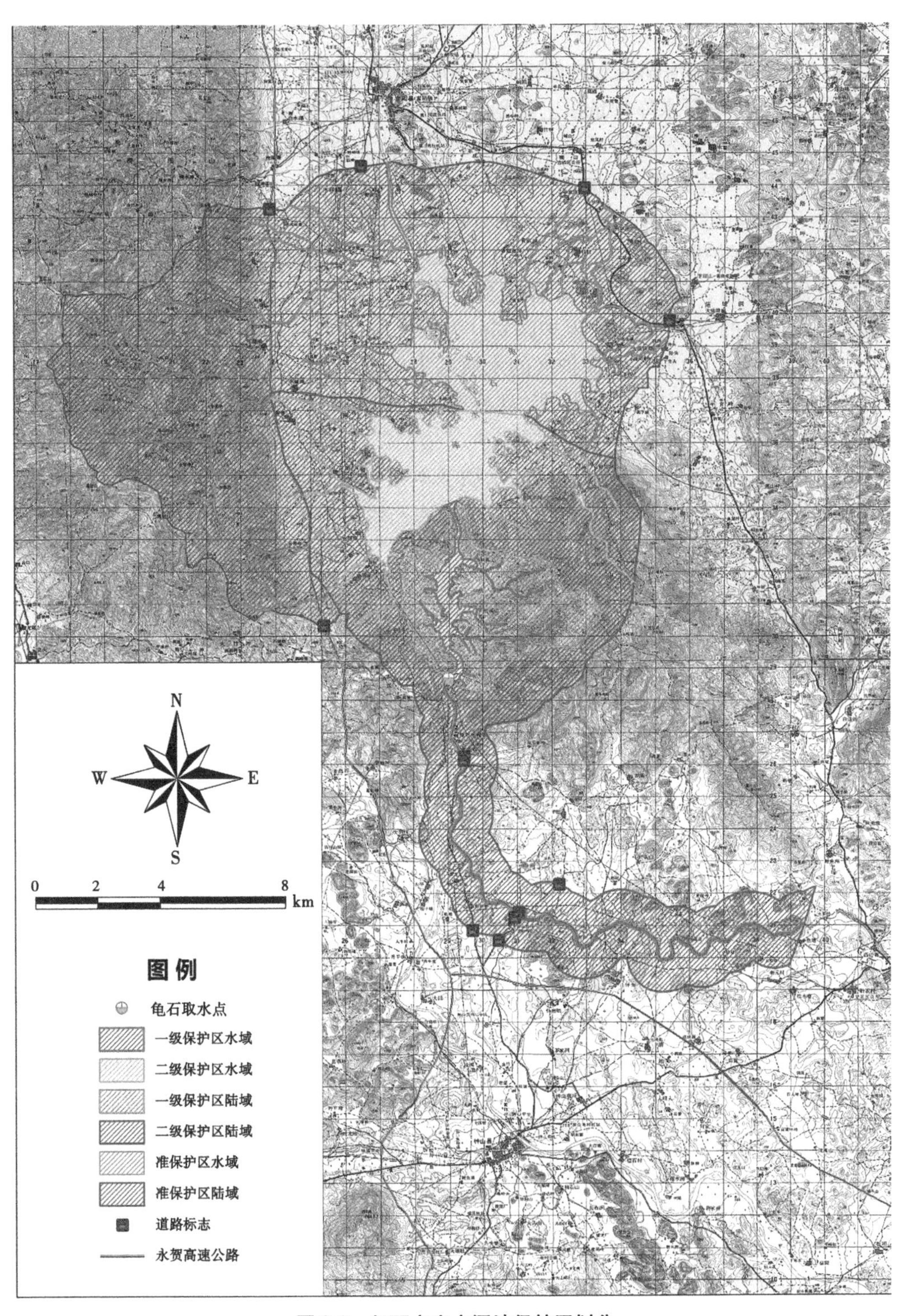

图 2-3　龟石水库水源地保护区划分

2.3.3 饮用水源地水功能区划、保护区划分和保护评价

（1）《全国重要江河湖泊水功能区划》（2011—2030年），已对龟石水库水源地水功能区划进行了批复：龟石水库坝址以上共划分为2个一级水功能区，分别为1个保护区与1个开发利用区，其中开发利用区内又区划10个二级水功能区。其中，龟石水库饮用水源地属于贺江龟石水库饮用、农业用水区。

（2）《广西城市饮用水水源保护区划分技术细则》、中华人民共和国环境保护行业标准《饮用水水源保护区划分技术规范》（HJ/T 338—2007），确定龟石水库为水库型集中式地表水饮用水源地。龟石水库总库容为5.95亿m^3，工程规模为大（2）型。龟石饮用水源地包括一定面积的水域和陆域，保护区划分为一级、二级保护区和准保护区，

（3）地表水饮用水源一级保护区的水质基本项目限值不得低于《地表水环境质量标准》（GB 3838—2002）中的Ⅱ类标准，且补充项目和特定项目应满足该标准规定的限值要求。

（4）地表水饮用水源二级保护区的水质基本项目限值不得低于《地表水环境质量标准》（GB 3838—2002）中的Ⅲ类标准，并保证流入一级保护区的水质满足一级保护区水质标准的要求。

（5）地表水饮用水源准保护区的水质标准应保证流入准保护区的水质满足准保护区水质标准的要求。

2.4 饮用水源地禁养区划分调查与评价

2.4.1 水产养殖禁养区和畜牧养殖禁养区范围

水产养殖禁养区包括龟石水库饮用水水源一级保护区水域和二级保护区水域。

畜牧养殖禁养区范围包括龟石水库饮用水水源一级保护区、二级保护区、准保护区。

2.4.2 饮用水源地禁养区划分评价

随着龟石饮用水源地周边经济社会的发展，环境问题已逐渐成为人们日益关注的焦点。畜牧业发展至今，其污染防治问题已成为农业面源污染和水环境污染的重要内容。划定水产养殖禁养区和畜牧养殖禁养区范围是定量确定农村面源污染量的基础数据。龟石水库饮用水水源地保护区水产畜牧养殖禁养区划定的方案经贺州市人民政府批复。

2.5 各村落里水源区的位置调查概况

根据河流水系分布和饮用水源地保护划分，对沿江库区村落调查，各村落分布见表2-5和图2-4~图2-16。

表2-5　龟石水库入库支流分片分区概况

片区划分				片区基本情况				
序号	片区编号	保护区	片区	涉及河流、村镇或冲沟				人口/人
				乡(镇)	行政村	自然村	冲沟	
1	Ⅰ-1	一级水源保护区	碧溪山南片	柳家乡	长溪江	—	碧溪山1#冲沟	0
						—	碧溪山2#冲沟	0
2	Ⅰ-2		碧溪山北片			碧溪山村	碧溪山3#冲沟	518
						—	碧溪山4#冲沟	28
3	Ⅱ-1	二级水源保护区	老岭塝北片	柳家乡	新石村	老岭塝村	—	62
4	Ⅱ-2		老岭塝南片			—	老岭塝1#冲	0
5	Ⅱ-3		新村片			—	老岭塝2#冲	0
6	Ⅱ-4		新石片			新村、周家、峡头、老铺寨	新村冲	2 040
7	Ⅱ-5		长源片			长源冲	长源冲	289
8	Ⅱ-6		军田山片		凤岭村	黑鸟塘泵站	—	0
						黑鸟塘	黑鸟塘冲	410
						军田山村、平山	军田山冲	330
9	Ⅱ-7		凤岭片			凤岭、佛子背	—	769
10	Ⅱ-8		石坝片		石坝村、柳家社区、凤岭村、下湾村	大峥、平寨、大桥头、新农村、新立寨、茅樟	淮南河	2 529
					柳家乡	镇区		1 513
11	Ⅱ-9		内新片	莲山镇	金峰村	内新、小源、勒竹洞村	金峰冲	1 054
12	Ⅱ-10		洪水源北片			洪水源村	洪水源1#冲	626
13	Ⅱ-11		洪水源南片			洪水源村	洪水源2#冲	0
14	Ⅱ-12		龙头片	柳家乡	石坝村	龙头村	—	676
15	Ⅲ-1	准保护区	新祖岭片	柳家乡		—	新祖岭冲	0
16	Ⅲ-2		虎岩片		龙岩村、下湾村、洋新村、大湾村	虎岩、林家、茅刀源、下源村、文龙井、出水平、白露塘、牛塘	虎岩冲	2 335
17	Ⅲ-3		上井片		龙岩村	上井	上井冲	152
18	Ⅲ-4		新寨片		洋新村	新寨	—	562
19	Ⅲ-5		中屯片		洞井村、洋新村	洋冲、小中屯、大中屯、黑石根、新寨、洞井	中屯河	2 754
						井头寨、大田	大田冲	1 074

续表 2-5

片区划分				片区基本情况				
序号	片区编号	保护区	片区	涉及河流、村镇或冲沟				人口/人
				乡（镇）	行政村	自然村	冲沟	
20	Ⅲ-6		粟家片	富阳镇	木榔村	粟家	—	1 040
21	Ⅲ-7		新坝片		新坝村	小新村、大坝、北浪、虎头	—	1 926
22	Ⅲ-8		鲤鱼坝片		茶家村	上鲤鱼坝、小毛家	鲤鱼冲	1 060
					茶家村、沙旺村、铁耕村	大塘坝、沙溪洞、西安村、铁耕村	水头屯河	2 325
					竹稍村、羊公村	竹稍、矮山	横塘冲	1 932
23	Ⅲ-9		沙洲片	富阳镇、古城镇、莲山镇、石家乡、新华乡、福利镇	朝阳村、杨村、沙洲村、大岭村、塘贝村等	朝阳村、杨村、吴家寨、军田、马田等	沙洲河	73 670
					古城镇、石家乡、新华乡、福利镇	镇区		5 703
24	Ⅲ-10	准保护区	下鲤鱼坝片	富阳镇、莲山镇、古城镇	杨村村、茶家村	下鲤鱼坝、蒙家	—	1 106
25	Ⅲ-11		吉山片	古城镇、莲山镇、新华乡	吉山村、莲塘村、洋狮村、洞口村、下坝山村、路坪村	吉山、大莲塘、上莲塘、上洞、洋狮大村、新村、水寨、龙山、秀山、马家、下坝山、田洲、大深坝、小深坝、坝头、蜜蜂村、田坪、大栎湾	莲山河	16 130
					莲山镇镇区	镇区		1 358
					罗山村	栗下塘	栗下塘冲	965
26	Ⅲ-12		深井片		吉山村	深井	深井冲	462
27	Ⅲ-13		富江片	富阳镇、葛坡镇、城北镇、麦岭镇	—	自然村	富江（干流）	117 409
						镇区		37 900

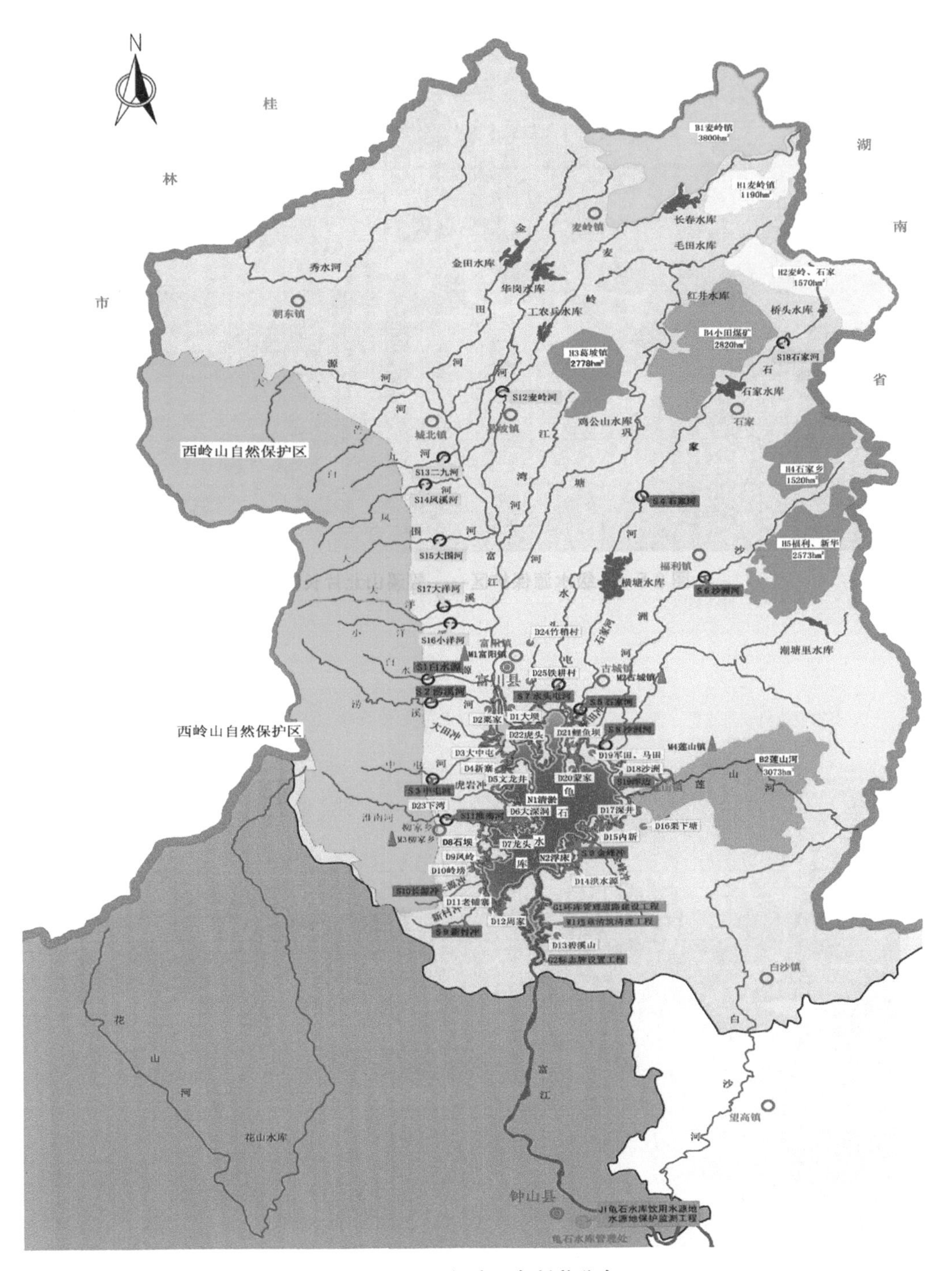

图2-4 沿江沿库区各村落分布

图 2-5 一级水源保护区——碧溪山北片长溪村

图 2-6 二级水源保护区——老岭塝南片

图 2-7　二级水源保护区——新石片新石村、老铺寨

图 2-8　二级水源保护区——凤岭片凤岭村

图 2-9　二级水源保护区——洪水源北片洪水源村

图 2-10　二级水源保护区——洪水源南片洪水源村

图 2-11　二级水源保护区——军田山片凤岭村、军田山村

图 2-12　二级水源保护区——老岭塝北片老岭塝村

图 2-13　二级水源保护区——龙头片龙头村

图 2-14　二级水源保护区——内新片

图 2-15　二级水源保护区——石坝片大峥村

图 2-16　二级水源保护区——长源片老铺寨

2.6 入河排污口现状

龟石水库饮用水源地处在钟山县和贺州市城区上游,污染源现状调查主要是以收集现有排污口资料为主。根据调查,龟石水库水源地入库排污口包括了集中式排污口和分散式排污口。龟石水库入库主要河流富江沿岸是以种粮为主的农业区,工业相对薄弱,沿江的几个小乡(镇)没有大的集中式生活污水排放口,只有一些分散的小型市政排污口。根据贺州市2014年3月取水口、排污口大排查成果,富川县龟石水库集雨面积范围内规模以上的排污口有9个,其基本情况见表2-6。

表2-6 富川县龟石水库集雨面积范围内排污口排查成果

序号	排污口名称	排污口所属企业/单位/集体	排污口地点	涉及河流名称	排污规模/(万 m^3/a)	污水分类情况	主要污染物	说明
1	城东新区排污口	富川县民政局小区及水电局小区	国税局南面300 m二水沟	富江	80	生活污水		
2	富川县污水处理厂排污口	富川县污水处理厂一期	富阳镇野鸭塘河风雨桥至大坝桥段富江右岸	富江	365	生活污水		
3	富川县生活垃圾无害化处理场排污口	富川县生活垃圾无害化处理场	柳家乡龙岩村委上井村	上井村旁小河(流入龟石水库)	3.285	工业污水		
4	清溪山庄投资公司排污口	清溪山庄投资公司	涝溪河	涝溪河	0.001	生活污水		
5	富川县市政局排污口	富川县市政局	城东开发区二水沟	二水沟	0.008	生活污水	COD、氨氮等	需要补入河排污口登记
6	老食品站排污口	老食品站	老食品站	莲山河	0.003	生活污水	COD、氨氮等	已补入河排污口登记
7	福利街排污口	福利街	福利卫生院后面	石桥井河	0.006	生活污水	COD、氨氮等	已补入河排污口登记
8	麦岭街排污口	麦岭街	麦岭开发区	和睦河	0.005	生活污水	COD、氨氮等	已补入河排污口登记
9	城北街排污口	城北街	张家村	张家河	0.002	生活污水	COD、氨氮等	已补入河排污口登记

由于富川县污水处理厂一期已经批复建设完成，富川县城区原有的入河排污口如富川县医院的排污口、东门桥排污口、富阳镇医院排污口、富江桥排污口、风雨桥排污口、凉果厂排污口等，均收集到富川县污水处理厂集中处理后排放，因此富川县污水处理厂排污口将有效控制和解决富川县城分散排污的情况。

2.7　龟石水库运行调度调查

根据《广西壮族自治区贺州市龟石水库调度规程》(2013 年 12 月)，龟石水库位于富川江的中游，主坝坝址位于广西钟山县龟石村，距钟山县城约 17 km。龟石水库于 1958 年 10 月动工兴建，1966 年 3 月竣工，是一座集防洪、供水、灌溉、发电等综合利用的大(2)型水库，龟石水库基本情况见表 2-7。

表 2-7　龟石水库基本情况

基本情况			单位	数量
地理位置			—	富川瑶族自治县长溪江桥上游
水源地编号			—	H04451100000R1
功能			—	防洪、供水、灌溉、发电等综合利用水利工程
防洪	集水面积		km^2	1 254
	总库容		亿 m^3	5.95
	调节库容		亿 m^3	3.48
	正常蓄水位		m	182.00(珠基)
	校核洪水位		m	184.70(珠基)
供水	供水范围		—	贺州市城区、钟山县城区及旺高工业园、华润水泥厂、华润电厂
	现状供水情况	供水人口	万人	14.5
		日供水量	万 m^3	15.585 1
		年供水量	万 m^3	4 531
	远期供水情况(2030 年)	供水人口	万人	109
		日供水量	万 m^3	38
灌溉	设计灌溉面积		万亩	30.45
	现状有效灌溉面积		万亩	26.905
	灌溉渠道设计流量		m^3/s	21.92
发电	装机台数		台	4
	装机容量		万 kW	1.6
	多年平均发电量		万 kW·h	6 600
	年利用小时		h	3 339

续表 2-7

基本情况			单位	数量
水源保护区	一级保护区	水域面积	km^2	2.67
		陆域面积	km^2	20.57
	二级保护区	水域面积	km^2	14.27
		陆域面积	km^2	85.35
	准保护区	水域面积	km^2	21.66
		陆域面积	km^2	130.54

龟石水库调度的目标是以安全第一、统筹兼顾为原则，兴利调度服从防洪调度与应急调度。在确保水库大坝安全前提下，协调各用水部门的关系，充分发挥水库的功能与效益。具体调度方式如下。

2.7.1 防洪调度方式

根据《广西壮族自治区贺州市龟石水库调度规程》(2013 年 12 月)，龟石水库防洪调度方式为：

在确保工程安全的前提下，尽量发挥水库的调蓄作用，力求少留专门调洪库容，减少无益弃水，最大限度地发挥水库的兴利与防洪的综合效益。发电服从于供水灌溉，供水灌溉服从于防洪，水库泄洪与下游河道发生矛盾时，下游河道必须服从于水库安全。

水库泄洪控制以水位判别法为主，采用汛限水位、防洪高水位和校核洪水位三级控制的调洪规则。调洪方式贯彻“大水多放，小水少放”的原则，下泄流量逐渐增大，以防止由于下游准备不足而造成不必要的损失。

2.7.1.1 实时调度

(1)当水库水位接近正常蓄水位 182.00 m 时，可通过灌溉、发电调节水库水位。

(2)当水库水位达到正常蓄水位 182.00 m 时，开启溢洪道闸门泄洪。入库流量小于 1 000 m^3/s 时，按来量下泄；入库流量大于 1 000 m^3/s 时，按 1 000 m^3/s 控泄，直至水库水位达到防洪高水位 183.21 m。

(3)当水库水位达到防洪高水位 183.21 m，且预测水库水位将继续上涨时，按“来多少泄多少”的原则，逐步开启溢洪道闸门控泄，直至闸门全开敞泄。

(4)在入库洪峰已过且已出现了最高库水位的水库水位消落阶段，在不影响水库坝坡稳定的前提下，合理控制水库下泄流量，尽快使水库水位降到正常蓄水位 182.00 m 以下。

(5)当水库水位达到校核洪水位 184.70 m，且预测水库水位将继续上涨时，经批准，适时启动《龟石水库防洪抢险应急预案》，以确保大坝安全。

溢洪道闸门开启顺序为先中孔后边孔。

2.7.1.2 预报调度

当预报来水大于下游河道安全泄量 1 000 m^3/s 时，可先进行预泄，腾出部分汛限水位以下库容，减轻水库和下游防洪压力。

当预报来水小于下游河道安全泄量 1 000 m^3/s 时，且预报后期没有大的降水情况下，尽量通过发电调节水库水位，使水库水位尽快降低到汛限水位以下。

当水库洪水预报系统、水雨情遥测系统和工程设施运行正常时，应编制预报调度方案，报主管部门审定，并依此开展预报调度。

2.7.2　兴利调度方式

2.7.2.1　城镇生活及工业供水调度

龟石水库承担贺州市城区、钟山县城区、旺高工业区的城镇供水任务，采取结合电站发电尾水通过渠道加暗管的方式进行供水，取水口进口底高程 156.25 m，2009—2013 年的年均供水量 1 624 万 m^3，远期规划年均供水量 12 994 万 m^3。

(1)严格执行计划用水。由水库管理单位根据灌区、城镇工业及生活用水发展趋势，结合水库蓄水和年来水预测情况，制订用水计划，并严格按计划用水。

(2)坚持合同供水。水库管理单位按供水计划与各用水单位签订供水合同，明确双方的权利、义务，按合同条款履行双方职责。

2.7.2.2　农业灌溉供水调度

龟石水库与 12 座中小型"结瓜"水库组成贺州市唯一的大型灌区——龟石灌区。龟石灌区设计灌溉面积 30.45 万亩，灌溉钟山、回龙、八步、莲塘、望高、羊头、西湾、黄田、沙田、鹅塘 10 个乡(镇)，灌溉保证水位 156.25 m，灌溉保证率 85%。龟石灌区近 5 年实际年均灌溉供水量 3.018 亿 m^3。

(1)严格执行计划用水。农业供水根据灌溉用水要求，由水库管理单位根据水库蓄水和年来水预测情况，制订用水计划，并依据实时来、用水情况进行修正，适时调度。

(2)灌溉用水调度应充分发挥灌区内中小型水利设施的调蓄作用，宜先由塘堰供水，再由中小型水库供水，最后由龟石水库供水。

2.7.2.3　发电调度

1. 发电调度任务

合理发挥水库对径流的调节作用，有效利用径流量，在确保水库工程安全的前提下，尽可能地多发电、少弃水，充分发挥电站的发电效益。

2. 发电调度原则

发电调度应服从防洪调度，保证农业灌溉供水，并与其他有关调度相协调。发电调度方案应结合电力系统要求，合理发挥电站效益。

3. 发电调度方式

龟石水库有龟石水力发电站、富龙电站两个电站，装机容量分别为 4×3 000 kW 和 1×800 kW，其中龟石水力发电站 1#、2#机组及利用灌溉涵管发电的富龙电站机组发电尾水可向灌溉渠道供水，也可通过开启渠道泄水闸流入大坝下游河道，灌溉尾水位 149.42 m。城镇供水以富龙电站机组发电尾水为主，渠道灌溉期由龟石水力发电站 1#、2#机组发电尾水根据渠道水位进行调节。3#、4#机组发电尾水直接流入大坝下游河道，正常尾水位 144.50 m。

2.7.2.4 生态环境供水调度

龟石水库下游生态环境需水流量按水库多年平均流量的10%控制。

2.7.2.5 特大干旱供水调度

(1)遇特大干旱年份,根据实际旱情发展趋势及气象预报情况,拟定具体的抗旱调度方案,报批后执行,力争将旱灾损失降到最低限度。

(2)凡村组有泵站的应全部投入使用,从其他河流、水井、塘堰等取水抗旱。

(3)节约用水,限制生产用水,保障生活用水。

2.7.3 综合调度

(1)龟石水库4月1日至7月15日为主汛期,7月16日至8月31日为后汛期。水库主汛期汛限水位180.50 m,后汛期汛限水位181.00 m。

(2)汛期调度以防洪为主,按照防洪调度单位下达的水库汛期控制运用计划执行。

(3)汛期在确保水库、大坝安全的情况下,可根据预报年来水量选用相应兴利调度线运行。

2.7.4 应急调度

2.7.4.1 工程发生重大险情

当工程发生下述重大险情时,开启泄洪闸泄洪,腾空水库至死水位171.00 m,启动《贺州市龟石水库大坝安全管理应急预案》。

(1)挡水建筑物:发生严重的大坝裂缝、滑坡、坍塌、管涌以及漏水、大面积散浸、集中渗流、缺口等危及大坝安全的可能导致垮坝的险情。

(2)输水建筑物:放水涵管严重断裂、大量漏水、水质浑浊等。

(3)其他可能危及大坝安全的险情。

2.7.4.2 超标洪水

当流域降水超过1 000年一遇,泄洪闸全开;当库水位持续上涨至校核洪水位184.7 m,且流域仍在降水,库水位仍在上涨,准备采用吉山副坝分洪。

遇超标准洪水,应首先保障大坝安全,对下游发布洪水预报和紧急警报,以便居民尽早安全转移。洪水仍继续上涨,将威胁到重点保护对象的安全时,应权衡利弊,确保重要城市、铁路、重大厂矿的安全。对分洪或决口的洪水可能流经的线路、淹没范围和洪水到达时间,应尽可能地迅速做出分析判断,及时准确地发布洪水预报和紧急警报,使洪水淹没区的居民、粮食、设备、物资及牲畜等在洪水到来以前,有计划地转移到安全地区。

2.7.4.3 干旱

当流域出现极端干旱即水库达死水位(库水位171.00 m,相应死库容0.92亿 m^3),仅限于人、畜饮水供应。

2.7.4.4 水污染事件

当水库上游发生突发性污染事件,水库被严重污染,水质低于Ⅳ类时,停止一切供水,待污染事件处理完毕,水质恢复正常后,再恢复供水。

2.8　河流水系及水资源

2.8.1　河流水系

龟石水库水源地是在富江中游拦截富江而修建的大型水库，位于贺江上游干流，流域地势北高南低，河流走向大致由北向南，山岭多分布于流域边缘，海拔为 500～1 500 m，属于珠江流域西江水系。流入龟石水库主要河流有贺江干流富江，次要支流有沙洲河、淮南河、中屯河、水头屯河、莲山河等共 26 条河流。支流情况见表 2-8、图 2-17。

表 2-8　集水区支流情况

序号	河流	集水面积/km^2	河长/km	坡降/‰
1	碧溪山 1#冲(北片)	0.39	1.46	216.18
2	碧溪山 2#冲(北片)	4.20	4.72	79.66
3	碧溪山 3#冲(南片)	0.83	2.13	139.62
4	碧溪山 4#冲(南片)	0.42	1.31	176.43
5	老岭塝 1#冲	0.57	0.97	46.45
6	老岭塝 2#冲	2.67	2.90	30.00
7	新村冲	6.08	6.01	38.16
8	长源冲	3.07	5.23	54.90
9	黑鸟塘冲	6.31	4.68	56.18
10	军田山冲	3.02	4.43	41.34
11	淮南河	38.40	11.90	89.00
12	金峰冲	4.09	6.69	35.32
13	洪水源 1#冲	1.60	2.28	102.23
14	洪水源 2#冲	2.15	2.48	114.77
15	新祖岭冲	2.80	2.84	7.82
16	虎岩冲	9.80	9.92	42.35
17	上井冲	1.61	2.69	7.49
18	中屯河	13.40	7.40	40.82
19	大田冲	3.70	5.80	20.38
20	鲤鱼冲	10.60	7.38	3.09
21	水头屯河	42.64	26.87	3.57
22	横塘冲	23.66	18.58	2.95
23	沙洲河	170.00	29.02	3.38
24	莲山河	36.95	10.26	4.36
25	深井冲	3.57	3.72	36.32
26	栗下塘冲	2.26	2.6	21.83

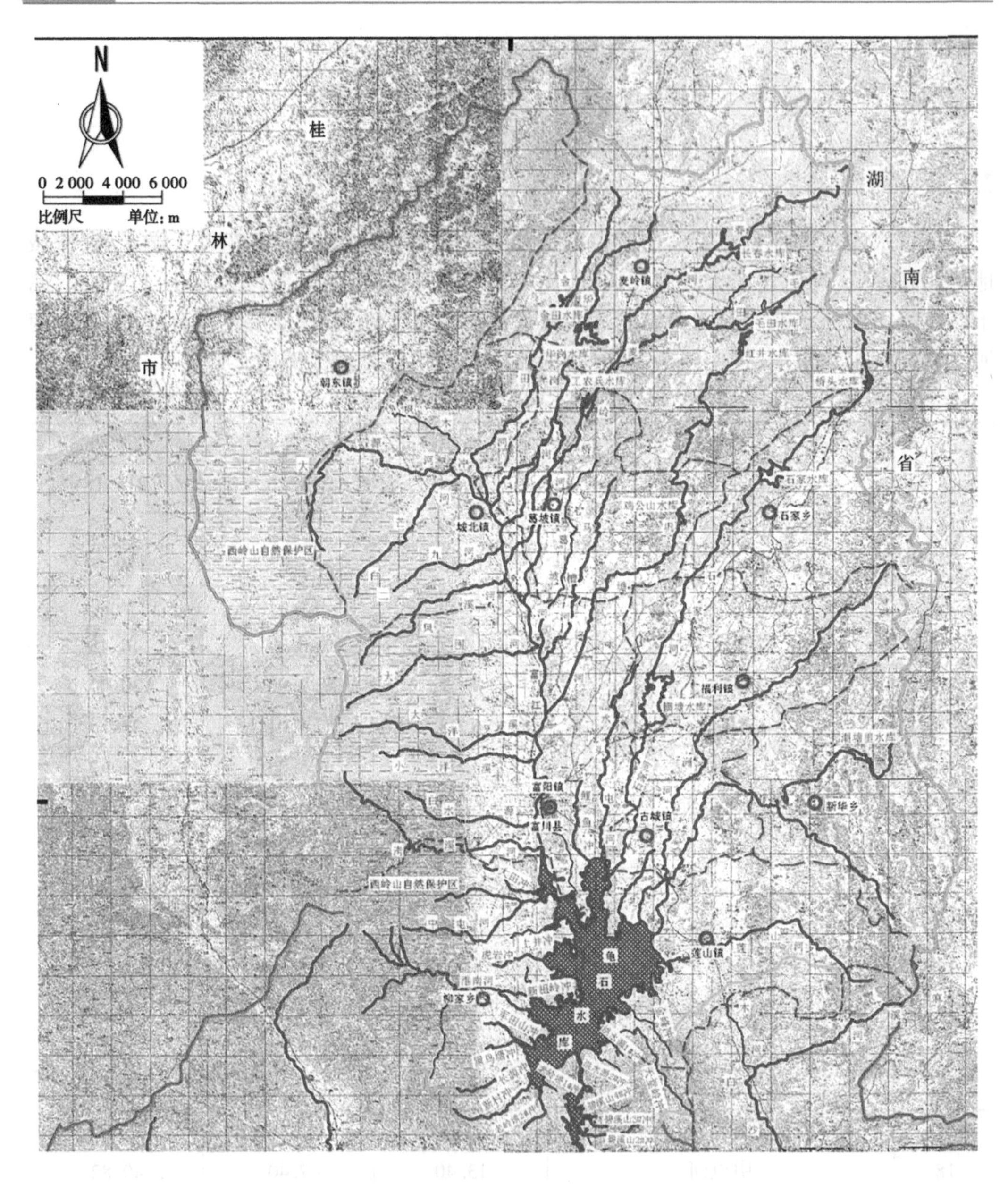

图 2-17　龟石水库流域水系

2.8.2　入库支流流域内水利工程

龟石水库入库支流内的水利工程主要有横塘1座中型水库,淮南河、毛家、石家、芦家、桥头江等9座小(1)型水库,烂泥塘、黑鸟塘、白露塘、白竹塘、深塘等23座小(2)型水库,到现在已建成柳家上游电站、大湾电站、旺源电站、利民电站、横塘电站和石家电站。龟石水库入库支流主要水库和电站特性见表2-9、表2-10。

表 2-9　龟石水库入库支流主要水库特性

水库名称	所在河流	集水面积/ km^2	总库容/ 万 m^3	调节库容/ 万 m^3	设计洪水位/m	校核洪水位/m	规模
横塘水库	朝阳河	96.8	1 602	952	220.11	220.76	中型
淮南河水库	淮南河	18.6	162.2	124.2	301.01	301.67	小(1)型
毛家水库	石家河	30.3	139	69	245.13	245.70	小(1)型
石家水库	大塘坝河	7.04	962.4	876	334.60	334.77	小(1)型
芦家水库	大塘坝河	3.0	125	87.1	343.64	344.07	小(1)型
桥头江水库	石家河	44.7	196	108	366.48	367.11	小(1)型
龙岩水库	石家河	3.5	183	136	293.72	297.03	小(1)型
新华水库	新华河	5.1	273	177.3	293.89	294.27	小(1)型
曹塘里水库	新华河	11.2	330.4	194.8	280.88	281.39	小(1)型
龙窝塘水库	石家河	3.99	178.8	83.8	351.35	351.70	小(1)型

表 2-10　龟石水库入库支流主要电站特性

电站名称	所在河流	集水面积/ km^2	设计水头/ m	装机容量/ kW	主要任务
柳家上游电站	淮南河		135	800	发电
大湾电站	淮南河		210	640	发电
旺源电站	淮南河		57	750	发电
利民电站	新华河		25	520	发电
横塘电站	朝阳河	96.8		300	发电
石家电站	大塘坝河	7.04		325	发电

2.8.3　水资源

龟石水库集水区主要在富川瑶族自治县，属中亚热带季风气候，雨量较充沛。境内四面环山，森林植被较好，蓄水能力较强；中、东部属岩溶地带，地下水蕴藏量也较丰富。全县多年平均水资源拥有量为16.745亿m^3,人均水资源量5 037.6 m^3,其中地表水径流量15.495亿m^3,地下水蓄量1.25亿m^3,按正常年景(保证率50%),全县可利用水量为6.10亿m^3,干旱年景(保证率95%)可利用水量为4.40亿m^3。县内地表水主要来源于降水,据1965—2015年统计,年平均降水量为1 667.4 mm,县内流域面积1 572 km^2,形成大小、长短不一的27条干流和主要支流,注入县内山塘水库约5.2亿m^3。全县27条主要河溪中,有12条源出高山,落差大,河床比降大,坡陡流急,水力资源丰富,径流水能蕴藏量大,已建电站20处,装机容量达10 105 kW,占可开发量的28.87%。

龟石水库集水面积1 254 km^2,总库容5.95亿m^3,有效库容3.48亿m^3。富江位于贺江上游,属于珠江流域西江水系。流入龟石水库的主要河流有富江、石家河、新华河、莲山河、淮南河等。龟石水库水位情况详见表2-11。

表2-11 龟石水库水位情况

序号	部位	高程/m	库容/万m^3	水面面积/km^2
1	死水位	171	9 200	16.5
2	溢洪道堰顶	172	11 000	18
3	汛限水位	181	39 350	46
4	正常水位	182	44 000	50
5	设计洪水位	182.7	47 695	52
6	赔偿高程	183	49 300	53
7	移民高程	184	54 650	
8	校核洪水位	184.7	59 500	60
9	坝顶高程	185.7		

2.9 项目区社会经济状况

2.9.1 社会经济现状

富川瑶族自治县位于广西的桂东偏北,总面积1 572 km^2。截至2016年末,富川瑶族自治县所辖富阳镇、朝东镇、城北镇、葛坡镇、福利镇、麦岭镇、古城镇、莲山镇、白沙镇9个镇,柳家乡、石家乡、新华乡3个乡,总人口33.01万人。2016年,全年实现地区生产总值67.13亿元,其中第一产业增加值23.13亿元,第二产业增加值24.29亿元(其中,工业增加值 18.50 亿元)，第三产业增加值 19.71 亿元。人均地区生产总值 25 115 元。固定资产投资 91.80 亿元。财政收入 6.42 亿元，公共财政预算收入 3.94 亿元，公共财政预算支出 24.89 亿元。城镇居民人均可支配收入 25 279 元。农村居民人均纯收入 9 179 元。

2.9.2 社会经济发展规划

2.9.2.1 《富川瑶族自治县县城总体规划(2016—2030)》

1. 规划目标

以“富川瑶族自治县国民经济和社会发展第十三个五年规划纲要”为指导，尊重现状，面向未来，确定富川瑶族自治县的城市定位，通过合理的控制，把富川瑶族自治县打造成“中国瑶乡明珠”“中国西南碧水青山创新休闲宜居瑶乡风情特色县”。

2. 规划范围

富川瑶族自治县规划发展控制区范围：东到铁路客运站，其中富阳镇竹稍至古城镇边区域农田保留不变；西至西岭山脚；南至龟石水库码头；北到富阳镇行政区。规划发展控制区总面积约 45.8 km^2。城市规划区与土地利用规划保持协调，东至古城镇区(包括部分站前用地)，西至环城西路以西 500 m，高速连接线两侧 300 m，北至新湾工业园区，南含龟石水库一部分，包括永新社区、马鞍山社区、新建社区、阳寿社区、仁升社区 5 个社区和茶家村、新坝 2 个行政村以及古城镇镇区，规划区总面积约 25.5 km^2。

3. 总体发展目标

保持经济稳速健康发展，提高经济增长的质量和效益，力争经济综合实力居全省山区县前列；产业结构不断优化，产业质量逐步提高，形成支柱产业优势明显，产业结构日趋优化的格局；开放型经济格局全面形成，外向带动效应显著；国民经济整体素质和竞争力显著提高，县城综合服务功能明显增强，经济发展环境和人民生活环境明显改善，建立起比较完善的社会主义市场经济体制；人均 GDP 位于全省县级城市前列，城镇化水平显著加快，人民生活普遍达到富裕型小康标准并进一步基本实现现代化。远期(2030 年)，全县生产总值达到 280 亿元，年均增长 10%以上；人均生产总值 65 000 元。

4. 水源保护规划

涝溪水库、富江河、鸟源水库大坝至上游 2 000 m 水域及其两侧外缘 200 m 范围陆域(一级保护区除外)。

2.9.2.2 《富川瑶族自治县“十三五”经济发展规划大纲》

“十三五”时期，富川瑶族自治县社会经济发展目标为：坚持“生态立县、富民强县”发展战略，经济保持中高速增长，增速高于全区平均水平，地区生产总值年均增长速度达到 9%以上，即“十三五”期末突破 100 亿元，财政收入突破 10 亿元，年均增长 12%以上，比 2010 年翻两番，农村居民人均纯收入 15 100 元，年均增长 15%以上，比 2010 年翻两番，实现主要经济指标总量“超百过十翻两番”。

根据《富川瑶族自治县“十三五”经济发展规划大纲》，“十三五”期间设立龟石湿地公园，计划前期投资 1.6 亿元，后期投资 0.59 亿元，总投资 2.19 亿元，争取纳入国家良好湖泊保护试点,成为全市第一个国家湿地公园。富川龟石国家湿地公园的保护与开发,将有利于富川瑶族自治县进一步发挥循环经济产业与生态优势,加快与东部、中部地区的合作,加快承接产业转移,增强内生发展动力。

第 3 章　水文计算和分析

针对不同水文地质条件、不同水质状况等实际情况，河道和入库补给水源主要是河流的季节降水补给。因此，时空分布不均，造成地表河流的水量受季节影响较大，而水质的受污染严重与否，取决于水体所含污染量和天然来水量大小。迁移净化机制中，需根据入库支流的设计洪水、生态用水标准来确定饮用水源保护设计规模、建筑物设计规模等。

3.1　水文基本资料

3.1.1　水文测站与观测情况

龟石水库上下游主要的水文站点有富阳水文站、龟石水库水文站。

3.1.1.1　富阳水文站

富阳水文站位于富阳县城区东门桥上游约 400 m 处，控制集水面积 503 km^2，于 1960 年 1 月设立，为国家基本水文站，现为广西水文水资源局领导。观测项目有水位、流量、泥沙、雨量、蒸发等，实测资料系列较长，其观测项目按规范进行，测验河段控制较好，资料系列长且齐全、精度高。

3.1.1.2　龟石水库水文站

1960 年龟石水库大坝开工后，在龟石坝址下游约 1 km 处设立水文观测站，观测项目有水位、流量、降水等；1963 年以后撤销原河道测验站，在坝上和坝下设水文观测项目，按水库水文规范进行观测和整编。水位、流量观测时段间隔部分年份为 1 d，大部分年份为 6~12 h，洪水期间为 1~3 h。龟石水库水文站水位、流量资料缺测年份较多，1968—1972 年没有流量观测资料，1973—1977 年龟石水库没有刊印水文资料，2006 年没有水位观测资料。

富江流域及附近主要水文站情况见表 3-1。

表 3-1　富江流域及附近主要水文站情况

河流	站名	集水面积/km^2	测站所在地名	设站时间	测验项目及时间		
					水位	流量	雨量
富江	富阳水文站	503	富川瑶族自治县富阳镇	1960 年	1960 年至现在	1960 年至现在	1937 年至现在
富江	龟石水库水文站	1 254	龟石水库坝首	1960 年	1960—1972 年、1978 年至现在	1960—1967 年、1978 年至现在	1954 年至现在

3.1.2　水文基本资料整编、复核

富阳水文站、龟石水库水文站资料由广西水文水资源局整编刊印，历年来有关单位在进行流域规划和水利水电工程设计时，对该站的基本资料都进行复查、分析考证工作，资

料观测连续,资料精度较高,资料可靠性好。本工程水文计算的依据站主要为富阳水文站。

3.1.3 采用基面

本书项目设计坐标系采用1954年北京坐标系,高程系统采用珠江基面高程。

3.2 径 流

3.2.1 富阳水文站设计径流

3.2.1.1 水文站资料的“三性分析”

1. 可靠性分析

富阳水文站为国家基本水文站,属于贺江上游河段富江水文测站,地理位置为东经111°15′,北纬24°50′,于1960年1月设立,水文站断面以上控制流域集水面积503 km^2。主要观测项目有降水量、流量、水位、泥沙等,其观测项目按规范进行,测验河段控制较好,历年有关单位在进行流域规划和水利水电工程设计时,对该站的基本资料都进行复查、分析考证工作,资料可靠。

2. 一致性分析

目前,控制流域内支流上建有较多水利工程,对径流尤其是枯水期径流有一定调节作用,径流受上游蓄水灌溉影响较明显。但是这些工程多建于20世纪五六十年代,富阳水文站设站较晚,因此所观测流量资料系列基本都是经上游水利工程影响后流量,资料连续,一致性较好。

3. 代表性分析

经对该站1960—2015年的年平均流量系列进行代表性分析,详见图3-1,系列中包含丰、平、枯三个水平年,其中包含了1985—1991年连续枯水年,1991—1998年连续丰水年,丰、枯水年基本呈历年交替的规律,测站的径流系列具有较好的代表性。

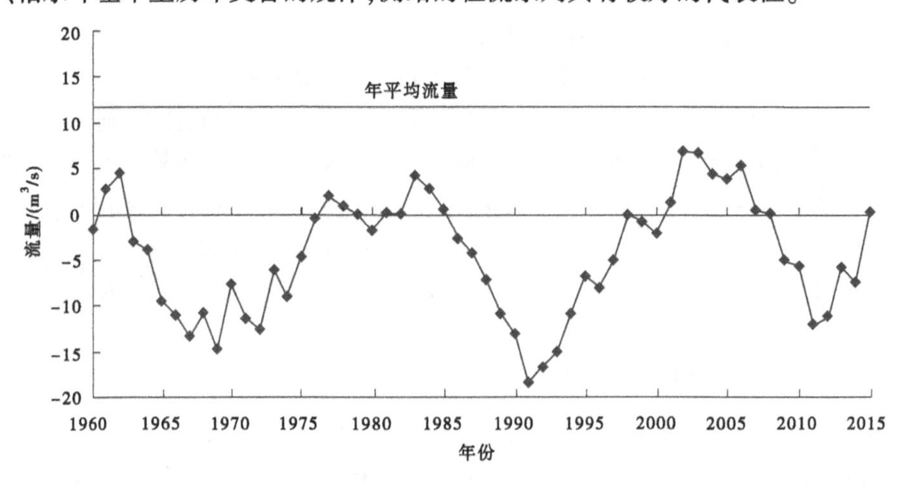

图3-1 富阳水文站平均流量差积曲线

3.2.1.2　富阳水文站设计径流

采用富阳水文站 1960—2015 年实测流量资料，用数学期望公式进行经验参数计算，经过 P-Ⅲ型曲线适线，计算富阳水文站各种工况下的年设计径流、丰水期为 4—9 月、枯水期为 10 月至翌年 3 月、近 10 年最枯月和 90%保证率最枯月的设计径流。

频率设计径流的计算成果如表 3-2 和图 3-2~图 3-5 所示。

表 3-2　富阳水文站设计径流成果

项目	资料系列	均值/(m^3/s)	C_v	C_s/C_v	各频率设计值/(m^3/s)					
					5%	15%	25%	50%	75%	90%
多年平均流量	1960—2015 年	11.69	0.32	2.00	18.45	15.53	13.95	11.29	9.00	7.22
丰水期 4—9 月平均流量		17.50	0.33	2.00	27.95	23.43	20.97	16.87	13.34	10.63
枯水期 10 月至翌年 3 月平均流量		5.55	0.53	2.00	11.10	8.50	7.16	5.04	3.39	2.47
最枯月平均流量		1.88	0.57	2.67	3.97	2.91	2.39	1.62	1.09	0.79
近 10 年最枯月平均流量	2006—2015 年	2.31	—	—	—	—	—	—	—	—

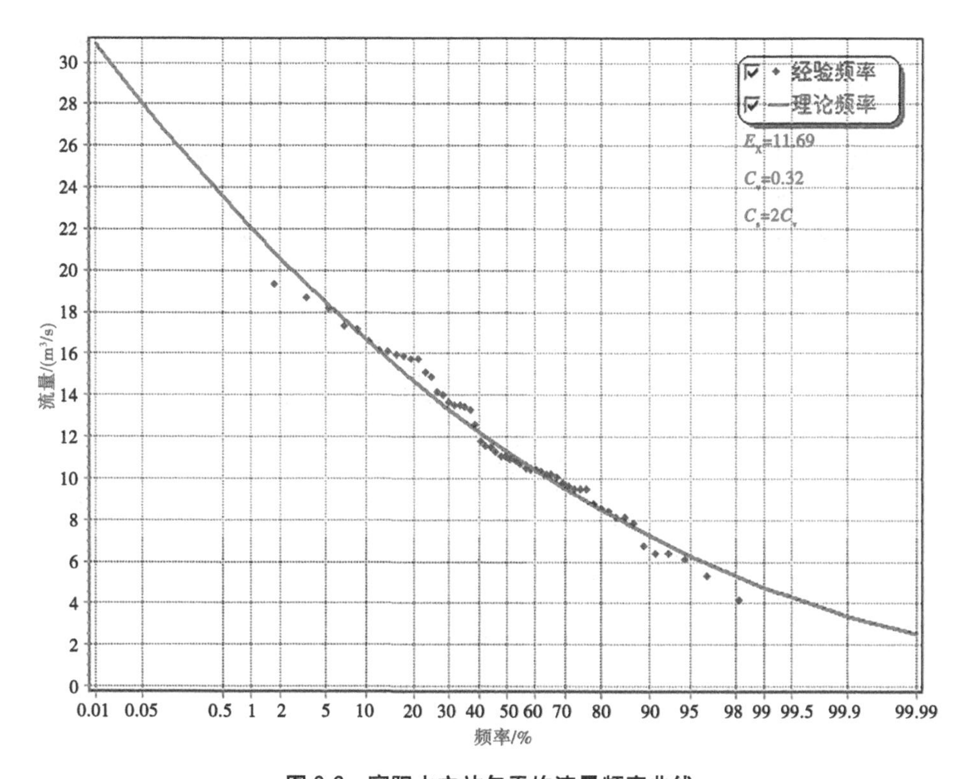

图 3-2　富阳水文站年平均流量频率曲线

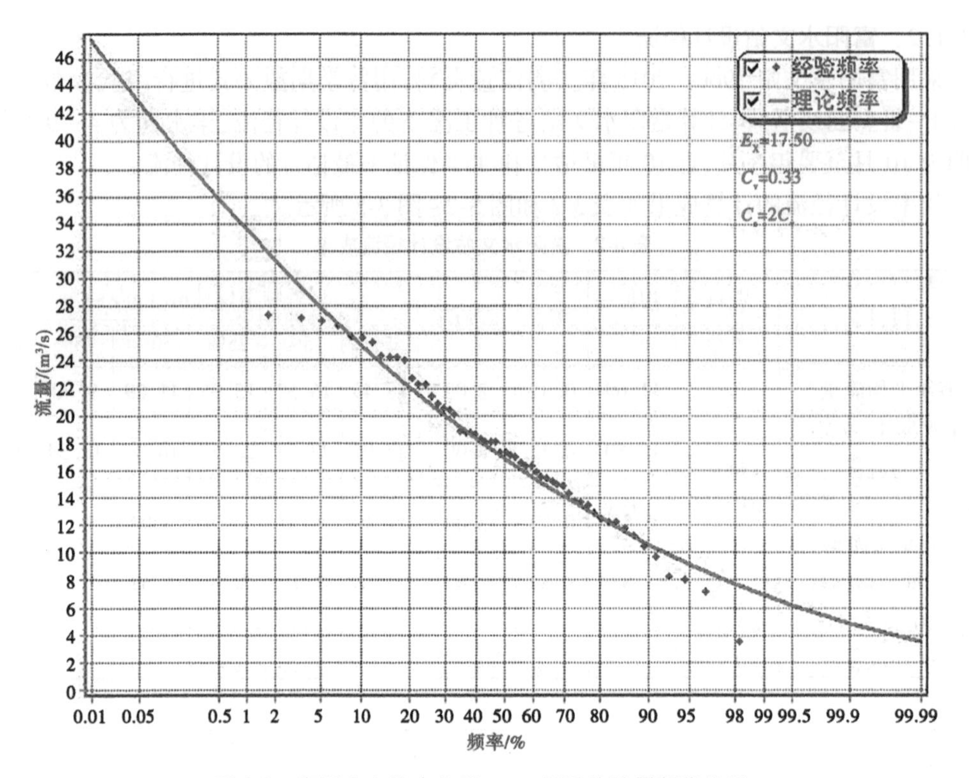

图 3-3 富阳水文站丰水期 4—9 月平均流量频率曲线

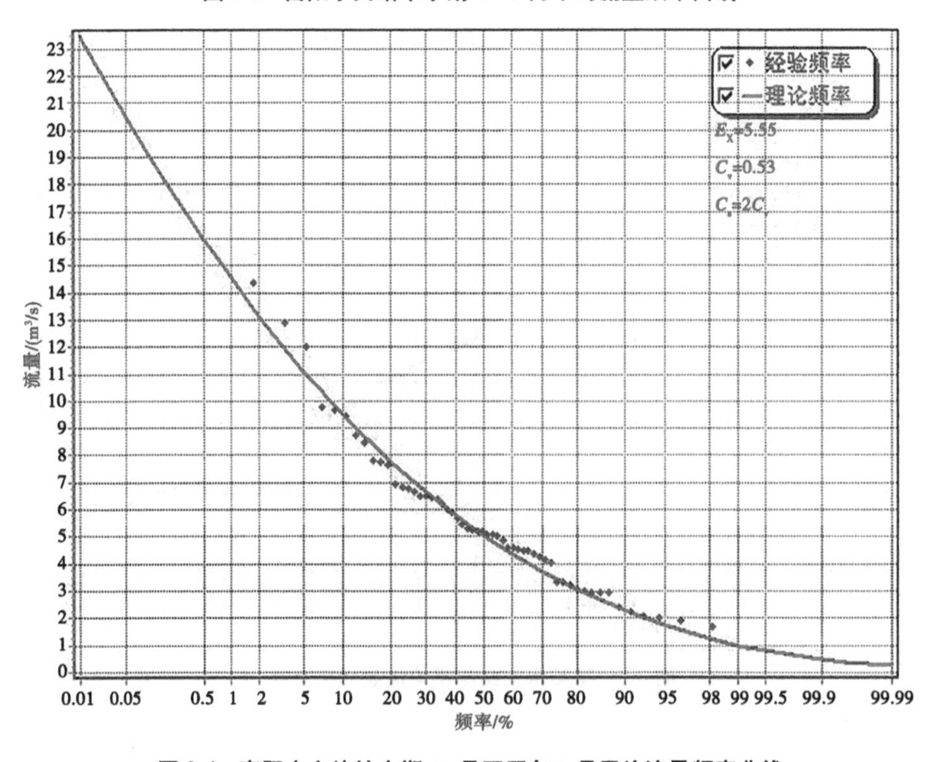

图 3-4 富阳水文站枯水期 10 月至翌年 3 月平均流量频率曲线

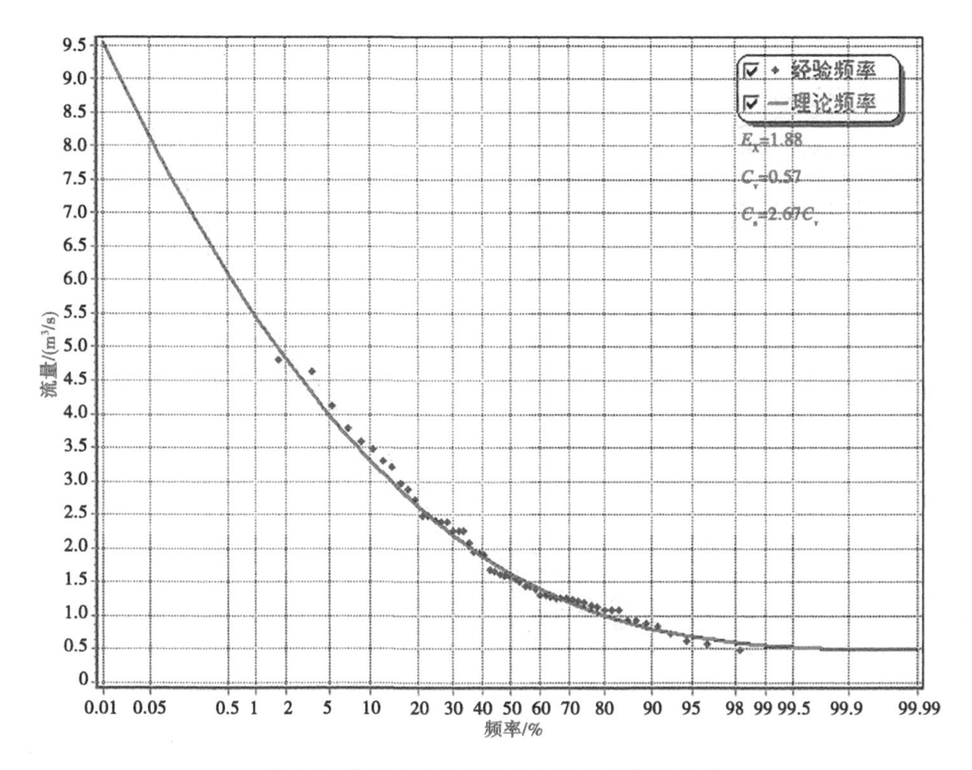

图 3-5　富阳水文站最枯月平均流量频率曲线

3.2.1.3　径流合理性分析

查《广西水文图集》,富川瑶族自治县的多年平均径流深为 700~750 mm,根据公式

$$\overline{Q}_{平均} = \frac{\overline{y}F}{31.5\times10^{3}}/s$$

可以推求富阳水文站多年平均径流深 $\overline{y}$=732 mm,计算值与等值线图相近,可认为计算成果合理。

3.2.2　龟石水库入库支流设计径流选取

入库支流设计径流推求采用水文比拟法,利用面积比的 1 次方移用富阳水文站的设计径流,根据工程设计需要,计算多年平均、枯水期、洪水期径流量;选择 90%保证率最枯月流量和近 10 年最枯月流量两个方案作为计算水质标准,成果见表 3-3。近 10 年最枯月流量大于 90%保证率最枯月流量。采用近 10 年最枯月流量已可说明水质受污染严重,工程处理费用相对偏小。

表 3-3 龟石水库入库支流径流计算成果

序号	河流	集水面积/km^2	多年平均流量/(m^3/s)	丰水期 4—9 月流量/(m^3/s)	枯水期 10 月至翌年 3 月流量/(m^3/s)	90%保证率最枯月流量/(m^3/s)	近 10 年最枯月流量/(m^3/s)
1	碧溪山 1#冲	0.39	0.009	0.014	0.004	0.000 6	0.002
2	碧溪山 2#冲	4.20	0.098	0.146	0.046	0.006 6	0.019
3	碧溪山 3#冲	0.83	0.019	0.029	0.009	0.001 3	0.004
4	碧溪山 4#冲	0.42	0.010	0.015	0.005	0.000 7	0.002
5	老岭塝 1#冲	0.57	0.013	0.020	0.006	0.000 9	0.003
6	老岭塝 2#冲	2.67	0.062	0.093	0.029	0.004 2	0.012
7	新村冲	6.08	0.141	0.212	0.067	0.009 5	0.028
8	长源冲	3.07	0.071	0.107	0.034	0.004 8	0.014
9	黑鸟塘冲	6.31	0.147	0.220	0.070	0.009 9	0.029
10	军田山冲	3.02	0.070	0.105	0.033	0.004 7	0.014
11	淮南河	38.40	0.892	1.336	0.424	0.060 3	0.176
12	金峰冲	4.09	0.095	0.142	0.045	0.006 4	0.019
13	天堂岭冲	8.00	0.186	0.278	0.088	0.012 6	0.037
14	洪水源 1#冲	1.60	0.037	0.056	0.018	0.002 5	0.007
15	洪水源 2#冲	2.15	0.050	0.075	0.024	0.003 4	0.010
16	新祖岭冲	2.80	0.065	0.097	0.031	0.004 4	0.013
17	虎岩冲	9.80	0.228	0.341	0.108	0.015 4	0.045
18	上井冲	1.61	0.037	0.056	0.018	0.002 5	0.007
19	中屯河	13.40	0.311	0.466	0.148	0.021 0	0.062
20	大田冲	3.70	0.086	0.129	0.041	0.005 8	0.017
21	鲤鱼冲	10.60	0.246	0.369	0.117	0.016 6	0.049
22	水头屯河	42.64	0.991	1.483	0.470	0.067 0	0.196
23	横塘冲	23.66	0.550	0.823	0.261	0.037 2	0.109
24	沙洲河	170.00	3.951	5.915	1.876	0.267 0	0.781
25	莲山河	36.95	0.859	1.286	0.408	0.058 0	0.170
26	深井冲	3.57	0.083	0.124	0.039	0.005 6	0.016
27	栗下塘冲	2.26	0.053	0.079	0.025	0.003 5	0.010

3.3　洪　水

3.3.1　洪水特性

富江流域属亚热带季风区，受季候风及太平洋暖流影响，气候温和，雨量充沛，且雨日多，强度大，雨热同季。富江洪水主要由暴雨形成，大多数是由锋面雨和台风雨造成的，而较大区域同时发生暴雨又是产生洪水的主要原因。较大暴雨多出现在4—7月，富江洪水的特点是峰高、历时短、洪水过程线呈尖瘦型，一次洪水历时一般为1~3 d。

3.3.2　历史洪水

据有关史料记载，从明代弘治十三年(1500年)到清代宣统三年(1911年)412年中，有洪水记载的水灾是1500年、1535年、1536年、1567年、1602年、1689年、1732年、1746年、1752年、1863年、1876年、1879年、1889年共13年；民国期间的38年中，有记载的水灾3次，即1914年、1915年和1940年；中华人民共和国成立后，1950—2010年的61年中，发生水灾20次，平均3年发生一次，其中1950—1960年设富阳水文站前，以1956年洪水最大，有水位记载的1960—2010年共51年中，富阳水文站超警戒水位共22年28次。历次的大水灾中，以明代弘治十三年(1500年)的洪水最大，摧毁了矮石堡原县城，使该城荡然无存，由于年代久远，已无法调查到其水位。

当地群众反映，中华人民共和国成立前发生较大洪水的年份是1915年，中华人民共和国成立后发生大洪水的年份有1956年、1998年、2008年和2010年。通过群众的介绍和查阅《富川瑶族自治县水利志》，1956年洪水最大，古城镇被淹，大水上楼，2008年洪水与1915年相当，1998年洪水次之，2010年洪水相对较小。

2015年11月中旬，桂北、桂中连续出现三轮强降水过程，全区平均降水量较历年均值多了近两倍，桂北、桂中、桂东出现历年同期最大洪水，形成11月历年同期最大冬汛。贺州市富川、平桂、昭平、八步出现洪涝灾害。

2015年11月12日8时至13日16时，据贺州市山洪灾害预警平台统计，降水量为25~49.9 mm雨量的站点44个，50~99.9 mm雨量的站点159个，100 mm以上雨量的站点63个，最大降雨站点为富川莲山镇144.9 mm。受降水影响，全市江河干流水位上涨。其中，贺江富阳站188.11 m，超警戒水位1.03 m；贺江钟山站128.21 m，超警戒水位1.16 m；贺江贺州站水位105.25 m，超警戒水位1.72 m；截至13日17时降水仍在持续，龟石水库水位为182.73 m，超过汛限水位1.73 m。从13日零时至17时持续排洪1 038 m^3/s(含发电)，排洪量随入库流量下降而相应减少。此次暴雨和泄洪导致贺江高水位运行，江水涌入城区。已有城区多处发生内涝，多区域的居民楼受淹；在农业、工业、交通设施、水利设施以及一些居民家庭财产等方面均造成一定程度的损失。

这几场洪水的重现期根据当地群众的描述和查阅《富川瑶族自治县水利志》确定，从1915年至今发生最大洪水的年份是1956年，2008年和1915年洪水相当，1998年洪水排第四，2010年洪水相对较小，因此确定本次历史洪水考证期取101年(1915—2015年)，

2008 年洪水相当于 50 年一遇,2010 年洪水相当于 5 年一遇,一般洪水相当于 2 年一遇。通过查阅富阳水文站的历年实测最大 24 h 降水资料,得知 2008 年发生大洪水时最大 24 h 降水量为 297.3 mm,与水文站 50 年一遇设计暴雨相当,这也验证了 2008 年洪水相当于 50 年一遇的合理性。

3.3.3 设计洪水

3.3.3.1 设计暴雨

1. 富阳水文站设计暴雨

富阳水文站位于富川瑶族自治县城,有 30 年以上长系列的实测暴雨资料,资料系列较为完整,精度较高。设计暴雨采用由富阳水文站 1957—2015 年历年最大 1 h、6 h、24 h 时段降水量资料经频率计算得到的成果,计算成果见表 3-4、图 3-6~图 3-8。

表 3-4 富阳水文站最大各时段设计暴雨成果

时段	均值/mm	C_v	C_s/C_v	降水量/mm						
				$P=0.5\%$	$P=1\%$	$P=2\%$	$P=5\%$	$P=10\%$	$P=20\%$	$P=50\%$
1 h	43.02	0.31	3.5	90.5	84.1	77.4	68.2	60.9	53.0	40.7
6 h	80.41	0.30	3.5	165.6	154.1	142.3	125.9	112.8	98.5	76.3
24 h	116.59	0.39	3.5	289.3	264.4	239.0	204.5	177.4	148.9	106.6

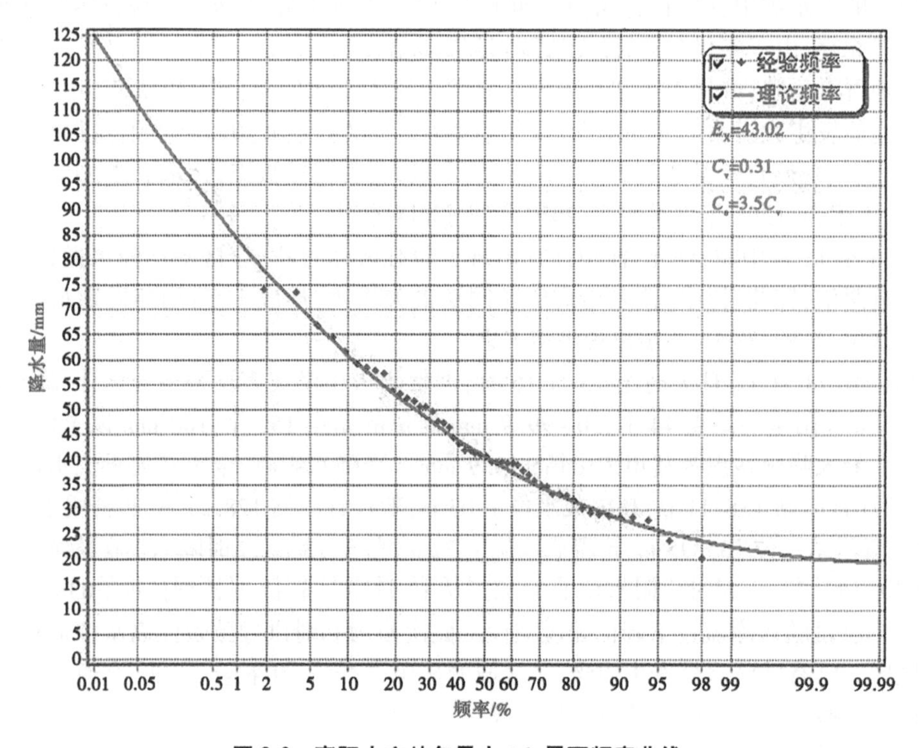

图 3-6 富阳水文站年最大 1 h 暴雨频率曲线

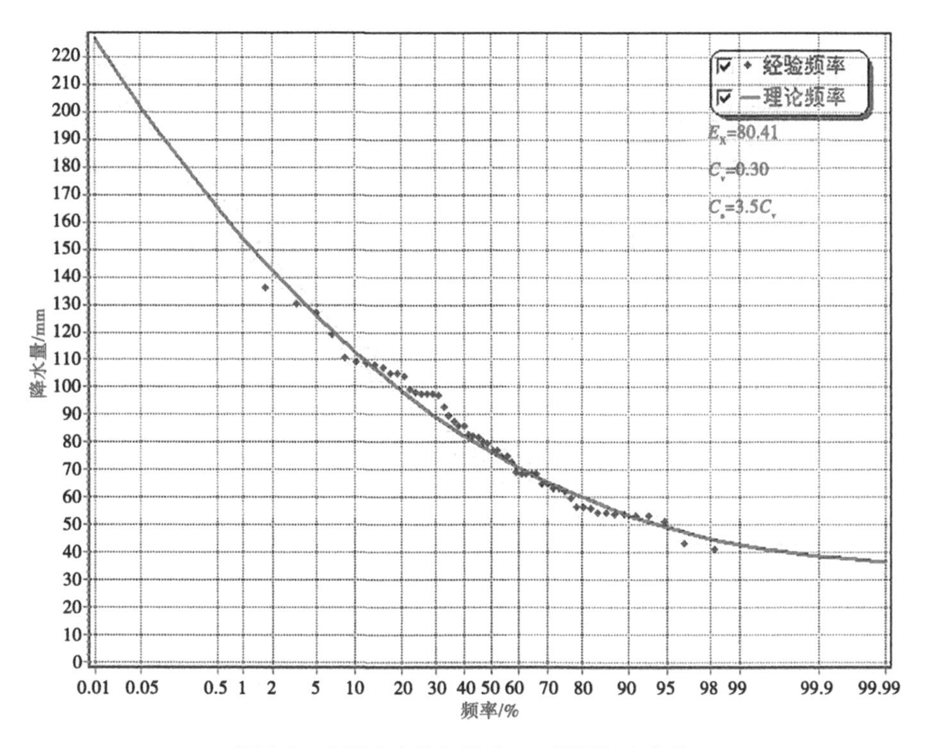

图 3-7　富阳水文站年最大 6 h 暴雨频率曲线

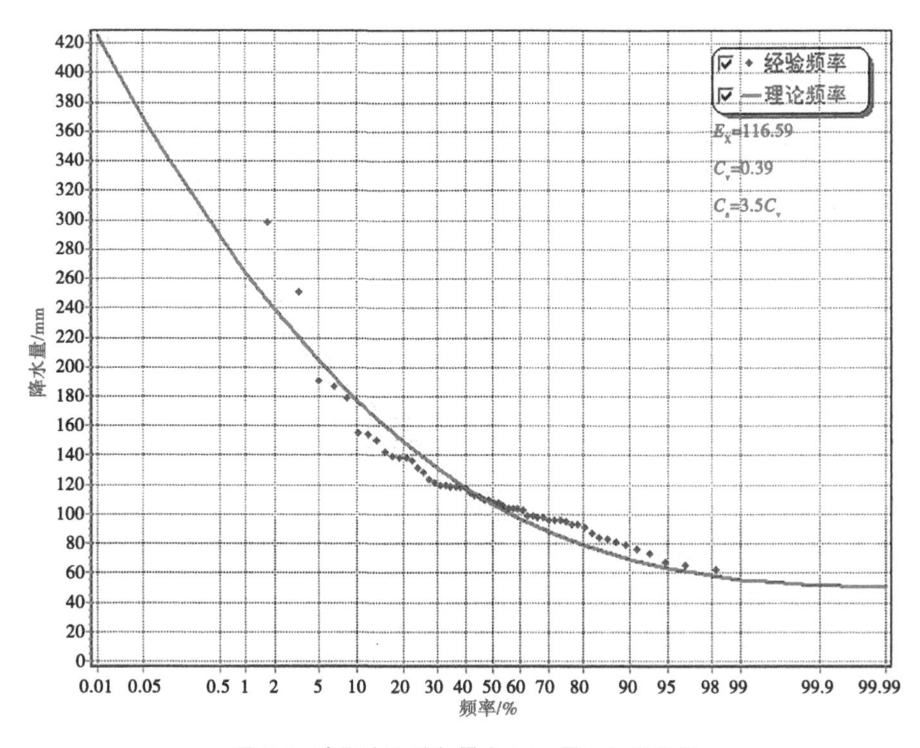

图 3-8　富阳水文站年最大 24 h 暴雨频率曲线

2. 查图集法

从广西壮族自治区水文水资源局编制的《广西暴雨统计参数等值线图研究》(广西壮族自治区水文水资源局,2010 年 3 月)中查得项目区的年最大 1 h、6 h、24 h 降水量均值和变差系数,然后计算相应标准的设计暴雨,项目区年最大 1 h、6 h、24 h 设计暴雨成果见表 3-5。

表 3-5 富江流域年最大 1 h、6 h、24 h 设计暴雨成果(查图集法)

时段	均值/mm	C_v	C_s/C_v	降水量/mm					
				P=0.5%	P=1%	P=2%	P=3.33%	P=5%	P=10%
1 h	45	0.36	3.5	105.3	96.8	87.8	81.4	76.0	66.6
6 h	75	0.45	3.5	209.3	189.0	168.8	153.0	141.0	120.0
24 h	110	0.48	3.5	323.4	291.5	258.5	233.2	214.5	180.4

3. 设计暴雨成果比较

将两种方法计算的暴雨成果进行比较,成果对比见表 3-6。

表 3-6 成果对比

计算方法	时段	均值/mm	C_v	C_s/C_v	降水量/mm				
					P=0.5%	P=1%	P=2%	P=5%	P=10%
查图集法	1 h	45	0.36	3.5	105.3	96.8	87.8	76.0	66.6
	6 h	75	0.45	3.5	209.3	189.0	168.8	141.0	120.0
	24 h	110	0.48	3.5	323.4	291.5	258.5	214.5	180.4
实测系列法	1 h	43.0	0.31	3.5	90.5	84.1	77.4	68.2	60.9
	6 h	80.4	0.30	3.5	165.6	154.1	142.3	125.9	112.8
	24 h	116.6	0.39	3.5	289.3	264.4	239.0	204.5	177.4
差值/%	1 h	4.44			14.06	13.12	11.85	10.26	8.56
	6 h	-7.20			20.88	18.47	15.70	10.71	6.00
	24 h	-6.00			10.54	9.30	7.54	4.66	1.66

通过表 3-6 可以看出,查图集的设计暴雨比实测资料的设计暴雨成果稍大。从成果比较上来看,两种方法设计暴雨成果相差最大的约 20.88%,富阳水文站的降水资料为实测资料,且富阳水文站位于本次设计流域范围内,更能反映实际的降水情况。因此,本次推荐采用富阳水文站实测降水资料频率计算的暴雨成果。

3.3.3.2 **设计洪水**

本次根据暴雨查算图表瞬时单位线适用范围,瞬时单位线不适宜在小于 8 km^2 的流域计算洪峰流量,由于龟石水库入库支流多数集水面积小于 8 km^2,推荐采用更适合小流域的推理公式法计算设计洪水。因此，本次计算根据《广西壮族自治区暴雨径流查算图表》（广西水文总站，1984 年）中的推理公式法和水文比拟法进行设计洪水计算。

1. 推理公式法

采用《广西壮族自治区暴雨径流查算图表》（广西水文总站，1984 年）中的推理公式法计算。

$$Q_M = 0.278\frac{H_T}{T}\cdot F$$

根据流域下垫面情况，选取稳定入渗 $\mu = 3$ mm/h，扣初损后减去 μ 得各时段净雨，然后计算 θ、m 值：

$$\theta = \frac{L}{J^{1/3}\cdot F^{1/4}}$$

$$m = 0.17\theta^{0.581}$$

然后按公式 $Q_M = 0.278\frac{H_T}{T}\cdot F$ 和 $Q_M = 0.278(\frac{L}{m\cdot J^{1/3}\cdot T})^4$ 计算，交点处就是设计洪峰流量值。推理公式法计算的各入库支流设计洪水成果见表 3-7。

表 3-7　入库支流推理公式法设计洪水成果

序号	河流	集水面积/km²	河长/km	坡降/‰	P=20%		
					洪峰流量/(m³/s)	洪量/万 m³	洪峰模数
1	碧溪山 1#冲	0.39	1.46	216.18	4.5	4.2	8.5
2	碧溪山 2#冲	4.20	4.72	79.66	34.2	45.2	13.2
3	碧溪山 3#冲	0.83	2.13	139.62	8.5	8.9	9.6
4	碧溪山 4#冲	0.42	1.31	176.43	5.0	4.5	8.9
5	老岭塝 1#冲	0.57	0.97	46.45	6.6	6.1	9.6
6	老岭塝 2#冲	2.67	2.90	30.00	22.2	28.7	11.5
7	新村冲	6.08	6.01	38.16	44.3	65.4	13.3
8	长源冲	3.07	5.23	54.90	22.1	33.0	10.5
9	黑鸟塘冲	6.31	4.68	56.18	51.3	67.9	15.0
10	军田山冲	3.02	4.43	41.34	22.4	32.5	10.7
11	淮南河水库坝址上游	18.6	7.12	83.1	150	202	21.4
12	淮南河水库下游区间	16.5	4.78	14	106	179	16.4
13	金峰冲	4.09	6.69	35.32	25.8	44.0	10.1
14	天堂岭冲	8.00	8.19	34.66	49.7	86.1	12.4

续表 3-7

序号	河流	集水面积/km^2	河长/km	坡降/‰	$P=20\%$		
					洪峰流量 m^3/s	洪量/万 m^3	洪峰模数
15	洪水源 1#冲	1.60	2.28	102.23	16.3	17.2	11.9
16	洪水源 2#冲	2.15	2.48	114.77	22.2	23.1	13.3
17	新祖岭冲	2.80	2.84	7.82	19.7	30.1	9.9
18	虎岩冲	9.80	9.92	42.35	59.0	105.4	12.9
19	上井冲	1.61	2.69	7.49	10.9	17.9	7.9
20	中屯河	13.40	7.40	40.82	93.5	144.1	16.6
21	大田冲	3.70	5.80	20.38	22.7	39.8	9.5
22	鲤鱼冲	10.60	7.38	3.09	50.4	114.0	10.4
23	大塘坝河	81.40	35.00	4.42	170.9	875.6	9.1
24	横塘河	23.39	16.36	2.95	84.5	251.6	10.3
25	石家河	346.00	55.00	4.07	685.3	3 722	13.9
26	莲山河	36.95	10.26	4.36	183.1	397.5	16.5
27	深井冲	3.57	3.72	36.32	28.4	38.4	12.1
28	栗下塘冲	2.26	2.60	21.83	12.4	24.3	7.2

根据2015年12月完成的《广西富川瑶族自治县淮南河柳家乡沿江河段防洪整治工程初步设计报告(报批本)》,淮南河中游建有淮南河水库,其上游洪水要经过水库调蓄后,才通过溢洪道下泄到下游河道,跟下游区间洪水汇合。因此,淮南河分坝址以上和水库下游区间分别计算出各分区设计洪水。本次直接引用淮南河初设已批复成果。

2. 水文比拟法

1)参证站设计洪水计算

采用洪水系列1960—2010年洪水资料,加上调查的1915年(1 310 m^3/s)和1956年(830 m^3/s)历史洪水共同组成不连续系列,然后进行频率计算。历史洪水调查成果均摘录自《广西梧州地区水文资料统计》(广西梧州地区水利电力局,1975年1月)。富阳水文站设计洪水频率计算成果见表3-8和图3-9。

表 3-8 富阳水文站年最大洪峰流量频率计算成果

系列长度	均值/(m^3/s)	C_v	C_s/C_v	流量/(m^3/s)							
				$P=1\%$	$P=2\%$	$P=5\%$	$P=10\%$	$P=20\%$	$P=50\%$	$P=80\%$	$P=95\%$
51	329	0.78	3.5	1 342	1 125	846	642	451	232	155	142

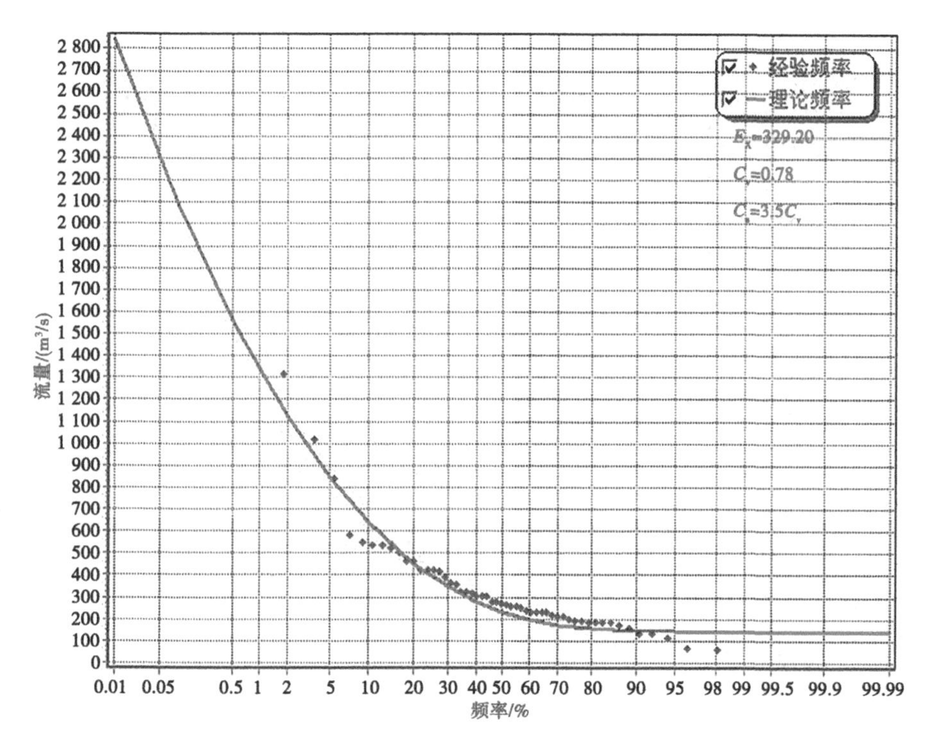

图 3-9　富阳水文站设计洪水频率曲线图

2）龟石水库入库支流设计洪水计算

采用水文比拟法推算龟石水库入库支流设计洪水，参证站采用富阳水文站，水文比拟法计算公式如下：

$$Q_{设} = Q_{参} \times \left(\frac{F_{设}}{F_{参}}\right)^n$$

式中　$Q_{设}$——设计断面的洪峰流量；

$Q_{参}$——参证站富阳水文站的洪峰流量；

$F_{设}$——设计断面的集水面积；

$F_{参}$——参证站富阳水文站控制的集水面积(503 km²)；

n——面积比参数，n 取 0.6~0.7，综合后 n 取 0.67。

龟石水库入库支流设计洪水成果见表 3-9。

表 3-9　龟石水库入库支流水文比拟法设计洪水成果

序号	河流	集水面积/km²	流量/(m³/s)		
			P=10%	P=20%	P=50%
1	碧溪山 1#冲	0.39	5.29	3.71	1.91
2	碧溪山 2#冲	4.20	26.02	18.26	9.40
3	碧溪山 3#冲	0.83	8.78	6.16	3.17
4	碧溪山 4#冲	0.42	5.56	3.90	2.01

续表 3-9

序号	河流	集水面积/km²	流量/(m^3/s)		
			$P=10\%$	$P=20\%$	$P=50\%$
5	老岭塝1#冲	0.57	6.83	4.79	2.47
6	老岭塝2#冲	2.67	19.21	13.48	6.94
7	新村冲	6.08	33.34	23.40	12.04
8	长源冲	3.07	21.10	14.80	7.62
9	黑鸟塘冲	6.31	34.18	23.98	12.34
10	军田山冲	3.02	20.86	14.64	7.53
11	淮南河	38.4	114.63	80.43	41.39
12	金峰冲	4.09	25.57	17.94	9.23
13	天堂岭冲	8.00	40.08	28.12	14.47
14	洪水源1#冲	1.60	13.63	9.56	4.92
15	洪水源2#冲	2.15	16.62	11.66	6.00
16	新祖岭冲	2.80	19.83	13.92	7.16
17	虎岩冲	9.80	45.91	32.21	16.58
18	上井冲	1.61	13.69	9.60	4.94
19	中屯河	13.40	56.62	39.73	20.44
20	大田冲	3.70	23.91	16.77	8.63
21	鲤鱼冲	10.60	48.39	33.95	17.47
22	水头屯河	42.64	122.87	86.32	44.40
23	横塘冲	23.66	82.81	58.17	29.92
24	沙洲河	170.00	310.37	218.04	112.16
25	莲山河	36.95	111.71	78.38	40.34
26	深井冲	3.57	23.34	16.38	8.43
27	栗下塘冲	2.26	17.18	12.05	6.20

3) 设计洪水合理性分析

各入库支流推理公式法与水文比拟法计算成果比较见表 3-10。

表 3-10 入库支流设计洪水成果

序号	河流	集水面积/km^2	推理公式法	水文比拟法	差值/%
			P=20%流量/(m^3/s)	P=20%流量/(m^3/s)	
1	碧溪山1#冲	0.39	4.5	3.71	17.45
2	碧溪山2#冲	4.20	34.2	18.26	46.61
3	碧溪山3#冲	0.83	8.5	6.16	27.51
4	碧溪山4#冲	0.42	5.0	3.90	21.92
5	老岭塝1#冲	0.57	6.6	4.79	27.42
6	老岭塝2#冲	2.67	22.2	13.48	39.28
7	新村冲	6.08	44.3	23.40	47.19
8	长源冲	3.07	22.1	14.80	33.03
9	黑鸟塘冲	6.31	51.3	23.98	53.25
10	军田山冲	3.02	22.4	14.64	34.65
11	淮南河	38.40	106	80.43	24.12
12	金峰冲	4.09	25.8	17.94	30.47
13	天堂岭冲	8.00	49.7	28.12	43.42
14	洪水源1#冲	1.60	16.3	9.56	41.32
15	洪水源2#冲	2.15	22.2	11.66	47.48
16	新祖岭冲	2.80	19.7	13.92	29.36
17	虎岩冲	9.80	59.0	32.21	45.40
18	上井冲	1.61	10.9	9.60	11.88
19	中屯河	13.40	93.5	39.73	57.51
20	大田冲	3.70	22.7	16.77	26.11
21	鲤鱼冲	10.60	50.4	33.95	32.63
22	水头屯河	42.64	135.0	86.32	36.06
23	横塘冲	23.66	80.7	58.17	27.92
24	沙洲河	170.00	605.1	218.04	63.97
25	莲山河	36.95	183.1	78.38	57.19
26	深井冲	3.57	28.4	16.38	42.34
27	栗下塘冲	2.26	12.4	12.05	2.78

从表 3-10 可以看出,设计洪水推理公式法与水文比拟法计算成果相差较大,最大差值达 63.97%。由于有些入库支流集水面积小于 1 km²,与富阳水文站集水面积 503 km² 相差太大,本次计算入库支流设计洪水采用推理公式法成果。

3.3.3.3 龟石水库入库支流设计洪水选取

入库支流设计洪水推求采用水文比拟法。本次设计工程范围选取龟石水库正常蓄水位 182.0 m 高程以下消落区范围为支流范围。确定各支流前置库生态透水坝顶高程 182.0 m 为漫水设计高程,透水高程为 188~189 m。

3.3.4 施工洪水

经分析,本工程建设需施工导流的内容主要为农业面源污染治理工程中的生态透水坝,该主要建筑物级别为 4 级,导流建筑物为 5 级,相应的洪水标准为枯水期 5 年一遇。富江洪水主汛期为 4—9 月,施工期选取 10 月 1 日至 12 月 31 日和 1 月 1 日至 3 月 31 日施工时段。本次工程施工洪水计算选用富江上游富阳水文站作为参证站。

富阳水文站是国家基本水文站,位于富阳县城区东门桥上游约 400 m 处,控制集水面积 503 km²。根据富阳水文站施工期最大流量频率计算成果,采用水文比拟法推算至龟石水库各入库支流,计算公式参照设计洪水计算,面积比的指数取 0.67。龟石水库入库支流各频率的洪峰流量见表 3-11。

表 3-11 龟石水库各入库支流施工洪水成果

序号	站名	集水面积/km²	P=20%洪峰流量/(m³/s)	
			10 月 1 日至 12 月 31 日	1 月 1 日至 3 月 31 日
1	富阳	503	62.7	84.4
2	碧溪山 1#冲	0.39	0.52	0.70
3	碧溪山 2#冲	4.20	2.54	3.42
4	碧溪山 3#冲	0.83	0.86	1.15
5	碧溪山 4#冲	0.42	0.54	0.73
6	老岭塝 1#冲	0.57	0.67	0.90
7	老岭塝 2#冲	2.67	1.87	2.52
8	新村冲	6.08	3.25	4.38
9	长源冲	3.07	2.06	2.77
10	黑鸟塘冲	6.31	3.34	4.49
11	军田山冲	3.02	2.04	2.74
12	淮南河	38.4	11.2	15.1
13	金峰冲	4.09	2.50	3.36

续表 3-11

序号	站名	集水面积/km²	P=20%洪峰流量/(m³/s)	
			10 月 1 日至 12 月 31 日	1 月 1 日至 3 月 31 日
14	天堂岭冲	8.00	3.91	5.26
15	洪水源 1#冲	1.60	1.33	1.79
16	洪水源 2#冲	2.15	1.62	2.18
17	新祖岭冲	2.80	1.94	2.61
18	虎岩冲	9.80	4.48	6.03
19	上井冲	1.61	1.34	1.80
20	中屯河	13.4	5.53	7.44
21	大田冲	3.70	2.33	3.14
22	鲤鱼冲	10.6	4.72	6.36
23	水头屯河	42.64	12.0	16.2
24	横塘冲	23.66	8.1	10.9
25	沙洲河	170.00	30.3	40.8
26	莲山河	36.95	10.9	14.7
27	深井冲	3.57	2.28	3.07
28	栗下塘冲	2.26	1.68	2.26

3.4　河流泥沙

富江富阳水文站有 1964 年至今的泥沙测验资料，根据富阳水文站 1964—2000 年泥沙资料统计，该站悬移质年平均含沙量 0.092 kg/m³，属少沙河流，历年最大含沙量 0.270 kg/m³，出现在 1994 年；年平均输沙率 1.07 kg/s；多年平均输沙量 3.4 万 t/a，最大年输沙量 13.5 万 t(1994 年)，多年平均输沙模数 37.7 t/km²。

第4章 龟石水库入库支流及水库水质调查与分析研究

4.1 龟石水库近年历次水华事件及综合整治概况

龟石饮用水源地的饮用水污染是农村面源污染(rural non-point source pollution),指农村生活和农业生产活动中,溶解的或固体的污染物,如农田中的土粒、氮素、磷素、农药、重金属、农村禽畜粪便与生活垃圾等有机或无机物质,从非特定的地域,在降水和径流冲刷作用下,通过农田地表径流、农田排水和地下渗漏,大量污染物进入受纳水体(河流、水库)所引起的污染。

保护饮水安全,饮用水水源地是关键。目前,我国尚未制定“地表水质反退化”法则,并写入相关法律。饮用水水源地保护区内存在较多会产生水污染的村庄、畜牧业或农业种植,饮用水水源地虽然划出范围较宽的缓冲区、保护区,但是仍难以严格管理。一旦监管执法力度有所松懈,水质就会有恶化的趋势。

4.1.1 近年历次水华事件

2016年3月1日上午,龟石水库饮用水水源一级保护区坝首取水口至碧溪山村约3 km长的水域呈淡褐色,经采样监测,库区各监测点水质总氮浓度范围为1.83~2.36 mg/L(地表水环境质量标准Ⅲ类水质为1.0 mg/L,Ⅳ类水质为1.5 mg/L,Ⅴ类水质为2.0 mg/L)。3月29日上午,贺州市环保局接到贺州市水利局反映龟石水库水体颜色异常的函,经现场调查发现,龟石水库坝首至毛家桥水域均出现不同程度的淡褐色现象,经采样监测,库区各监测点水质总氮浓度范围为1.69~1.83 mg/L。经初步判断,以上两次同属拟多甲藻类大量繁殖所致的水体富营养化现象。

龟石水库曾于2014年6月14日出现约30 km^2 水华暴发现象,大坝至上游葫芦峡口处约5.5 km长的库区,水面上层10 cm以内的水体颜色呈淡黄绿色,肉眼可观察到有细微颗粒状的漂浮物。现场调查结果显示,在水库表面聚集了大量蓝藻,尤其在峡口,由于受两侧沿岸的遮挡形成一个湾口,水面较为平静,在风的影响下,库区大量增殖的藻类不断在该区域积累,堆积形成水华,致使该处蓝藻细胞密度很高。

于2014年6月水华暴发期间,对龟石水库蓝藻水华暴发的过程及主要特征进行采样监测,结果表明:优势藻种为惠氏微囊藻,藻密度最高达到 5.36×10^{-8} cells/L,叶绿素a浓度达到74.48 μg/L,水华优势种惠氏微囊藻细胞密度随时间推移呈现逐渐降低的趋势,并且垂直方向藻细胞密度集中分布在表层及水下5 m处。

进一步分析水体的富营养化时空变化规律,进行龟石水库夏季富营养化状况与蓝藻水华暴发特征、外污染源以及浮游藻类群落结构动态变化特征研究，结果表明：水库的氮、磷浓度逐年升高，TN 含量已远超过地表水Ⅱ类标准，部分采样点的 TP 含量也超过Ⅱ类标准，且主要来源为规模化养殖和农业面源污染，水华期间浮游藻类总细胞密度与 TN、TP、NO_3—N(硝态氮)和高锰酸盐指数呈现显著正相关，与透明度呈显著负相关。对于产生富营养的龟石水库水环境而言，蓝藻水华的防控既要关注气候和气象条件，更要尽量削减氮、磷营养盐入库量，维持较低营养盐水平是防范蓝藻水华的关键。污染源分析显示，龟石水库的污染物主要来自规模化养殖、农业面源和农村生活污染。

4.1.2　水华事件以来综合整治情况

贺州市人民政府于 2017 年 5 月 17 日批复《贺州市人民政府办公室关于印发贺州市龟石水库饮用水水源地安全综合整治工作方案的通知》(贺政办电〔2017〕28 号)(简称《整治方案》)，根据《整治方案》，近五年监测数据显示，龟石水库水质呈逐年恶化趋势。水源地安全存在突出问题，主要包括生活面源污染日趋严重，畜禽、水产养殖污染，违规建设项目(构筑物)，农业、林业面源污染严重和入河入库排污口等问题。整治目标：实现龟石水库饮用水水源地保护与管理工作规范化，到 2019 年底，库区水质稳定并达到 2013 年水平即Ⅲ类水质标准，入库河流维持Ⅲ类水质标准，为饮用水水源地的安全提供保障。整治内容主要分为生活污染源治理、畜禽养殖污染整治、实施生态修复与保护工程、农业面源整治和饮用水水源地规范化建设。

4.1.3　已建措施

龟石水库是贺州市城区、钟山县城区的重要饮用水源，先后被水利部、广西壮族自治区水利厅列入广西重要饮用水水源地名录、全国重要饮用水水源地名录。广西壮族自治区、贺州市政府高度重视龟石水库饮用水源的保护管理工作，近年来，自治区、贺州市水利、环保、农业、畜牧及移民等相关部门累计投入数亿元对龟石饮用水源地进行保护，发挥了一定的效益，具体各相关部门已建项目如下。

4.1.3.1　**水利部门**

贺州市水利局积极争取自治区水行政部门水资源保护资金，先后批复实施了《贺州市龟石水库水源保护及生态修复工程石坝村、坝首试点项目》和《贺州市城区供水引水渠道保护工程》，工程总投资 4 626 万元，已累计完成投入资金达 545 万元，争取 2018 年完成剩余 4 081 万元，具体建设情况见表 4-1 和图 4-1～图 4-6。

4.1.3.2　**环保部门**

2015 年 5 月 18 日，广西壮族自治区人民政府以桂政函〔2015〕98 号文《关于龟石水库生态环境保护实施方案的批复》批复了贺州市龟石水库生态环境保护实施方案。该方案规划项目总投资 2.73 亿元，计划在 2015—2017 年实施完毕。具体实施情况详见表 4-2 和图 4-7～图 4-10。

表 4-1 水利部门相关规划实施情况(贺州市水利局)

序号	项目名称	批复(设计)主要内容	批复文号	总投资/万元	已完成/万元	2018 年计划完成/万元
1	《贺州市龟石水库水源保护及生态修复工程石坝村、坝首试点项目》	(1)石坝村,建设化粪池 43 座,配套 4 545 m 截污沟,设置 2 座污水处理系统,建设 130 亩人工湿地,设置 1 500 m 隔离网,并对水库支流河道进行清淤和整治; (2)主坝坝首,建设化粪池 2 座,设置护岸 255 m 及 324 m 隔离网	广西水利厅水资源处桂水资源〔2014〕28 号文	759.9	425	334.9
2	《贺州市城区供水引水渠道保护工程》	新建生态护栏 38.26 km,管护道路 27.15 km,排水渠 12.2 km,隔离护栏 275.2 m,管护便桥 11 座,拆除重建农桥 3 座,设立宣传牌 5 块	广西壮族自治区水利厅桂水资源〔2015〕25 号文	3 866.1	120	3 746.1
3	合计			4 626.0	545	4 081.0

图 4-1 石坝村已建隔离护栏

图 4-2 石坝村已建化粪池

图 4-3 坝首已建不锈钢隔离网

图 4-4 石坝村已建农村生活污水处理修复池

图 4-5　引水渠道生态防护栏

图 4-6　东干渠铝厂桥附近

表 4-2　贺州市龟石水库生态环境保护实施方案情况

序号	项目名称	建设地点	规划建设周期	项目建设规模与内容	总投资/万元	计划实施年度	项目进度
1-生态安全调查与评估类型项目							
1	龟石水库库区生态健康及湖库安全综合调查	龟石水库全流域	2015—2016 年	开展龟石水库流域污染源、环境状况、土地利用、水资源利用、经济发展等情况调查，评估流域生态环境健康状况和水库服务功能损失	200	2015	完工
2	龟石水库库区生态健康及湖库安全补充调查	龟石水库全流域	2017 年	开展跟踪调查，评估项目实施过程中及实施后流域生态环境健康改善状况和水库服务功能恢复情况	100	2017	前期
2-饮用水源地规范化建设项目							
3	龟石水库饮用水水源地标识、标志建设	龟石水库库区	2015—2016 年	在龟石水库水源保护区设立界碑 20 块，界桩 250 块	30	2015	完工
4	龟石水库水源地综合整治工作方案编制	龟石水库库区	2015 年	调查摸清龟石水库、主要入库河流水源地违章建筑、排污口及污染源；完成工作方案编制和基础数据摸底工作。完成库区 3 个乡（镇）的总体规划编制	20	2015	完工
5	龟石水库水源地违章建筑/项目清理	龟石水库库区	2015 年	关闭以及整治水源地保护区内的农家乐等排污口违章建筑，对偷采稀土、违法占地等行为予以打击取缔	80	2015	完工

续表 4-2

序号	项目名称	建设地点	规划建设周期	项目建设规模与内容	总投资/万元	计划实施年度	项目进度
6	龟石水库库区非法养殖清理和整治	龟石水库库区	2015年	对保护区内存在的造成废水直排的畜禽养殖场予以取缔,对保护区内龟石水库水质造成污染隐患的网箱养殖、库汊养殖点进行整治	50	2015	完工
7	龟石水库饮用水源地一级保护区围栏建设	龟石水库库区	2017年	龟石水库饮用水源地一级保护区围网40 km。土石方开挖2 400 m^3,隔离网72 000 m^2,C15混凝土基础2 400 m^3	809.2	2017	前期
8	涝溪水库水源地保护工程	涝溪水库库区	2017年	涝溪水库库区范围防护工程、复绿工程和水库周边经济种植场的整顿工程。工程规模150 hm^2	900	2017	前期
9	水源地植被生物多样性建设工程	龟石水库库区上游	2017年	建设苗圃1处,面积6 hm^2;植被改造200 hm^2,新建防火林带50 km	800	2017	前期
3-生态修复与保护类型项目							
10	入库河流生态恢复	龟石水库库区	2015—2016年	入库河口生态恢复约32 hm^2,其中对石家河入库河口生态恢复面积10 hm^2、新华河河口11 hm^2、莲山河11 hm^2。选择种植吸污能力强、净化隔污效果好的堤岸和湿地植物,如牛鞭草、香附子、柳树、芦苇、菖蒲、水蓼等具有喜水特性植物,促进水体净化、水质提升	200	2015	完工,冲毁毁坏
11	毛家桥湿地植被生态恢复工程	毛家桥村	2015—2017年	恢复基底整理、种植水生植物,开展生境改造,利用浅水河床、生态护坡或自然堤岸建设;通过栽植牛鞭草、香附子、柳树、芦苇、菖蒲、水蓼等挺水湿地植物、喜水植物来恢复植被。建设地点位于富阳镇毛家桥村,工程规模30 hm^2	200	2015	完工,冲毁毁坏

续表 4-2

序号	项目名称	建设地点	规划建设周期	项目建设规模与内容	总投资/万元	计划实施年度	项目进度
12	隔污缓冲林带工程	龟石水库库区	2015 年	选择耐水吸污能力强、净化隔污效果好的树种，科学造林、合理配置、乔灌草结合，加大封山育林和中幼林抚育力度；在柳家乡水库沿岸建设山体植被修复工程 18 hm^2	110	2015	完工
13	富川龟石水库生态观测站点 10 个	龟石水库库区	2015—2017 年	仪器设备采购，放置设备、标本资料等，每个 45 m^2	2 200	2015	在建
14	富川龟石水库湖岸滩涂生态修复工程	龟石水库库区	2015—2017 年	新建生态堤岸 4 km，滩涂植被恢复 110 hm^2，退养还湿 115 hm^2，鱼类繁衍栖息地保护 13 hm^2	813	2015	在建
15	通湖水质净化带工程	出入库河道两侧及河口	2017 年	在主要出入库河道两侧及河口等地建设通湖水质净化带工程，选择种植吸污能力强、净化隔污效果好的当地植被，促进水体净化、水质提升。入库河口治理 80 hm^2	501	2017	前期
16	沉积物的疏浚工程	入库河流	2017 年	对入库河流进入库区的过渡区进行沉积物的疏浚，有效减少水库内源污染物含量，控制水体富营养化，入库过渡区清淤面积 30 hm^2	600	2017	前期
17	退塘还湿工程	龟石水库库区	2017 年	在洪水源等入库河流，拆除鱼塘塘坝，增加水域面积 2 hm^2。建设人工湿地 1.5 hm^2，恢复自然湿地 2.0 hm^2，建设前置库、净化塘等多级净化设施，强化对各类排水的深度净化	771.09	2017	前期
18	库区周围生态缓冲区恢复	龟石水库库区	2017 年	环库护岸植被带建设，工程规模 100 hm^2。选择吸污能力强、净化隔污效果好的堤岸和湿地植物进行种植。在水深低于 0.50 m 的浅水区栽种挺水植物，本工程采用菖蒲、牛鞭草、芦苇、柳树等；在水深大于 0.50 m 的深水区，栽种狐尾藻、狸藻、小茨藻等沉水植物	577	2017	前期

续表 4-2

序号	项目名称	建设地点	规划建设周期	项目建设规模与内容	总投资/万元	计划实施年度	项目进度
19	库区生物调控	龟石水库库区	2017—2018 年	每年往库区内投放鲢鱼等滤食性鱼苗和杂食性鱼类 100 万尾	100	2017	前期
4-流域污染源治理类型项目							
20	农村生活污水处理工程	富川瑶族自治县莲山镇、古城镇、柳家乡	2015—2016 年	在柳家乡、莲山镇和古城镇的部分行政村和自然村中人口较集中的稍偏村屯建设集中式小型污水处理站 10 个，每个处理规模 50~80 m^3/d，约 300 万元。配套管网约 10 km，约 180 万元	480	2015	完工
21	富川瑶族自治县古城镇污水处理工程	富川瑶族自治县古城镇古城街道	2015 年	处理规模：300 m^3/d，占地面积：1 200 m^2；工艺流程：水解酸化-曝气池-人工湿地工艺；配套管网：500 m 长 DN400 干管，700 m 长 DN300 支管	140	2015	完工
22	富川瑶族自治县福利镇污水处理工程	富川瑶族自治县福利镇	2015 年	处理规模：350 m^3/d，占地面积：1 400 m^2；工艺流程：水解酸化-曝气池-人工湿地工艺；配套管网：600 m 长 DN400 污水干管，800 m 长 DN300 支管	160	2015	完工
23	生活污水处理厂配套截污管网完善工程	富川瑶族自治县富阳镇	2015—2017 年	新建污水收集管网 5 000 m，扩大纳污范围	1 500	2015	完工
24	富川瑶族自治县垃圾填埋场渗滤液收集管网建设	富川瑶族自治县柳家乡	2015—2016 年	处理规模：100 m^3/d。配套管网：1 条 6 km 长 DN20 污水干管	560	2015	完工
25	富川瑶族自治县生活垃圾填埋场技改	富川瑶族自治县柳家乡	2015—2016 年	排污口迁出龟石水库饮用水源二级保护区外	250	2015	完工
26	柳家铁矿区生态环境综合整治工程	富川瑶族自治县柳家乡大湾村	2015 年	富川瑶族自治县柳家乡大湾村三洞田铁矿推动水土污染治理、自然边坡失稳治理、废石场整治和复绿	1 000	2015	前期

续表 4-2

序号	项目名称	建设地点	规划建设周期	项目建设规模与内容	总投资/万元	计划实施年度	项目进度
27	富川方宇矿业有限责任公司生态环境综合整治工程	富川瑶族自治县莲山镇瑶田	2015—2016 年	恢复尾矿库坝坡及其周围山坡的植被，计划覆土并种植草皮，在山坡上栽种枫树；在库区下游排土场台阶进行覆土处理，对排土场及周围山坡、库区交通沿线栽种枫树、地面栽种香根草，恢复植被；维修及延长尾矿坝坝坡排水沟及库区上游截水沟，延长、加宽溢洪道，减少暴雨山洪对尾矿设施和新栽植植被的破坏	500	2015	前期
28	富川瑶族自治县畜禽养殖污染防治规划	富川瑶族自治县	2015 年	确定禁养区、限养区、允许养殖区范围，根据环境容量合理设计养殖规模，调整养殖类别，提出主要污染防治任务	30	2015	完工
29	温氏长春猪场养殖污染治理工程	富川瑶族自治县麦岭镇	2015 年	采用雨污分流和干粪清理工艺，养殖废水采用覆膜沼气+后端深度处理工艺，出水达到《畜禽养殖业污染物排放标准》（GB 18596—2001），再经氧化塘生态系统净化后，用于喷淋场内种植的经济林木和青饲料，实现水资源的循环利用	380	2015	完工
30	温氏福源猪场养殖污染治理工程	富川瑶族自治县福利镇	2015 年	采用雨污分流和干粪清理工艺，养殖废水采用固液分离-沉淀-厌氧水解-好氧度处理工艺，出水达到《畜禽养殖业污染物排放标准》（GB 18596—2001），再经氧化塘生态系统净化后，用于喷淋场内种植的经济林木	380	2015	完工
31	温氏新贵猪场养殖污染治理工程	富川瑶族自治县麦岭镇	2015—2016 年	养殖废水采用固液分离-沉淀-厌氧水解-好氧度处理工艺达标处理，出水经氧化塘生态系统净化后，用于灌溉脐橙等经济林木	380	2015	完工

续表 4-2

序号	项目名称	建设地点	规划建设周期	项目建设规模与内容	总投资/万元	计划实施年度	项目进度
32	温氏金旺猪场养殖污染治理工程	富川瑶族自治县富阳镇	2015—2016 年	养殖废水达标处理后，再经生态净化，用于灌溉脐橙等经济林木	380	2015	完工
33	温氏新华猪场养殖污染治理工程	富川瑶族自治县新华乡	2015—2016 年	养殖废水达标处理后，再经生态净化，用于灌溉脐橙等经济林木	380	2015	完工
34	桂林富丽施通科技有限公司年产 10 万 t 机肥项目	富川瑶族自治县福利镇	2015—2016 年	利用畜禽粪便生产 10 万 t/a 有机肥	1 500	2015	前期
35	禁养区畜禽场清理和限养区整治工程	饮用水源保护区范围内	2015—2017 年	对位于禁养区域内的畜禽场，开展清理行动，主要包括的区域为龟石水库(正常水位线 184.7 m)沿岸两侧 1 000 m 范围内，入库河流 500 m 范围内的养殖厂	500	2015	在建
36	养殖小区畜禽污染治理工程	富川瑶族自治县麦岭镇、富阳镇、新华乡	2015—2016 年	建设 2~3 个畜禽养殖小区畜禽污染治理工程，每个处理规模 100 m^3/d。养殖废水采用固液分离-厌氧水解-初沉-调节-自循环厌氧-中沉池-好氧-硝化-反硝化处理工艺，养殖废水达标处理后，用于灌溉脐橙等经济林木	280	2015	完工
37	富阳镇区域环境综合整治工程	富川瑶族自治县富阳镇江塘村、木榔村、涝溪村、洋溪村、新坝村、黄龙村等 6 个行政村	2015—2016 年	生活污水治理：拟采用的工艺流程：进水-氧化塘-植物生态渠-出水。出水水质一级 B 标准。项目规模：集中式污水处理设施 6 套，每套处理规模 100 t/d，总规模 600 t/d，集中式配套支管网总长度 2.1 万 m。垃圾处理：固定垃圾桶 71 个，可移动垃圾箱 41 个，垃圾收集屋 37 座，人力垃圾收集车 60 辆	260	2015	在建

续表 4-2

序号	项目名称	建设地点	规划建设周期	项目建设规模与内容	总投资/万元	计划实施年度	项目进度
38	柳家乡库区环境综合整治工程	富川瑶族自治县柳家乡长溪江、洞井、凤岭、龙岩、石坝、新石、洋新等 7 个行政村	2015—2016 年	项目规模：集中式污水处理设施 14 套，集中式配套支管网 2.8 万 m，处理规模 350 t/d。生活垃圾收集转运：固定垃圾桶 487 个，可移动垃圾箱 190 个，垃圾收集屋 40 座，人力垃圾收集车 52 辆	320	2015	在建
39	莲山镇农村连片环境综合整治工程	富川瑶族自治县莲山镇罗山村	2015—2017 年	生活污水治理处理量为 300 t/d，设计 2 个氧化塘共 300 m^2，建设 1 000 m 生态渠、2 000 m DN600 混凝土排污管网及 2 000 m DN400 的混凝土排污管网。垃圾处理：罗山村需配备 100 个垃圾桶、1 辆垃圾清运车	150	2015	在建
40	发酵床建设工程（2016 年度）	富川瑶族自治县	2016—2017 年	大力推广室外发酵床模式，通过垫料加入生物菌种和牲畜粪便协同发酵作用，转化粪便、尿等养殖废弃物为有机肥，基本实现“零排放”。100 户养殖户建设发酵床，平均每户养猪约 600 头	800	2016	在建
41	“猪-沼-果”生态农业工程（2016 年度）	富川瑶族自治县	2016—2017 年	在每家养殖户建设固液分离机、沼气池、沉淀池，共完成 100 户	688	2016	在建
42	猪场废水雨污分离改造工程（2016 年度）	富川瑶族自治县	2016—2017 年	在每家养殖户建设雨污分离（暗沟或瓦面延伸）、废水分离改造工程，平均每户养猪约 600 头，共完成 150 户	234	2016	在建
43	富川瑶族自治县葛坡镇镇级生活污水处理设施建设	富川瑶族自治县葛坡镇	2016—2017 年	处理规模：250 m^3/d，占地面积：1 000 m^2，配套管网：1 条 400 m 长 DN400 污水干管，3 条总长为 500 m 的 DN300 支管；工艺流程：复合厌氧+曝气+人工湿地系统。出水达到一级 B 标准	1 000	2016	前期

续表 4-2

序号	项目名称	建设地点	规划建设周期	项目建设规模与内容	总投资/万元	计划实施年度	项目进度
44	富川瑶族自治县城北镇镇级生活污水处理设施建设	富川瑶族自治县城北镇	2016—2017年	处理规模：250 m^3/d，占地面积：1 000 m^2，配套管网：1条400 m长DN400污水干管，3条总长为500 m的DN300支管；工艺流程：复合厌氧+曝气+人工湿地系统。出水达到一级B标准	1 000	2016	前期
45	富川瑶族自治县麦岭镇镇级生活污水处理设施建设	富川瑶族自治县麦岭镇	2016—2017年	处理规模：250 m^3/d，占地面积：1 000 m^2，配套管网：1条400 m长DN400污水干管，3条总长为500 m的DN300支管；工艺流程：复合厌氧+曝气+人工湿地系统，出水达到一级B标准	1 000	2016	前期
46	富川瑶族自治县石家乡污水处理工程	富川瑶族自治县石家乡	2016—2017年	处理规模：350 m^3/d，占地面积：1 400 m^2，配套管网：1条500 m长DN400污水干管，3条总长为700 m的DN300支管；工艺流程：复合厌氧+曝气+人工湿地系统。出水达到一级B标准	1 000	2016	前期
47	城北镇农村连片环境综合整治工程	富川瑶族自治县城北镇栗木岗村、石狮村	2016—2017年	处理规模20 t/d，集中式配套支管网总长度1.5 km。拟采用"生物接触氧化+复合人工湿地"处理工艺，出水水质可达到《城镇污水处理厂污染物排放标准》(GB 18918—2002)的一级B标准	45	2016	在建为发挥效益
48	古城镇农村连片环境综合整治工程	富川瑶族自治县古城镇茶源、大岭、高路等10个行政村	2016—2017年	处理规模100 t/d；配套支管网总长度2.81 km。拟采用"生物接触氧化+复合人工湿地"处理工艺，出水水质可达到《城镇污水处理厂污染物排放标准》(GB 18918—2002)的一级B标准	105	2016	在建为发挥效益

续表 4-2

序号	项目名称	建设地点	规划建设周期	项目建设规模与内容	总投资/万元	计划实施年度	项目进度
49	葛坡镇农村连片环境综合整治工程	富川瑶族自治县葛坡镇	2016—2017 年	处理规模 30 t/d;配套管网总长度 2.5 km。拟采用生物接触氧化处理系统,出水水质可达到《城镇污水处理厂污染物排放标准》(GB 18918—2002)的一级 B 标准	55	2016	在建为发挥效益
50	石家乡农村连片环境综合整治工程	富川瑶族自治县石家乡	2016—2017 年	2 个工程,总处理规模 100 t/d;配套管网总长度 5.35 km。拟采用“生物接触氧化+复合人工湿地”处理工艺,出水水质可达到《城镇污水处理厂污染物排放标准》(GB 18918—2002)的一级 B 标准	130	2016	在建为发挥效益
51	福利镇农村连片环境综合整治工程	富川瑶族自治县福利镇	2016—2017 年	3 个工程,总处理规模 110 t/d;配套支管网总长度 4.55 km。拟采用“生物接触氧化+复合人工湿地”处理工艺,出水水质可达到《城镇污水处理厂污染物排放标准》(GB 18918—2002)的一级 B 标准	165	2016	在建为发挥效益
52	城北镇农村垃圾处理工程	富川瑶族自治县城北镇栗木岗村、石狮村	2016—2017 年	建设垃圾处理中心 1 座。固定垃圾桶 64 个,可移动垃圾箱 32 个,垃圾收集屋 16 座,人力垃圾收集车 16 辆	330	2016	前期
53	古城镇农村垃圾处理工程	富川瑶族自治县古城镇茶源、大岭、高路、莫家、山田、社区、粟江、塘贝、秀山、杨村等 10 个行政村	2016—2017 年	建设垃圾处理中心 1 座。固定垃圾桶 560 个,可移动垃圾箱 400 个,垃圾收集屋 140 座,人力垃圾收集车 140 辆	650	2016	前期

续表 4-2

序号	项目名称	建设地点	规划建设周期	项目建设规模与内容	总投资/万元	计划实施年度	项目进度
54	富川瑶族自治县乡镇生活垃圾转运系统项目	富川瑶族自治县葛坡镇、古城镇、麦岭镇、福利镇、城北镇、白沙镇、新华乡、柳家乡、石家乡等9个乡(镇)	2016—2017年	日收运垃圾132 t,建设垃圾转运站9座,建设内容:垃圾转运站土建,购置成套垃圾压缩设备、垃圾转运车、环卫作业车等设备	2 378.63	2016	前期
55	养殖小区畜禽污染治理工程	麦岭镇、新华乡、富阳镇、柳家乡	2017年	建设5套畜禽养殖小区污染治理工程,每套处理规模为100 m^3/d,每套处理设施可处理1万头猪产生的废水;养殖废水处理采用"固液分离+厌氧氨氧化+短程硝化"工艺,养殖废水处理后达到最新排放标准要求,出水排入果园或农田,对氮、磷等营养物质进行利用	1 000	2017	前期
56	发酵床建设工程(2017年度)	富川瑶族自治县	2017年	大力推广室外发酵床模式,通过垫料加入生物菌种和牲畜粪便协同发酵作用,转化粪便、尿等养殖废弃物为有机肥,基本实现"零排放"。100户养殖户建设发酵床,平均每户养猪约600头	800	2017	在建
57	"猪-沼-果"生态农业工程(2017年度)	富川瑶族自治县	2017年	在每家养殖户建设固液分离机、沼气池、沉淀池,共完成100户	688	2017	在建
58	猪场废水雨污分离改造工程(2017年度)	富川瑶族自治县	2017年	在每家养殖户建设雨污分离(暗沟或瓦面延伸)、废水分离改造工程,平均每户养猪约600头,共完成150户	234	2017	在建

续表 4-2

序号	项目名称	建设地点	规划建设周期	项目建设规模与内容	总投资/万元	计划实施年度	项目进度
59	富川瑶族自治县污水处理厂二期工程	富川瑶族自治县富阳镇	2017 年	将原来富川瑶族自治县生活污水处理厂处理规模由 10 000 m^3/d 提升至 20 000 m^3/d	3 500	2017	前期
60	富川瑶族自治县柳家乡污水处理站升级改造工程	富川瑶族自治县柳家乡	2017 年	将处理规模由 120 m^3/d 提高到 300 m^3/d,改造污水处理设施,提高出水水质,确保达到一级 A 标准。出水进一步经过人工湿地、氧化塘等深度处理,达到地表水Ⅲ类标准。建设配套污水收集管网,完成 2 000 m 长的管道建设	206.8	2017	前期
61	库区农村污水治理工程	富阳镇、柳家乡、莲山镇	2017 年	在龟石水库库区周边 26 个村建设农村污水处理设施,污水处理规模合计 2 920 m^3/d。采用一体化处理设备,建设配套管网和人工湿地,出水达到一级 A 排放标准	2 336	2017	前期
62	农村垃圾乡镇片区处理中心项目	石家乡、新华乡、麦岭镇等6个乡(镇)	2017 年	县城垃圾处理体系以外的乡(镇)结合各乡(镇)实际,新建或改建乡(镇)片区垃圾处理中心,形成覆盖面积较大、较完善的"村镇片区处理"体系,在石家乡、新华乡、麦岭镇、葛坡镇、城北镇、福利镇等 7 个乡(镇)建设 7 个片区垃圾处理中心	1 500	2017	前期
63	农村垃圾村级处理设施项目	富阳镇大围村等 10 个村	2017 年	加大垃圾就地就近处理技术应用,增加堆肥场、沼气池、化粪池等有机垃圾就地处理和无害化处理设施,建设 8 个村级垃圾就地处理设施	800	2017	前期

续表 4-2

序号	项目名称	建设地点	规划建设周期	项目建设规模与内容	总投资/万元	计划实施年度	项目进度
64	富江沿岸农田面源污染综合整治工程	富阳镇	2017 年	在富江江面较为宽阔、农田较为集中的河段建设库区生态沟渠、生态护坡、人工湿地等生态净化处理工程,治理农田面积约 700 亩;沿龟石水库堤岸建设雨水面源拦截和净化设施,控制面源污染	728.21	2017	前期
5-环境监管能力建设类型项目							
65	龟石水库环境监测能力提升建设	富川瑶族自治县富阳镇	2015—2016 年	加强龟石水库水质监测能力建设,购置澳大利亚 MTI 便携式水质重金属监测仪 1 台、美国 OI 联系流动注射分析仪 1 台等,购置巡查监测用船 1 艘,保障龟石水库饮用水源地水质监测能力	200	2015	完工
66	贺州市龟石水库入库支流污染通量监控系统	入库河流断面	2017 年	在富江、巩塘河、新华河等主要入库河流建设 3 套水质自动监测系统。水质自动监测系统的建设包括采样系统、预处理系统、分析仪器系统、通信系统等内容	600	2017	前期
67	监测执法船配套设施建设工程	龟石水库库区	2017 年	为方便龟石水库监测执法船停靠和管理,建设浮动码头 1 座、船坞 1 座	60	2017	前期

图 4-7 白竹塘江塘村污水处理设施
(未发挥效益)

图 4-8 石坝村污水处理设施
(水利试点项目,已发挥效益)

图 4-9　书评村污水处理设施
（未发挥效益）

图 4-10　文龙井污水处理设施
（未实施）

目前，环保部门已实施项目共计 22 项，完成投资 6 390 万元，具体如下：生态安全调查与评估类型项目 1 项，投资 200 万元；饮用水源地规范化建设项目 4 项，投资 180 万元；生态修复与保护类型项目 3 项，投资 510 万元；流域污染源治理类型项目 13 项，投资 5 300 万元；环境监管能力建设类型项目 1 项，投资 200 万元。

4.1.3.3　**林业部门**

2013 年 12 月 31 日，国家林业局批复了《广西龟石国家湿地公园总体规划报告》，自该规划批复以后，贺州市林业局根据规划批复的内容，积极组织龟石国家湿地公园的建设。截至目前，贺州市已经成立了富川龟石国家湿地公园管理局，人员编制有编 3 名，同时对龟石湿地公园完成了 666 万元项目投资。具体已建项目详见表 4-3 和图 4-11 ~ 图 4-14。

表 4-3　龟石湿地公园已建项目情况

序号	建设项目	建设内容	投资/万元	已实施项目内容
1	湿地保护与恢复工程	退养还湿 114.26 hm^2，退塘还湿 1.3 hm^2，入库河口净水工程 93.17 hm^2，受损山体生态修复 3.36 hm^2，环库护岸植被带建设 300 hm^2，富江上游生态驳岸建设 3.11 km，毛家桥湿地植被生态恢复 107.6 hm^2，鱼类产卵场植被保护恢复 12.28 hm^2	5 794	山体修复 110 万元
2	科普宣教工程	科普宣教中心 1 000 m^2，木栈道 6 000 m，湿地植物园 4 hm^2，观鸟点 3 处，湿地体验长廊 2 400 m^2	2 985	建设凤岭、毛家码头生态栈道、界碑、界桩、宣传牌等投资 220 万元
3	科研监测工程	湿地监测站 5 处	4 120	—
4	合理利用工程	入口 5 处，游客服务中心 6 处，休憩设施 10 处，厕所 2 个，移动厕所 15 个	4 830	—
5	防御灾害工程	—	1 570	—
6	区域协调与社区规划工程	—	900	—

续表 4-3

序号	建设项目	建设内容	投资/万元	已实施项目内容
7	保护管理设施工程	管理区 800 m^2,管理站 600 m^2	2 009	毛家码头保护管理站,凤岭保护管理站投资 11 万元
8	基础设施工程	巡护道路 13 km,码头 3 个,停车场 400 m^2	1 140	毛家桥浮动码头,凤岭、毛家码头停车场投资 30 万
合计			23 348	

图 4-11 龟石湿地公园(一)

图 4-12 龟石湿地公园(二)

图 4-13 龟石湿地公园(三)

图 4-14 龟石湿地公园(四)

4.1.3.4　城投部门

近年来,贺州市城市建设投资开发集团有限公司加大了城市供水安全建设力度,积极开展贺州市龟石水库至望高段东干渠水源保护工程建设,该项目的基本情况详见表 4-4。

表 4-4　龟石水库至望高段东干渠水源保护工程建设情况

序号	建设项目名称	建设内容	投资/万元	说明
1	龟石水库至望高段东干渠水源保护工程	在龟石水库至望高段东干渠沿线建设 DN1400 预应力钢筒混凝土管(PCCP)输水管道 42.0 km 及管道附属配套设施,设计原水输水规模 20 万 m^3/d	28 169.88	项目建议书已批复贺发改投资〔2016〕472 号

4.1.3.5　移民部门

2016 年 7 月,梧州水利电力设计院编制完成《广西贺州市富川瑶族自治县 2016~2020 年大中型水库移民避险解困规划报告》,本次规划报告确定"十三五"期间富川瑶族自治县 2016—2020 年大中型水库移民避险解困规划选定帮扶范围为柳家乡(包括长溪江村、凤岭村、洞井村、新石村和石坝村)、富阳镇(茶家村)、莲山镇(金峰村、吉山村)和朝东镇(塘源村)等共计 4 个乡(镇)9 个行政村。本规划项目总投资为 23 981 万元,其中搬迁安置工程投资 20 185 万元,生产扶持工程投资 3 257 万元,教育培训投资 539 万元。移民项目尚未实施。

4.1.3.6　成效分析

目前,除移民部门外,各部门实施项目大多已完成主体工程建设。但存在设计管理问题:①部分工程项目建成后未发挥效益,部分项目如:入库河流生态恢复项目,水生植物受洪水淹没死亡,尚未建成便被洪水冲毁毁坏了;又如:库区农村污水治理工程无法对农村生活污水进行收集,建成一体化设施处理,至今不能发挥效益。②缺少项目后评估。③项目建设不能统一实施,实际为"九龙治水状态"。投入较多资金,保护水源地饮用水源目标未达到,局部测点出水水质尚有恶化。为了更好地发挥各项目保护效益,汇总各部门资金统一实施。

4.2　贺州市建市以来入库支流和龟石库区水质现状调查

4.2.1　入库支流水质现状调查与评价

4.2.1.1　监测断面布设及监测项目

贺州市环保局组织环境监测人员 2013—2015 年连续 3 年对龟石水库及周边支流水质进行采样监测,包括主要河流 4 条、次要河流 8 条,共布设 21 个监测点位,见表 4-5 和图 4-15。

监测项目包括 pH 值、COD_{Cr}、高锰酸盐指数、氨氮、总氮。

4.2.1.2　评价标准

采用《地表水环境质量标准》(GB 3838—2002)中的Ⅲ类标准评价。

4.2.1.3　监测结果

根据《龟石水库生态环境保护 2017 年度方案》,2013 年监测 3 次,分别为平水期(2—

4月)、丰水期(5—8月)、枯水期(9—11月)。2014年8月1日监测1次,2015年12月22日监测1次。监测结果见表4-6~表4-8。

表4-5 龟石水库入库支流水质监测断面

序号	监测断面	周边主要污染源	说明
1	富江菜花楼老桥(富江县城上游第二条桥)	富江县城上游,对照断面	富江,龟石水库上游来水
2	富江富川污水厂下游150 m南环路大桥	城区部分未经处理污水,朝东城北污水,富川污水处理厂尾水	
3	崂溪栗家桥	2个养猪场,栗家村约600人	
4	富江毛家桥	毛家桥有1家农家乐,大坝村约800人	
5	羊皮寨河变电站后面	城东新区部分城区污水,4个养猪场	
6	马鹿岭河(203省道进去200 m马鹿岭村口)	2个村庄约1 000人	
7	龙潭引水渠蒙家村桥	8个养猪场,2个村庄约800人	
8	龙潭引水渠汇合后(鲤鱼坝村大拱桥)		
9	马田河马田村桥头	马田村500人,养猪场2个	
10	杨村河马田村牌门处	杨村500人	
11	东庄河203省道桥(大岭村委旁)	东庄河上游古城镇一带污水	
12	连山河吉山村桥(203省道进入100 m处)	上游新华镇和莲山镇一带污水	
13	沙洲河汇合后(沙洲村养猪场)	沙洲村800人,养猪场3个	
14	吉山村河进入龟石水库处汇合前左支流	—	
15	吉山村河进入龟石水库处汇合前右支流	—	
16	吉山村河进入龟石水库处汇合后	—	
17	大源冲老虎冲口(大源冲水库上游约200 m)	有一个铁矿开采点	
18	大源冲洪水源村桥(大源冲水库下游约200 m)	大源冲水库内有一养猪场,存栏1 000头猪	
19	淮南河淮南小桥(x720富两线K10+382处)	恒丰矿业采矿区及3个选矿厂	
20	老铺寨地表水径流排入水库处(庙附近)		
21	柳家乡新石村附近木桥处	有50个稀土零矿开采痕迹	

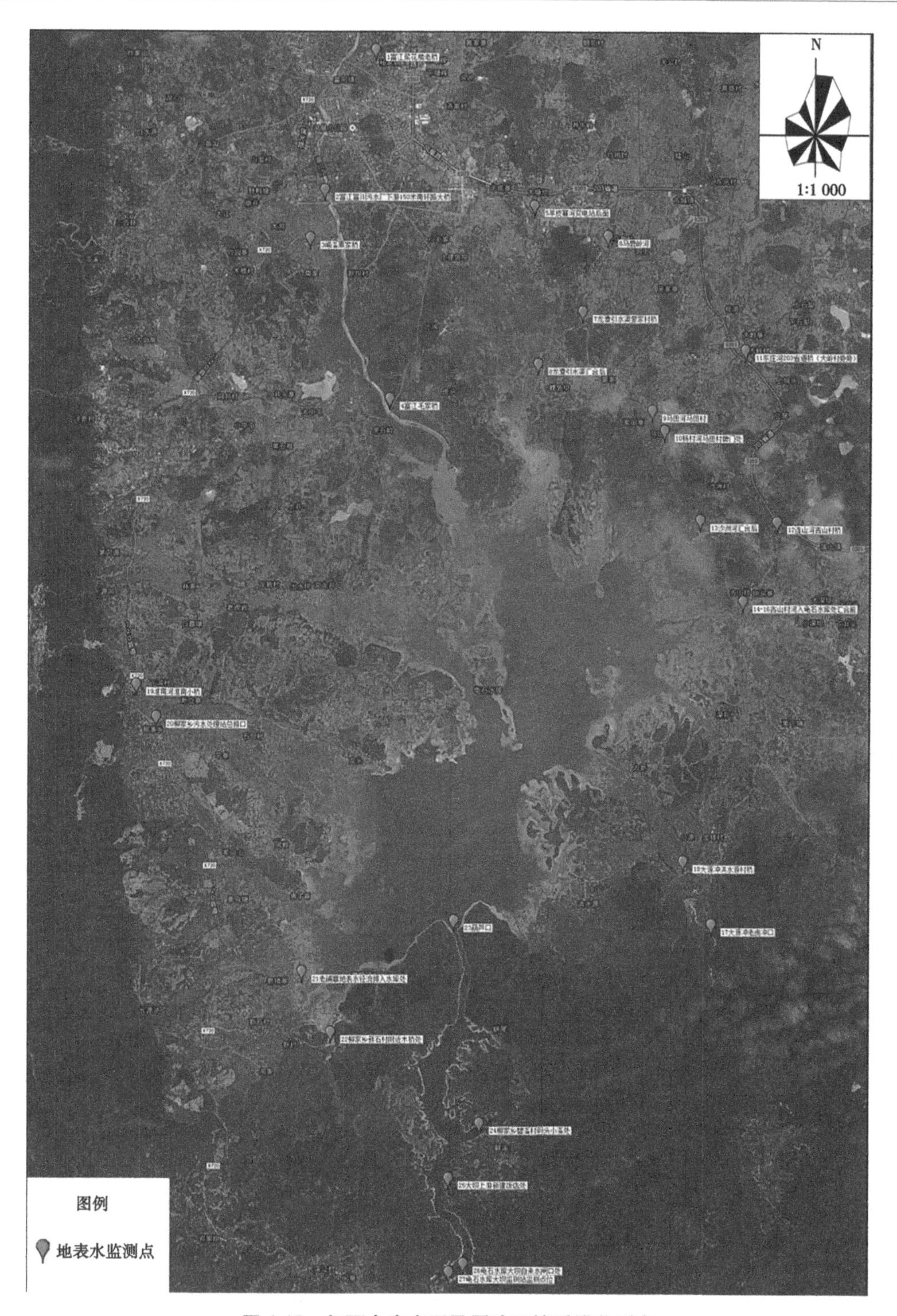

图 4-15　龟石水库库区及周边环境质量监测点

表 4-6　龟石水库入库支流水质监测结果(2013 年)

序号	监测断面	高锰酸盐指数					氨氮					总氮					pH 值			
		平水期	丰水期	枯水期	超标率	最大超标倍数	平水期	丰水期	枯水期	超标率	最大超标倍数	平水期	丰水期	枯水期	超标率	最大超标倍数	平水期	丰水期	枯水期	超标率
1	富江菜花楼老桥(富江县城上游第二条桥)	1.8	2.1	2.4	0	0	0.162	0.080	0.025	0	0	3.84	1.91	2.45	—	—	8.07	8.05	8.23	0
2	富江富川污水厂下游 150 m 南环路大桥	2.1	2.3	2.4	0	0	0.454	0.091	0.191	0	0	4.35	2.24	2.49	—	—	7.97	8.01	8.13	0
3	崂溪栗家桥	1.4	1.8	2.6	0	0	0.157	0.058	0.030	0	0	4.01	0.78	1.43	—	—	8.16	8.26	8.20	0
4	富江毛家桥	1.8	1.9	3.3	0	0	0.223	0.136	0.063	0	0	5.44	2.22	1.47	—	—	7.92	8.36	8.74	0
5	羊皮寨河变电站后面	1.7	1.9	2.6	0	0	0.152	0.130	0.076	0	0	6.54	3.10	1.69	—	—	8.10	8.23	7.98	0
6	马鹿岭河(203 省道进去 200 m 马鹿岭村口)	4.4	3.3	4.0	0	0	0.167	0.191	0.071	0	0	2.94	1.69	1.56	—	—	8.01	8.03	8.09	0
7	龙潭引水渠蒙家村桥	1.7	1.7	2.5	0	0	0.117	0.158	0.089	0	0	2.10	2.16	0.99	—	—	8.02	7.98	8.73	0
8	龙潭引水渠汇合后(鲤鱼坝村大拱桥)	2.2	1.8	2.3	0	0	0.186	0.124	0.107	0	0	2.50	1.67	1.49	—	—	8.28	8.31	7.88	0
9	马田河马田村桥头	2.1	2.7	3.3	0	0	0.162	0.158	0.066	0	0	2.50	0.88	1.74	—	—	7.88	7.78	7.58	0
10	杨村河马田村牌门处	2.6	2.5	2.0	0	0	0.120	0.097	0.117	0	0	2.27	0.83	2.47	—	—	7.98	8.14	7.79	0
11	东庄河 203 省道桥(大岭村委旁)	1.7	2.2	2.1	0	0	0.325	0.080	0.076	0	0	5.57	1.66	2.04	—	—	8.10	8.28	7.91	0
12	连山河吉山村桥(203 省道进入 100 m 处)	1.8	3.1	3.0	0	0	0.138	0.274	0.204	0	0	2.71	1.67	1.80	—	—	8.08	8.06	7.90	0
13	沙洲河汇合后(沙洲村养猪场)	1.9	2.4	2.4	0	0	0.136	0.066	0.045	0	0	2.52	0.76	4.40	—	—	8.25	8.37	7.87	0
14	吉山村河进入龟石水库处汇合前左支流	2.2	2.5	3.1	0	0	0.154	0.080	0.037	0	0	3.45	1.64	3.87	—	—	7.89	7.84	7.58	0
15	吉山村河进入龟石水库处汇合前右支流	1.7	2.6	3.3	0	0	0.107	0.074	0.050	0	0	3.16	1.81	4.42	—	—	7.82	7.87	7.65	0
16	吉山村河进入龟石水库处汇合后	2.0	2.5	3.1	0	0	0.202	0.080	0.025L	0	0	2.77	2.14	2.47	—	—	7.88	7.88	7.62	0
17	大源冲老虎冲口(大源冲水库上游约 200 m)	1.9	1.8	1.8	0	0	0.088	0.163	0.112	0	0	3.16	1.84	3.24	—	—	8.12	7.88	7.50	0
18	大源冲洪水源村桥(大源冲水库下游约 200 m)	40	28	13	66.7	1	1.435	0.241	0.422	33.3	0.43	2.44	1.90	3.76	—	—	7.77	7.93	7.45	0
19	淮南河淮南小桥(x720 富两线 K10+382 处)	1.8	2.9	1.3	0	0	0.188	0.094	0.127	0	0	1.77	1.60	1.35	—	—	8.25	8.55	7.68	0
20	老铺寨地表水径流排入水库处(庙附近)	1.8	1.6	2.2	0	0	0.359	0.069	0.102	0	0	5.44	2.40	3.07	—	—	7.75	7.66	8.42	0
21	柳家乡新石村附近木桥处	2.0	1.9	2.2	0	0	8.095	7.133	0.089	66.7	7.1	8.93	10.1	1.23	—	—	7.23	7.84	8.57	0

表 4-7　龟石水库入库支流水质监测结果(2014 年 8 月 1 日)

序号	监测断面	pH 值		化学需氧量		高锰酸盐指数		氨氮		总氮	
		监测值	超标倍数	监测值	超标倍数	监测值	超标倍数	监测值	超标倍数	监测值	超标倍数
1	富江菜花楼老桥(富江县城上游第二条桥)	8.03	0	10 L	0	1.8	0	0.047	0	1.54	—
2	富江富川污水厂下游 150 m 南环路大桥	8.31	0	10 L	0	4.2	0	0.042	0	2.00	—
3	崂溪栗家桥	8.40	0	10 L	0	0.9	0	0.048	0	1.09	—
4	富江毛家桥	8.33	0	10 L	0	2.5	0	0.056	0	1.20	—
5	羊皮寨河变电站后面	7.65	0	10 L	0	3.3	0	0.206	0	4.03	—
6	马鹿岭河(203 省道进去 200 m 马鹿岭村口)	7.89	0	10.1	0	3.0	0	0.104	0	2.39	—
7	龙潭引水渠蒙家村桥	7.81	0	13.1	0	2.9	0	0.170	0	1.47	—
8	龙潭引水渠汇合后(鲤鱼坝村大拱桥)	8.67	0	10 L	0	2.9	0	0.075	0	1.35	—
9	马田河马田村桥头	7.45	0	19.0	0	3.8	0	0.146	0	1.10	—
10	杨村河马田村牌门处	8.06	0	10 L	0	2.9	0	0.104	0	1.39	—
11	东庄河 203 省道桥(大岭村委旁)	8.11	0	12.1	0	2.2	0	0.073	0	1.40	—
12	连山河吉山村桥(203 省道进入 100 m 处)	8.40	0	10 L	0	3.0	0	0.047	0	1.42	—
13	沙洲河汇合后(沙洲村养猪场)	8.33	0	10 L	0	2.0	0	0.054	0	1.05	—
14	吉山村河进入龟石水库处汇合前左支流	7.45	0	10 L	0	2.1	0	0.061	0	1.49	—
15	吉山村河进入龟石水库处汇合前右支流	7.39	0	10 L	0	2.1	0	0.168	0	1.60	—
16	吉山村河进入龟石水库处汇合后	8.35	0	10 L	0	3.2	0	0.042	0	1.21	—
17	大源冲老虎冲口(大源冲水库上游约 200 m)	7.67	0	10.8	0	1.6	0	0.108	0	0.69	—
18	大源冲洪水源村桥(大源冲水库下游约 200 m)	7.79	0	15.8	0	2.1	0	0.025	0	1.19	—
19	淮南河淮南小桥(x720 富两线 K10+382 处)	6.96	0	10 L	0	4.1	0	0.196	0	0.42	—
20	老铺寨地表水径流排入水库处(庙附近)	7.65	0	10 L	0	1.0	0	0.120	0	1.83	—
21	柳家乡新石村附近木桥处	7.14	0	10 L	0	1.9	0	11.0	10	13.6	—

表 4-8 龟石水库入库支流水质监测结果(2015 年 12 月 22 日)

序号	监测断面	pH 值		COD		高锰酸盐指数		BOD_5		氨氮		总氮	
		监测值	超标倍数	监测值	超标倍数	监测值	超标倍数	监测值	超标倍数	监测值	超标倍数	监测值	超标倍数
1	富江菜花楼老桥（富江县城上游第二条桥）	7.81	0	12	0	1.5	0	2.9	0	0.044	0	1.48	—
2	富江富川污水厂下游 150 m 南环路大桥	8.67	0	10 L	0	2.1	0	1.8	0	0.397	0	0.96	—
3	崂溪栗家桥	7.45	0	10 L	0	2.2	0	1.4	0	0.426	0	1.05	—
4	富江毛家桥	8.31	0	10	0	4.1	0	1.8	0	0.053	0	1.16	—
5	羊皮寨河变电站后面	8.06	0	10	0	1.5	0	2.2	0	0.196	0	0.99	—
6	吉山村河进入龟石水库处汇合后	8.40	0	10 L	0	3.1	0	0.9	0	0.040	0	1.16	—
7	马鹿岭河(203 省道进去 200 m 马鹿岭村口)	8.11	0	10	0	3.5	0	2.4	0	0.099	0	1.33	—
8	龙潭引水渠蒙家村桥	8.40	0	10 L	0	3.3	0	0.9	0	0.162	0	1.42	—
9	龙潭引水渠汇合后（鲤鱼坝村大拱桥）	8.33	0	10	0	3.3	0	2.7	0	0.071	0	1.30	—
10	马田河马田村桥头	8.35	0	10 L	0	4.4	0	0.9	0	0.139	0	1.06	—
11	杨村河马田村牌门处	8.47	0	10 L	0	3.3	0	1.3	0	0.116	0	1.56	—
12	东庄河 203 省道桥（大岭村委旁）	8.27	0	13	0	2.6	0	3.3	0	0.081	0	1.57	—
13	连山河吉山村桥（203 省道进入 100 m 处）	8.03	0	10 L	0	3.5	0	0.8	0	0.052	0	1.59	—
14	沙洲河汇合后（沙洲村养猪场）	6.96	0	12	0	2.3	0	3.0	0	0.601	0	1.18	—

续表 4-8

序号	监测断面	pH 值		COD		高锰酸盐指数		BOD_5		氨氮		总氮	
		监测值	超标倍数	监测值	超标倍数	监测值	超标倍数	监测值	超标倍数	监测值	超标倍数	监测值	超标倍数
15	吉山村河进入龟石水库处汇合前左支流	6.63	0	10 L	0	2.4	0	1.4	0	0.068	0	1.67	—
16	吉山村河进入龟石水库处汇合前右支流	7.65	0	10 L	0	2.4	0	0.9	0	0.188	0	1.79	—
17	大源冲老虎冲口（大源冲水库上游约 200 m）	7.14	0	14	0	1.8	0	3.5	0	0.121	0	0.77	—
18	大源冲洪水源村桥（大源冲水库下游约 200 m）	7.39	0	11	0	2.4	0	2.5	0	0.028	0	1.34	—
19	淮南河淮南小桥（x720 富两线 K10+382 处）	8.74	0	10 L	0	2.5	0	1.0	0	0.220	0	0.47	—
20	老铺寨地表水径流排入水库处（庙附近）	8.31	0	10 L	0	3.4	0	1.0	0	0.118	0	0.82	—
21	柳家乡新石村附近木桥处	8.40	0	15	0	2.4	0	3.8	0	0.880	0	1.35	—
	《地表水环境质量标准》Ⅲ类标准			20		6		4		1.0			

4.2.1.4 **监测结果评价**

基于数据分析，集水区内水系主要超标指标为高锰酸盐指数、NH_3—N、TN和重金属，选取这4个指标对龟石水库进行水环境质量分析评价，评价结果如下。

1. 高锰酸盐指数(COD_{Mn})

18#点位高锰酸盐指数超标，最大超标倍数达1倍。该处位于大源冲洪水源村桥，有若干养猪场，猪场皆不属于规模化养殖场，污染治理措施不够完善，甚至只建有简易的粪便尿水收集池，污染物超标排放。畜禽场产生的废液污水，多数就近未经处理排入周围水沟渠塘，最终进入水库，致使水中COD浓度上升。2014—2015年监测结果表明，18#点位COD_{Cr}达标。

2. NH_3—N和TN

2013年，18#和21#点位的氨氮监测值超标，最多超标0.43倍和7.1倍。所有监测断面总氮浓度均较高。2014年监测结果表明，18#点位氨氮达标，21#点位氨氮仍然超标10倍，总氮的监测值比2013年有所降低，入库支流水质有所改善。2015年，18#和21#点位的氨氮监测值均达标。

从图4-16可以看出，18#点位高锰酸盐指数2013年浓度较高，2014—2015年浓度下降。从图4-17和图4-18可以看出，18#点位氨氮和总氮浓度逐步降低，21#点位氨氮和总氮浓度先升高后降低，说明近几年入库支流污染程度有所降低。

4.2.1.5 **监测结果分析**

根据水库集水区现场调查，超标原因主要如下：从入库河流总氮监测数值及周边污染源情况分析，水库集水区养猪等畜禽养殖、农业面源污染和生活污水是形成龟石水库总氮超标和水质下降的主要原因。另外，围库及开山垦植，大面积水源林被砍伐破坏，水土流失严重，致使土质恶化、植被萎缩、水质变差和库区流域保水能力下降。

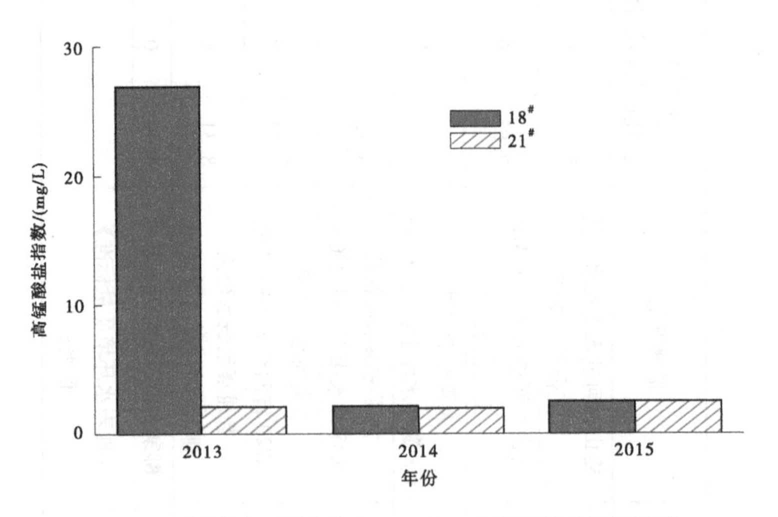

图4-16 18#点位和21#点位2013—2015年高锰酸盐指数变化

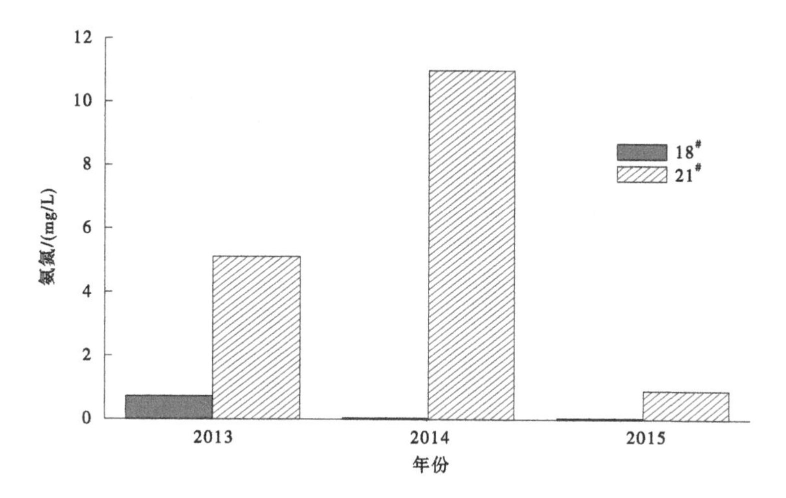

图 4-17　18#点位和 21#点位 2013—2015 年氨氮浓度变化

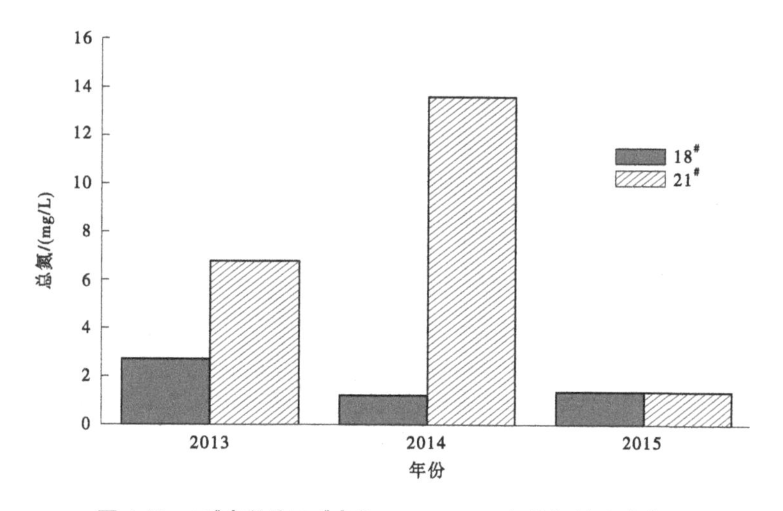

图 4-18　18#点位和 21#点位 2013—2015 年总氮浓度变化

4.2.2　龟石库区水质现状调查与评价

4.2.2.1　库区水质监测成果

龟石水库是贺州市的主要集中饮用水源地，从 2006 年 1 月开始，委托梧州市水环境监测中心对龟石水库每月上旬监测 1 次，监测断面布设在龟石水库取水点坝首处。监测项目为《地表水环境质量标准》(GB 3838—2002)中的 29 项指标。

根据 2015 年 5 月广西壮族自治区人民政府以桂政函〔2015〕98 号文批复的《贺州市龟石水库生态环境保护实施方案》，结合《龟石水库生态环境保护 2017 年度方案》中 2006—2015 年历年库区水质各项监测结果，本次设计选取 COD_{Mn}、NH_3—N、TN 和 TP 4 个指标对龟石水库库区地表水环境质量进行分析。具体详见表 4-9。

表 4-9　2006—2015 年龟石水库坝首主要监测指标　　单位:mg/L

采样时间		COD_{Mn}	NH_3—N	TP	TN	TN/TP
枯水期	2006 年	1.9	0.09	0.01	0.46	46
	2007 年	1.9	0.12	0.01	0.43	43
	2008 年	1.6	0.16	0.02	0.33	17
	2009 年	1.8	0.09	0.03	0.49	16
	2010 年	1.4	0.09	0.02	0.84	42
	2011 年	1.6	0.06	0.02	0.72	36
	2012 年	1.4	0.11	0.03	0.96	32
	2013 年	1.7	0.07	0.02	1.03	52
	2014 年	1.42	0.08	0.03	0.85	28
	2015 年	1.50	0.07	0.02	1.05	53
丰水期	2006 年	2.4	0.09	0.02	0.48	24
	2007 年	1.9	0.09	0.01	0.41	41
	2008 年	1.7	0.11	0.02	0.35	18
	2009 年	1.5	0.07	0.04	0.67	17
	2010 年	1.5	0.12	0.02	1.46	73
	2011 年	1.6	0.07	0.02	1.32	66
	2012 年	1.6	0.09	0.03	2.06	69
	2013 年	1.6	0.06	0.02	1.77	89
	2014 年	1.73	0.07	0.03	1.27	42
	2015 年	1.38	0.11	0.02	1.53	77
地表水Ⅱ类标准		4	0.5	0.025	0.5	20

注:丰水期为 4—9 月共 6 个月,枯水期为当年 10 月至翌年 3 月。

4.2.2.2　常规水质评价

根据评价方法,分别选取 COD_{Mn}、NH_3—N、TN 和 TP 4 个指标对龟石水库库区地表水环境质量进行分析,水质评价结果如表 4-10 所示。

表 4-10　龟石水库坝首综合水质评价结果

采样时间		数值意义	COD_{Mn}	NH_3—N	TP	TN
枯水期	2006 年	标准指数	0.48	0.18	0.40	0.92
	2007 年	标准指数	0.48	0.24	0.40	0.86
	2008 年	标准指数	0.40	0.32	0.80	0.66
	2009 年	标准指数	0.45	0.18	1.20	0.98
	2010 年	标准指数	0.35	0.18	0.80	1.68
	2011 年	标准指数	0.40	0.12	0.80	1.44
	2012 年	标准指数	0.35	0.22	1.20	1.92
	2013 年	标准指数	0.43	0.14	0.80	2.06
	2014 年	标准指数	0.36	0.16	1.20	1.70
	2015 年	标准指数	0.38	0.47	0.96	2.10
丰水期	2006 年	标准指数	0.60	0.18	0.80	0.96
	2007 年	标准指数	0.48	0.18	0.40	0.82
	2008 年	标准指数	0.43	0.22	0.80	0.70
	2009 年	标准指数	0.38	0.14	1.60	1.34
	2010 年	标准指数	0.38	0.24	0.80	2.92
	2011 年	标准指数	0.40	0.14	0.80	2.64
	2012 年	标准指数	0.40	0.18	1.20	4.12
	2013 年	标准指数	0.40	0.12	0.80	3.54
	2014 年	标准指数	0.43	0.14	1.20	2.54
	2015 年	标准指数	0.35	0.74	0.88	3.05

图 4-19~图 4-22 为 2006—2015 年龟石水库库区水体中 COD_{Mn}、NH_3—N、TN、TP 值的变化规律。

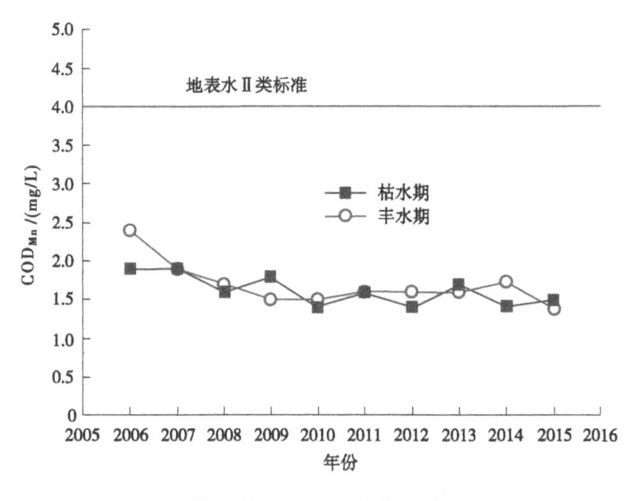

图 4-19　COD_{Mn} 变化趋势

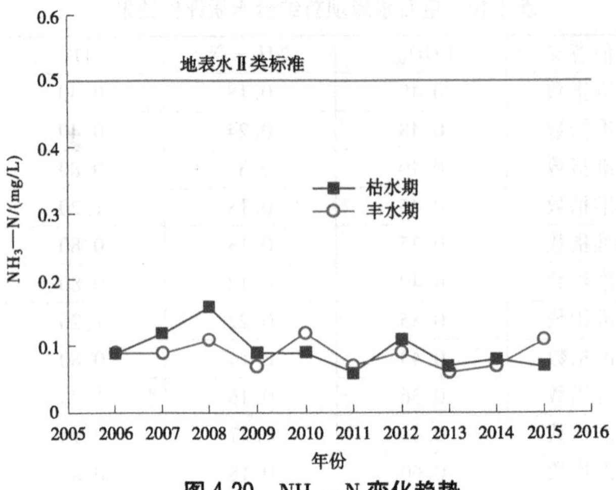

图 4-20 NH_3—N 变化趋势

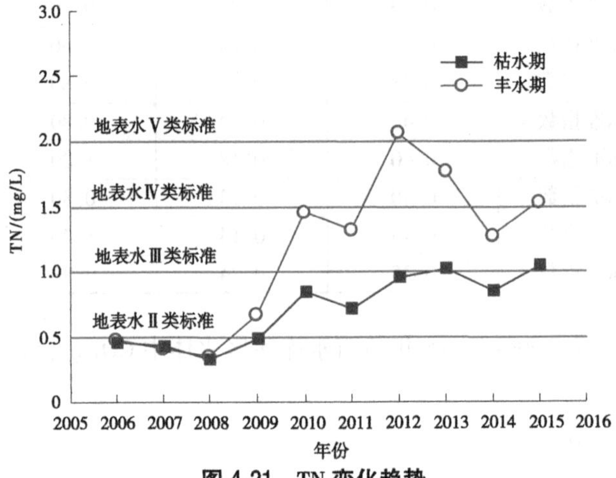

图 4-21 TN 变化趋势

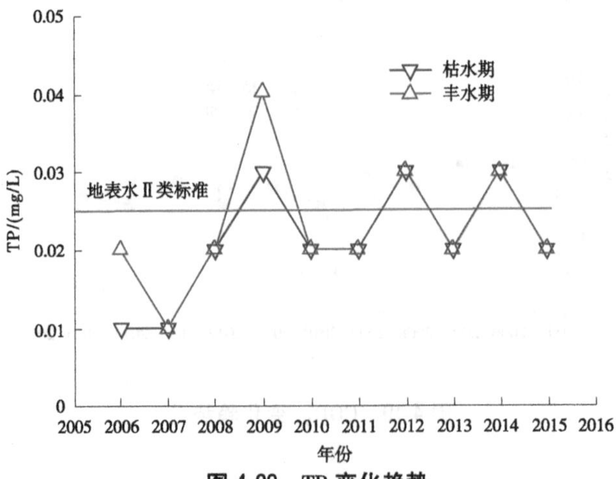

图 4-22 TP 变化趋势

由图 4-19 可知，库区水体 COD_{Mn} 值较低，2006—2015 年 COD_{Mn} 浓度逐年降低，2009 年以后，COD_{Mn} 浓度基本保持在 1.5 mg/L 左右，总体水质优于地表水Ⅱ类标准。

由图 4-20 可知，2006—2015 年库区水体 NH_3—N 浓度波动不大，2011 年以后 NH_3—N 浓度有所降低，近几年维持在 0.07 mg/L 左右，优于地表水Ⅱ类标准。

由图 4-21 可知，2010 年之后库区水体中 TN 浓度逐年上升，库区水体氮污染日益严重，2012 年丰水期 TN 浓度甚至超过了地表水Ⅴ类标准；2013—2014 年 TN 浓度有所降低，丰水期分别达到Ⅴ类和Ⅳ类；但 2015 年浓度又有所升高，丰水期平均浓度为 1.53 mg/L，略超过Ⅳ类标准，达到Ⅴ类，枯水期 TN 浓度 1.05 mg/L，达到Ⅳ类。

由图 4-22 可知，2006—2015 年库区水体中的 TP 浓度常年维持在 0.025 mg/L 左右，TP 浓度常年轻微波动，最高也仅为 0.04 mg/L。水质类别基本保持在Ⅱ～Ⅲ类。

此外，对库区水体 TN 与 TP 的浓度之比进行了分析，见图 4-23，2006—2007 年氮、磷浓度比为 24～46，其中枯水期高于丰水期。2008—2009 年氮、磷浓度比处于较低水平，为 16～18。2010 年后，氮、磷浓度比显著升高，其中丰水期明显高于枯水期。2013 年丰水期氮、磷浓度比达到最高值，高达 89。2014 年丰水期氮、磷浓度比降至 42，2015 年又升高到了 77。可见，龟石水库库区 TN 污染较为突出，需要深入研究 TN 污染负荷来源，以及在集水区内的迁移转化规律，提出针对性的污染治理措施。

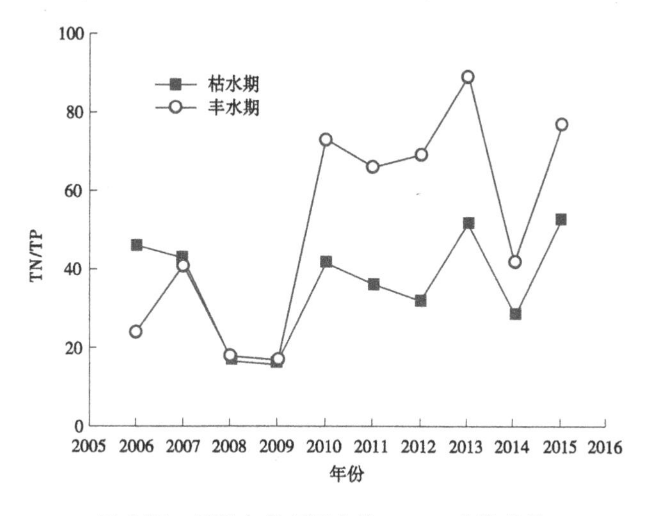

图 4-23　龟石水库库区水体 TN/TP 变化趋势

由以上分析可见，库区水体中 NH_3—N 浓度波动不大而 TN 浓度明显升高，而且在丰水期 TN 浓度的增加更为明显，说明库区水体中硝氮和有机氮大幅增加，这可能主要是由农业面源污染造成的，其中丰水期降水量大，土壤对畜禽养殖废水的吸纳能力有限，同时化学施用量也较高，大量污染物随降雨排入河流和水库，造成水库 TN 浓度升高。

虽然目前关于水华的形成有各种不同的观点，但水体中营养水平被认为是影响浮游植物分布水平最重要的因子，当水体氮、磷浓度比达到一定数值后，水华暴发的风险就显著增加。基于 2006—2015 年各月库区水质监测结果，丰水期水体氮、磷浓度比达到 70，枯水期也达到 50，因此龟石水库具有极高的水华暴发风险。

4.2.2.3 水库营养状态评价

按综合营养状态指数法计算,结果如表 4-11 所示。由表 4-11 可知,龟石水库 2015 年的综合营养状态指数值为 35.58,水库水体处于中营养状态,水质存在一定的富营养风险。

表 4-11 2015 年综合营养状态指数

指标	叶绿素 a	总磷	总氮	透明度	高锰酸盐指数
单位	mg/m^3	mg/L	mg/L	m	mg/L
指标数值	2.8	0.02	1.25	1.68	1.5
各营养状态分指数	36.2	30.8	58.3	41.1	11.9
各参数与基准参数 chla 的相关关系	1	0.84	0.82	-0.83	0.83
各参数营养状态指数的相关权重	0.266	0.187 9	0.179 0	0.183 4	0.183 4
综合营养状态指数	35.58				
营养状态等级	中营养				

2011—2015 年,总磷、总氮、高锰酸盐指数 3 个项目均开展监测,因监测技术能力相对薄弱,叶绿素 a 和透明度从 2013 年开始监测,故综合营养状态指数从 2013 年开始评价, 2013—2015 年,龟石水库营养状态分级均为中营养,营养状态为达标。

4.2.2.4 综合评价

根据 2006—2015 年龟石水库的监测数据,对测定的各项指标进行综合污染分析。按综合污染指数法计算,结果如图 4-24 所示。由此可知,2006—2015 年库区综合污染指数大概保持在 0.15~0.30,污染指数均值较低,水质状况较好。但自 2011 年以后,污染指数呈上升趋势,水质状况恶化。

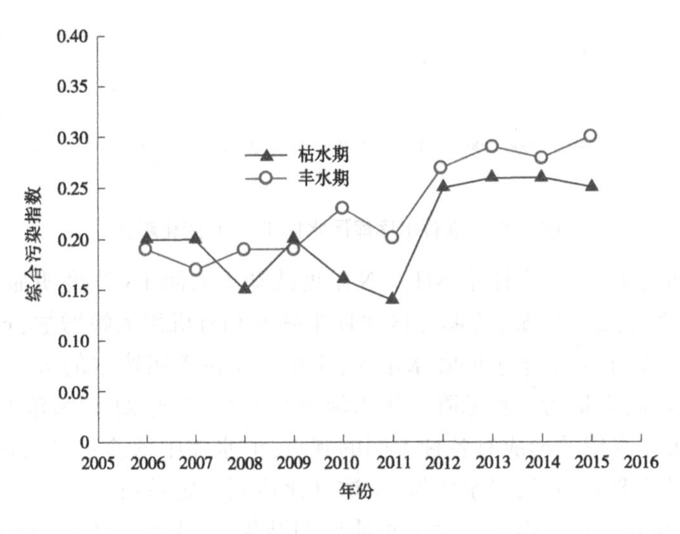

图 4-24 龟石水库综合污染指数变化趋势

4.2.3　管理现状调查

为了切实抓好龟石水库巡查管理工作，确保水库工程及水质安全，龟石水库工程管理处分别于 2013 年成立龟石水库水资源保护管理专项整治办公室，2014 年成立龟石水库巡查大队。

龟石水库工程管理处于 2014 年 8 月成立龟石水库巡查大队。按照职能划分为水库大坝巡查中队、灌区主干渠巡查中队、水文勘测中队、法规宣传中队等 4 个中队。大队成立后，在处领导的带领下积极开展水库巡查、确权划界、法规宣传、调查取证、责令停止违法行为等工作。巡查大队共有陆地巡查车 2 辆，水面巡查船 1 艘，照相机 1 台，通过调查陆地巡查车行程 39 万 km，维修 20 多次，水面巡查船破损且抗风、抗冲撞能力较低，整个巡查大队在龟石库区无相关水上管理平台和管理用房。另外，整个龟石水库水行政管理部门只在坝首设置了 1 座水质监测站，未建立系统的相关水质、水生态监测设备及实验室，严重制约着龟石水源保护的管理工作。

4.2.4　主要问题识别

龟石水库是贺州市最重要的饮用水水源地，随着经济社会的发展，集雨区人口不断增加，上游城镇生活污染源、农村生活污染源、农业面源、禽畜养殖污染源及水产养殖产生的污染源对龟石水库有着重要影响。另外，随着下游城市化不断扩大，生活、生产用水需求逐年增长，龟石水库水源地的许多问题就暴露出来，具体如下。

4.2.4.1　**城镇及农村生活污水污染严重**

龟石水库位于富川瑶族自治县下游，集水面积约 1 254 km^2，占富川瑶族自治县土地面积（1 572.54 km^2）的 80%。由于社会的发展、进步，库区周围的人口不断增多，除富川瑶族自治县县城建设污水处理厂，柳家乡、莲山镇建有污水处理站，石坝村建有生态土壤处理池外，其他乡（镇）及村庄生活污水集中处理设施未建成，大量未经处理的生活污水未经处理就进入小河小溪，最终汇入龟石水库，使得水库中总氮、总磷和氨氮污染物总量明显增多。群众生活水平不断提高，饮食结构改善，生活污染有机物排放量增加，导致入库污染物浓度增加也是龟石水库库区水质富营养化加剧的主要原因之一。具体详见图 4-25～图 4-27。

4.2.4.2　**面源污染严重**

1. 农田面源污染方面

根据富川瑶族自治县农业部门的统计数据，龟石水库集水区域内共有耕地 30.4 万亩，化肥使用量为 46 385 t，亩均使用化肥 133.32 kg，大量的氮、磷营养元素流失形成面源污染，化肥农药使用量逐年递增对龟石水库水质造成一定影响。另外，龟石水库库区消落带植被覆盖率低、消落时间长、范围广，无法形成植物缓冲带，面源污染未经沉淀、降解，快速汇入水库。具体见图 4-28。龟石水库现状管护道路长溪江至碧溪山段为混凝土路面，路面破损严重，路内侧无排水沟，下雨后岸坡雨水将污染物迅速带入水库库区，污染水源，直接影响龟石水库水质。具体见图 4-29。

图 4-25　龙头村入库排污沟现状

图 4-26　一级水源保护区碧溪山入库支流现状

图 4-27　文龙井入库排污沟现状

图 4-28　库区消落区现状

图 4-29　长溪江至碧溪山段现状管护道路

2. 畜禽养殖污染方面

根据富川瑶族自治县贺州市畜牧站的统计数据，富川瑶族自治县境内畜禽养殖总量巨大(2013 年猪、牛、羊出栏总数为 50.74 万头，存栏总数为 27.95 万头；家禽出栏总数为 269.2 万羽，存栏总数为 126.4 万羽；2014 年猪、牛、羊出栏总数为 62.91 万头，存栏总数为 34.65 万头；家禽出栏总数为 297.2 万羽，存栏总数为 131.2 万羽；2015 年猪、牛、羊出栏总数为 64.92 万头，存栏总数为 37.2 万头；家禽出栏总数为 307.3 万羽，存栏总数为 160.5 万羽)，且 2013—2015 年每年都以较大的比例增长，大量的畜禽养殖场产生的废液污水经简易处理就近排入附近的水沟渠塘，致使水中氮、磷浓度上升，水体富营养化，最终造成入库河流及龟石水库水质超标。

3. 果树种植污染严重

富川瑶族自治县大力开发特色种植业，2013 年果树种植面积为 428 120 亩，2014 年为 451 806 亩，2015 年为 481 591 亩。种植过程中使用大量有机肥和化肥，养分含量以磷、氮、氨居多，经地表径流最终汇入龟石水库，导致龟石水库水质磷、氮浓度逐年增大，加速龟石水库富营养化趋势。

4.2.4.3 **水库管理范围和水源保护区未确权划界**

由于未对水库的管理范围进行确权划界,水库的管理界限不够明晰,群众的违法违章现象日渐严重。另外,龟石水库已经自治区确认为饮用水水源地,并划定了水源地保护范围,但各级保护区界线模糊不清,管理工作难以到位。

4.2.4.4 **监管设施滞后**

龟石水库库区涉及范围大,且地形地貌复杂(包括丘陵、山地、沼泽、湖泊等),由于投入严重不足,水库管护能力严重滞后(设施建设推进慢、设备不全、资金不足和人员配备不齐),难以适应保护水库日益严峻的形势。

4.2.4.5 **多头分管**

龟石水库水源地属于贺州市八步区、平桂区、钟山县和富川瑶族自治县主要生活、农业及工业取、用水源地,龟石水库水量的多少、水质和水生态的好坏,直接影响到贺州市两区、两县的用水安全,责任重大,龟石水库水源地保护越来越受到贺州市政府、市水利局、市环保局及相关各县(区)政府和水利局的重视。为此,贺州市环保局、贺州市水利局和富川瑶族自治县水利局等部门,投入大量人力和物力开展龟石水库水污染防治行动和启动龟石水库生态环境保护工程,改善龟石水库的水生态环境,提高龟石水库水质情况,但由于各部门各自为战,缺乏有效的统一管理,以及已建工程后续使用和维护的保障措施,各部门所做的工程成效有待提高。

第 5 章　龟石饮用水源保护工程设计

贺州市龟石饮用水源保护工程属于新型的综合水利工程。河流入库及入库后的过程中受污染水后净化机制多有报道,但在“末端强化”治理中,尤其对农村面源污染和农村生活污水等工程设计规模、标准、方案等采用的规范标准,未有系统化。鉴于入库支流水污染的普遍性、危害性及复杂性,对于在保护和治理入库河流型饮用水源保护工程领域中存在的问题,应统一理论设计依据。参照《中华人民共和国水法》《中华人民共和国环境保护法》《中华人民共和国水污染防治法》《水利水电工程等级划分及洪水标准》(SL 252—2017)等水利、环境污染等法律法规及规范设计。

5.1　设计依据

5.1.1　主要法律法规

(1)《中华人民共和国水法》(2016 年 7 月修订)。

(2)《中华人民共和国环境保护法》(2014 年 4 月 24 日修订)。

(3)《中华人民共和国水污染防治法》(2017 年第二次修订)。

(4)《饮用水水源保护区污染防治管理规定》(2010 年 12 月 22 日修正版)。

(5)《广西壮族自治区饮用水水源保护条例》(2017 年 1 月)。

(6)《广西壮族自治区环境保护条例》(2016 年)。

(7)其他相关法律法规。

5.1.2　部门规章及相关文件

(1)《国务院办公厅关于印发实行最严格水资源管理制度考核办法的通知》(国办发〔2013〕2 号)。

(2)《国务院关于印发水污染防治行动计划的通知》(国发〔2015〕17 号)。

(3)《水利部 住房和城乡建设部 国家卫生计生委关于进一步加强饮用水水源保护和管理的意见》(水资源〔2016〕462 号)。

(4)《国家林业局关于同意天津武清永定河故道等 131 处湿地开展国家湿地公园试点工作的通知》(林湿发〔2013〕243 号)。

(5)《环保部关于印发江河湖泊生态环境保护系列技术指南的通知》(环办〔2014〕111 号)。

(6)《水利部关于印发全国重要饮用水水源地名录(2016 年)的通知》(水资源函〔2016〕383 号)。

(7)《广西壮族自治区人民政府办公厅关于印发广西壮族自治区实行最严格水资源管理制度考核办法的通知》(桂政办发〔2013〕100 号)。

(8)《广西壮族自治区人民政府关于同意调整贺州市市区集中式饮用水水源保护区的批复》(桂政函〔2016〕203号)。

(9)《广西壮族自治区水利厅关于开展城市饮用水水源地安全保障达标建设的通知》(桂水资源〔2012〕25号)。

(10)《广西壮族自治区林业厅关于印发进一步调整优化全区森林树种结构实施方案(2015—2020年)的通知》(桂林发〔2014〕28号)。

(11)《广西壮族自治区水利厅关于加强饮用水水源保护有关工作的通知》(桂水资源〔2015〕22号)。

(12)广西壮族自治区水利厅文件《关于公布广西重要饮用水水源地名录的通知》(桂水资源〔2015〕53号)。

(13)《贺州市环境保护局关于龟石水库环境现状调查情况的报告》(贺环报〔2016〕28号)。

(14)政协贺州市委员会三届六次会议第069号提案。

(15)《贺州市人民政府办公室关于印发贺州市水污染防治行动2017年度工作计划的通知》(贺政办发〔2017〕56号)。

5.1.3 主要技术标准、规程、规范

(1)《防洪标准》(GB 50201—2014)。

(2)《水利水电工程初步设计报告编制规程》(SL 619—2013)。

(3)《水利水电工程等级划分及洪水标准》(SL 252—2017)。

(4)《河道整治设计规范》(GB 50707—2011)。

(5)《水闸设计规范》(SL 265—2016)。

(6)《水工混凝土结构设计规范》(SL 191—2008)。

(7)《水工挡土墙设计规范》(SL 379—2007)。

(8)《生态格网结构技术规程》(CECS 353:2013)。

(9)《小型水利水电工程碾压式土石坝设计规范》(SL 189—2013)。

(10)《饮用水水源保护区划分技术规范》(HJ/T 338—2007)。

(11)《水环境监测规范》(SL 219—2013)。

(12)《人工湿地污水处理工程技术规范》(HJ 2006—2010)。

(13)《镇(乡)村排水工程技术规程》(CJJ 124—2008)。

(14)《农村生活污染控制技术规范》(HJ 574—2010)。

(15)《地表水和污水监测技术规范》(HJ/T 91—2002)。

(16)《农林牧渔业及农村居民生活用水定额》(DB45/T 804—2012)。

(17)《西南地区农村生活污水处理技术指南》(中华人民共和国住房和城乡建设部,2010年9月)。

(18)《水源涵养林建设规范》(GB/T 26903—2011)。

(19) 其他相关行业规范。

5.1.4 其他

(1)《全国重要江河湖泊水功能区划(2011—2030年)》。

(2)《广西水功能区划》(2016 年 8 月,广西壮族自治区水利厅)。

(3)《贺州市水功能区划》(2012 年 6 月,广西梧州水利电力设计院)。

(4)《贺州市供水水源规划报告》(2013 年 3 月,水利部珠江委员会技术咨询中心)。

(5)《贺州市城市饮用水水源地安全达标建设实施方案》(2013 年 7 月,梧州水利电力设计院)。

(6)《广西龟石国家湿地公园总体规划》(2013 年 12 月,北京林业勘察设计院)。

(7)《贺州市龟石水库生态环境保护实施方案》(2015 年 1 月,贺州市人民政府)。

(8)《贺州市龟石水库水源保护及生态修复工程石坝村、坝首试点项目初步设计报告》(2014 年 12 月,梧州水利电力设计院)。

(9)《贺州市城区供水引水渠道保护工程初步设计报告》(2015 年 9 月,梧州水利电力设计院)。

(10)《贺州市龟石水库至望高段东干渠水源保护工程项目建议书》(2016 年 10 月,湖南大学设计研究院有限公司)。

(11)《贺州市城市总体规划(2016—2030)》[2017 年 5 月,华蓝设计(集团)有限公司]。

(12)《广西壮族自治区人民政府关于广西水资源保护规划的批复》(桂政函〔2016〕30 号)。

(13)《自治区水利厅关于印发广西贺州市城区供水水源规划修编报告的审查意见的通知》(桂水技〔2018〕07 号)。

(14)广西壮族自治区人民政府文件《关于龟石水库生态环境保护实施方案的批复》(桂政函〔2015〕98 号)。

(15)《贺州市人民政府关于对贺州市饮用水水源地安全保障达标建设实施方案的批复》(贺政函〔2013〕136 号)。

(16)《贺州市发展与改革委员会关于贺州市龟石饮用水源保护工程(一期)项目建议书的批复》(贺发改农经〔2017〕283 号)。

(17)《贺州市发展与改革委员会关于贺州市龟石饮用水源保护工程(一期)可行性研究报告的批复》(贺发改农经〔2017〕283 号)。

5.2　工程治理、设计范围及设计水平年

5.2.1　工程治理范围

龟石水库位于富川瑶族自治县下游,集水面积约 1 254 km^2,占富川瑶族自治县土地面积(1 572.54 km^2)的 80%。龟石水库集水面积大,污染源分布范围广,治理困难,投入资金有限,结合富川瑶族自治县城区及库周相关村镇发展规划,贺州市龟石饮用水源保护工程拟分两期实施,共治理面积为 1 254 km^2。其中,一期工程主要对龟石水库正常蓄水位 182 m 以下的一级、二级水源保护区和准水源保护区范围内直接入库的河流、滩地进行治理,治理面积 449.08 km^2,占总面积的 35.81%;二期工程主要对直接入库支流富江片进行治理,治理面积 804.92 km^2,占总面积的 64.19%。本工程属于一期工程,根据龟石水库饮用水源地污染源分布、入库支流分布、现状地形地质条件、饮用水源保护划分情况,共分为 26 个片,最终形成“三区 26 片”总体格局。具体范围详见表 5-1,分片分区详见图 5-1。

表 5-1 治理范围汇总

序号	保护区	片区划分			治理面积/km^2
		片区编号	片区	类型	
1	一级水源保护区	Ⅰ-1	碧溪南片	河口综合型	4.59
2		Ⅰ-2	碧溪北片	河口综合型	1.25
3	二级水源保护区	Ⅱ-1	老岭塝北片	滩地综合型	1.1
4		Ⅱ-2	老岭塝南片	河口综合型	0.57
5		Ⅱ-3	新村片	河口综合型	2.67
6		Ⅱ-4	新石片	河口综合型	6.08
7		Ⅱ-5	长源片	河口综合型	3.07
8		Ⅱ-6	军田山片	河口综合型	9.79
9		Ⅱ-7	凤岭片	滩地综合型	1.09
10		Ⅱ-8	石坝片	河口综合型	38.4
11		Ⅱ-9	内新片	河口综合型	4.09
12		Ⅱ-10	洪水源北片	河口综合型	1.6
13		Ⅱ-11	洪水源南片	河口综合型	2.15
14		Ⅱ-12	龙头片	滩地综合型	0.4
15	准水源保护区	Ⅲ-1	新祖岭片	河口综合型	2.8
16		Ⅲ-2	虎岩片	河口综合型	9.8
17		Ⅲ-3	上井片	河口综合型	1.61
18		Ⅲ-4	新寨片	滩地综合型	1.7
19		Ⅲ-5	中屯片	河口综合型	17.1
20		Ⅲ-6	栗家片	河口综合型	48.5
21		Ⅲ-7	新坝片	滩地综合型	1.8
22		Ⅲ-8	鲤鱼坝片	河口综合型	76.9
23		Ⅲ-9	沙洲片	河口综合型	170
24		Ⅲ-10	下鲤鱼坝片	滩地综合型	1.5
25		Ⅲ-11	吉山片	河口综合型	36.95
26		Ⅲ-12	深井片	滩地综合型	3.57
		小计			449.08
27	非保护区		富江片		804.92
		合计			1 254.00

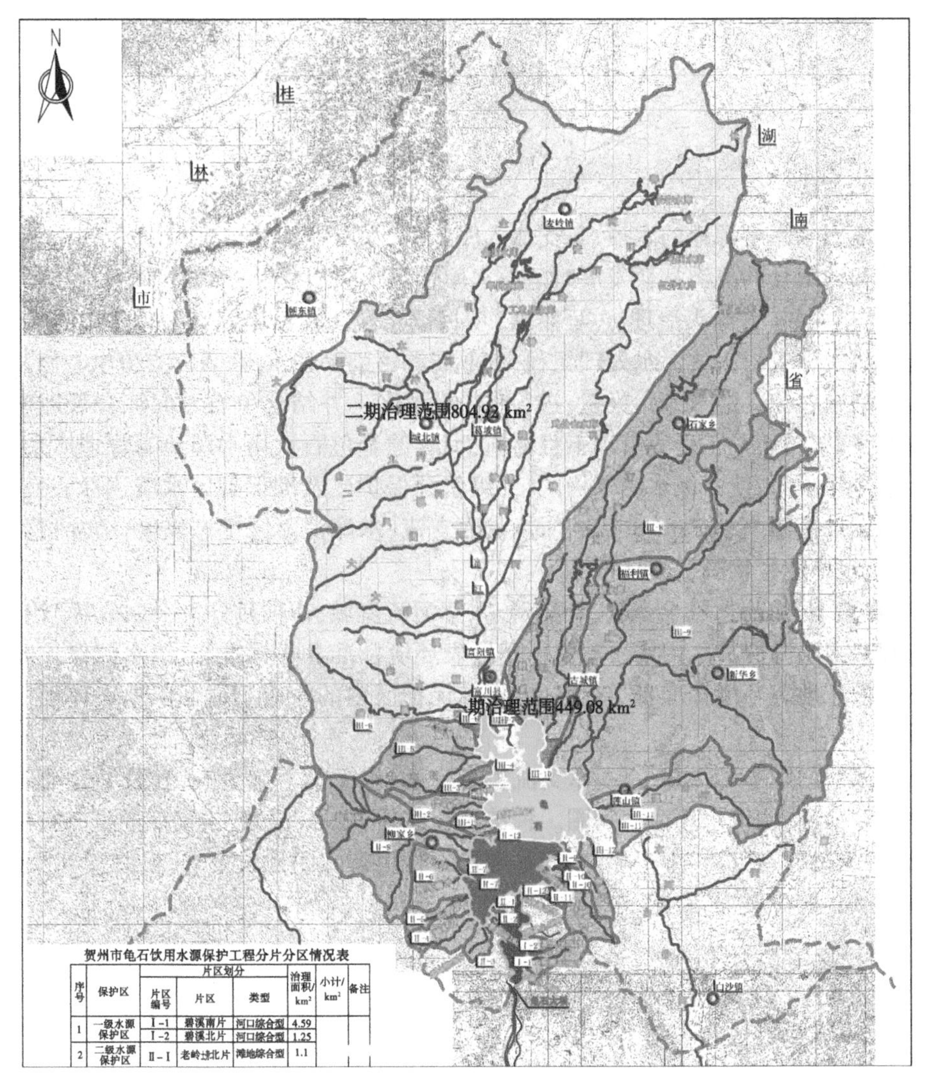

贺州市龟石饮用水源保护工程分片分区情况表

序号	保护区	片区划分			治理面积/km²	小计/km²	备注
		片区编号	片区	类型			
1	一级水源保护区	Ⅰ-1	碧溪南片	河口综合型	4.59		
		Ⅰ-2	碧溪北片	河口综合型	1.25		
2	二级水源保护区	Ⅱ-Ⅰ	老岭坳北片	滩地综合型	1.1		

图 5-1　饮用水源保护区及各支流分布

5.2.2　工程设计范围

本次工程设计范围为龟石水库一级水源保护区、二级水源保护区及准保护区内正常蓄水位 182.0 m 高程以下消落区范围，总治理面积 449.08 km^2。龟石饮用水源保护工程（一期）主要实施标志设置工程、确权划界工程、农村生活污水治理工程、农业面源污染治理工程及道路改造工程等。

5.2.3　设计水平年

本书以贺州市“十三五”规划的社会经济和技术指标统计年 2016 年为基准年，远景年 2030 年为设计水平年。

5.3 工程任务和规模

5.3.1 工程任务

针对龟石水库水源地的水质、各支流入库水量、水质等状况,综合考虑贺州市、富川瑶族自治县和钟山县的经济社会发展对龟石水库饮用水源的要求,本工程任务是在环保、农业、畜牧等相关部门"源头治理、过程阻断"项目以及富江片污染综合治理实施的前提下,通过分片区实施农村生活污水处理工程、农业面源污染治理工程、入库支流生态修复工程等,拦截、削减各片区的入库污染量,进行"末端强化",并结合龟石水库综合管理建设工程、管理范围权属调查工程等管理工程措施,完善健全龟石饮用水源地的管理体系,确保在设计水平年限内,使一级水源保护区、二级水源保护区及准保护区水质达标。另外,项目还兼顾设计范围内 180 m(黄基,下同)入库支流、水库消落区生态修复,结合相关植物措施,构筑水环境生物圈。具体任务为:

(1)结合自然条件、社会条件、污染源、入库河流流域,本项目分"三区 26 片"治理,使得本工程一级水源保护区内水质不得低于地表环境标准Ⅱ类标准,二级水源保护区内的水质不得低于地表环境标准Ⅲ类标准,准水源保护区内的水质不得低于地表环境标准Ⅲ类标准。

(2)设计范围内(182.0 m)入库支流生态治理、水库消落区生态治理,结合消落区湿地种植植物措施,构筑水环境生物圈。种植植物成片、成林、成景,带动库周生态有机农业发展,改善人民群众生活、生产环境,满足现代农村生态文明建设要求,最终达到"净美龟石、富美瑶川、润美贺钟"目标。

5.3.2 工程规模

5.3.2.1 工程等别

龟石水库位于珠江流域西江水系贺江干流上游富江上,是一座集防洪、供水、灌溉、发电等综合利用的水利工程。按照《贺州市城市总体规划》,到 2030 年,贺州市规划中心城区人口为 109.0 万,综合用水量为 58 万 m^3/d,龟石水库承担 38 万 m^3/d,占贺州市中心城区规划供水规模的 65.52%;远期(至 2030 年)钟山县城人口规模为 26.1 万,主要由龟石水库供水,最高日综合用水总量为 14.5 万 m^3/d。因此,龟石水库是贺州市城区及钟山县城区主要的饮用水水源,对贺州市城区及钟山县城区居民饮用水起到至关重要的作用。

该项目主要对龟石水库库区一级、二级水源保护区和准水源保护区范围内直接入库的河流、滩地进行治理,共分为 26 个片,最终形成"三区 26 片"总体格局,主要由隔离防护工程、标志设置工程、确权划界工程、农村生活污水处理工程、农业面源污染治理工程、入库支流生态修复工程、管护道路改造工程、生态浮床工程、龟石水库综合管理建设工程、管理范围权属调查工程组成。项目建设内容多,分布范围广,但对整个工程规模、效益和在经济社会中的重要性影响最大的主要为农村生活污水处理工程和农业面源污染治理工程,本次设计的农业面源污染治理工程主要为建设生态透水坝形成的低洼塘(前置库)进行末端强化。经统计,各治理片区中,生态透水坝形成的低洼塘(前置库)的面积为 0.25~45.8 hm^2,水深为 0.5~1.45 m,库容为 0.13 万~58.1 万 m^3,参照《水利水电工程等级划分及洪水标准》(SL 252—2017),属于Ⅳ等工程。主要建筑物为生态拦截沟、人工湿地、前置库、透水坝、细分子超饱和溶氧站等,建筑物等级为 4 级,次要建筑物等为 4 级。

5.3.2.2　设计标准

1. 防洪标准

1) 主要建筑物防洪标准

本项目主要建筑物在库区内 182.0 m 以下,建筑物防洪标准满足龟石水库相应水位要求,即泵站厂区(机电设备)高于龟石水库校核洪水位 184.70 m。

2) 入库支流整治防洪标准

入库支流末端主要集中在乡村,且在龟石水库库区 180 m 以下,河道整治按照《防洪标准》(GB 50201—2014)和《水利水电工程等级划分及洪水标准》(SL 252—2017)采用 5 年一遇设计洪水标准设计。

2. 水质标准

按照《地表水环境质量标准》(GB 3838—2002),本工程一级水源保护区内的水质不得低于地表水环境质量Ⅱ类标准,二级水源保护区内的水质不得低于地表水环境质量Ⅲ类标准,准水源保护区内的水质不低于地表水环境质量Ⅲ类标准,见表 5-2。

表 5-2　地表水环境质量Ⅱ类、Ⅲ类水质要求　　单位:mg/L

目标	COD	总磷	氨氮	总氮
地表水Ⅲ类	≤20	≤0.2(0.05)	≤1.0	≤1.0
地表水Ⅱ类	≤15	≤0.1(0.025)	≤0.5	≤0.5

龟石水库为全国重要饮用水水源地,根据《地表水环境质量标准》(GB 3838—2002),项目的水质标准如下:在确保环保、农业、畜牧等相关部门源头治理、过程阻断项目以及富江片污染综合治理实施的前提下,结合本工程的末端强化治理范围,最终实现入库河流所有断面达标率达到 100%,全部达到Ⅲ类水质标准,实现龟石水库库区一级水源保护区水域稳定保持Ⅱ类水质标准,二级水源保护区及准水源保护区水域稳定保持Ⅲ类水质标准。

综合结合各子工程的功能,各建设工程设计标准见表 5-3。

表 5-3　各建设工程设计标准

序号	项目名称	功能作用	工程设计标准依据	工程设计标准
1	隔离防护工程	隔离防护作用,防止人类或牲畜进入水库	《饮用水水源保护区标志技术要求》(HJ/T 433—2008)	隔离防护工程高度不小于 1.7 m
2	标志设置工程	警示与宣传的作用	《饮用水水源保护区标志技术要求》(HJ/T 433—2008)	材质为铝合金
3	确权划界工程	划定水库的管理范围	《广西壮族自治区水利工程管理条例》(2011 年 11 月)	校核洪水位(184.70 m)以下属于水库的管理范围
4	农村生活污水处理工程	处理水源保护区内分散性农村生活污水	《广西壮族自治区饮用水源保护条例》(2017 年 1 月)	达到Ⅲ类水质

续表 5-3

序号	项目名称	功能作用	工程设计标准依据	工程设计标准
5	农业面源污染治理工程	在消落区形成低洼塘(前置库),对枯水期污水进行拦截、净化,减少洪水期入库污染负荷	(1)《关于印发江河湖泊生态环境保护系列技术指南的通知》(环办〔2014〕111号)。 (2)植物措施建设标准应符合《人工湿地污水处理工程技术规范》(HJ 2006—2010)和《水源涵养林建设规范》(GB/T 26903—2011)。 (3)《防洪标准》(GB 50201—2014)	(1)农业面源污染治理应遵循"源头控制、过程阻断、末端强化"的技术标准,其中本次设计主要植物措施和生态透水坝进行末端强化,去除总氮、总磷污染物为30%。 (2)生态透水坝位于龟石库消落区(176~182 m)。 (3)设计洪水标准为20年一遇,校核洪水标准为50年一遇
6	入库支流生态修复工程	防止入库支流崩塌造成水土流失,进一步改善入库支流的水质	《防洪标准》(GB 50201—2014)	5年一遇洪水标准设计

5.3.3 各分片区现状、设计水平年污染量及目标削减量计算

5.3.3.1 各分片区现状水平年污染量计算

1.现状污染负荷计算

1)生活污染源排放量

城镇生活污染源估算:根据《2017年度龟石水库生态环境保护实施方案》,人均用水量约为200 L/d,污水排放系数约为0.8,则城镇居民的人均排水量约为160 L/d,城镇生活污水中COD排放浓度约为150 mg/L,NH_3—N排放浓度约为15 mg/L,TN排放浓度约为18 mg/L,TP排放浓度约为2.0 mg/L。农村生活污染源估算则采用《广西壮族自治区农林渔业及农村居民生活用水定额》和《全国水环境容量核定技术指南》中推荐的参数,农村生活人均用水量为120 L/d,污水排放系数为0.7,则人均污水排放量约为84 L/d,农村生活污水中COD排放浓度为200 mg/L,NH_3—N排放浓度为18 mg/L,TN排放浓度为20 mg/L,TP排放浓度为2.5 mg/L。

根据本次片区划分情况和富川瑶族自治县2016年度各乡(镇)人口统计情况,2016年年末集水区域总人口为28.07万人,其中城镇人口4.65万人,农村人口23.42万人。计算出城镇和农村生活污染源排放量,见表5-4。

表 5-4　龟石水库入库支流生活污染源产生量成果

片区划分				片区基本情况					生活污染产生量					
序号	片区编号	保护区	片区	涉及河流、村镇或冲沟				人口/人	生活用水/(t/a)	污水/(t/a)	COD/(t/a)	NH_3—N/(t/a)	TN/(t/a)	TP/(t/a)
				乡(镇)	行政村	自然村	冲沟							
1	Ⅰ-1	一级水源保护区	碧溪山南片	柳家乡	长溪江	—	碧溪山 1# 冲沟	0	0	0	0	0	0	0
						—	碧溪山 2# 冲沟	0	0	0	0	0	0	0
2	Ⅰ-2		碧溪山北片			碧溪山村	碧溪山 3# 冲沟	518	22 688	15 882	3.18	0.29	0.32	0.04
						—	碧溪山 4# 冲沟	28	1 226	858	0.17	0.02	0.02	0
3	Ⅱ-1	二级水源保护区	老岭塝北片	柳家乡	新石村	老岭塝	—	62	2 716	1 901	0.38	0.03	0.04	0
4	Ⅱ-2		老岭塝南片			—	老岭塝 1# 冲	0	0	0	0	0	0	0
5	Ⅱ-3		新村片			—	老岭塝 2# 冲	0	0	0	0	0	0	0
6	Ⅱ-4		新石片			新村、周家、峡头、老铺寨	新村冲	2 040	89 352	62 546	12.51	1.13	1.25	0.16
7	Ⅱ-5		长源片			长源冲	长源冲	289	12 658	8 861	1.77	0.16	0.18	0.02
8	Ⅱ-6		军田山片		凤岭村	黑鸟塘泵站	—	0	0	0	0	0	0	0
						黑鸟塘	黑鸟塘冲	410	17 958	12 571	2.51	0.23	0.25	0.03
						军田山、平山	军田山冲	330	14 454	10 118	2.02	0.18	0.20	0.03
9	Ⅱ-7		凤岭片			凤岭、佛子背	—	769	33 682	23 578	4.72	0.42	0.47	0.06
10	Ⅱ-8		石坝片		石坝村、柳家社区、凤岭村、下湾村	大峥、平寨、大桥头、新农村、新立寨、茅樟	淮南河	2 529	110 770	77 539	15.51	1.40	1.55	0.19
					柳家乡	镇区		1 513	110 449	88 359	13.25	1.33	1.59	0.18
11	Ⅱ-9		内新片	莲山镇	金峰村	内新、小源、勒竹洞村	金峰冲	1 054	46 165	32 316	6.46	0.58	0.65	0.08
12	Ⅱ-10		洪水源北片			洪水源	洪水源 1# 冲	626	27 419	19 193	3.84	0.35	0.38	0.05
13	Ⅱ-11		洪水源南片			—	洪水源 2# 冲	0	0	0	0	0	0	0
14	Ⅱ-12		龙头片	柳家乡	石坝村	龙头	—	676	29 609	20 726	4.15	0.37	0.41	0.05

续表 5-4

片区划分				片区基本情况					生活污染产生量						
序号	片区编号	保护区	片区	涉及河流、村镇或冲沟				人口/人	生活用水/(t/a)	污水/(t/a)	COD/(t/a)	NH_3—N/(t/a)	TN/(t/a)	TP/(t/a)
				乡(镇)	行政村	自然村	冲沟							
15	Ⅲ-1	准保护区	新祖岭片	柳家乡		—	新祖岭冲	0	0	0	0	0	0	0
16	Ⅲ-2		虎岩片		龙岩村、下湾村、洋新村、大湾村	虎岩、林家、茅刀源、下源村、文龙井、出水平、白露塘、牛塘	虎岩冲	2 335	102 273	71 591	14.32	1.29	1.43	0.18
17	Ⅲ-3		上井片		龙岩村	上井	上井冲	152	6 658	4 660	0.93	0.08	0.09	0.01
18	Ⅲ-4		新寨片		洋新村	新寨	—	562	24 616	17 231	3.45	0.31	0.34	0.04
19	Ⅲ-5		中屯片		洞井村、洋新村	洋冲、小中屯、大中屯、黑石根、新寨、洞井	中屯河	2 754	120 625	84 438	16.89	1.52	1.69	0.21
						井头寨、大田	大田冲	1 074	47 041	32 929	6.59	0.59	0.66	0.08
20	Ⅲ-6		粟家片	富阳镇	木榔村	粟家	—	5 416	45 552	31 886	6.38	0.57	0.64	0.08
21	Ⅲ-7		新坝片		新坝村	小新村、大坝、北浪、虎头	—	1 926	84 359	59 051	11.81	1.06	1.18	0.15
22	Ⅲ-8		鲤鱼坝片		茶家村	上鲤鱼坝、小毛家	鲤鱼冲	1 060	46 428	32 500	6.50	0.58	0.65	0.08
					茶家村、沙旺村、铁耕村	大塘坝、沙溪洞、西安村、铁耕村	水头屯河	2 325	101 835	71 285	14.26	1.28	1.43	0.18
					竹稍村、羊公村	竹稍、矮山	横塘冲	1 932	84 622	59 235	11.85	1.07	1.18	0.15
23	Ⅲ-9		沙洲片	富阳镇、古城镇、莲山镇、石家乡、新华乡、福利镇	朝阳村、杨村、沙洲村、大岭村、塘贝村等	朝阳村、杨村、吴家寨、军田、马田等	沙洲河	73 670	3 226 746	2 258 722	451.74	40.66	45.17	5.65
					古城镇、石家乡、新华乡、福利镇	镇区		5 703	416 319	333 055	49.96	5.00	5.99	0.67

续表 5-4

片区划分				片区基本情况					生活污染产生量					
序号	片区编号	保护区	片区	涉及河流、村镇或冲沟				人口/人	生活用水/(t/a)	污水/(t/a)	COD/(t/a)	NH_3—N/(t/a)	TN/(t/a)	TP/(t/a)
				乡(镇)	行政村	自然村	冲沟							
24	Ⅲ-10	准水源保护区	下鲤鱼坝片	富阳、莲山、古城	杨村村、茶家村	下鲤鱼坝、蒙家	—	1 106	48 443	33 910	6.78	0.61	0.68	0.08
25	Ⅲ-11	准水源保护区	吉山片	古城镇、莲山镇、新华乡	吉山村、莲塘村、洋狮村、洞口村、下坝山村、路坪村	吉山、大莲塘、上莲塘、上洞、洋狮大村、新村、水寨、龙山、秀山、马家、下坝山、田洲、大深坝、小深坝、坝头、蜜蜂村、田坪、大栎湾	莲山河	16 130	706 494	494 546	98.91	8.90	9.89	1.24
25	Ⅲ-11	准水源保护区	吉山片	古城镇、莲山镇、新华乡	莲山镇镇区	镇区	莲山河	1 358	99 134	79 307	11.90	1.19	1.43	0.16
25	Ⅲ-11	准水源保护区	吉山片	古城镇、莲山镇、新华乡	罗山村	栗下塘	栗下塘冲	965	42 267	29 587	5.92	0.53	0.59	0.07
26	Ⅲ-12	准水源保护区	深井片	古城镇、莲山镇、新华乡	吉山村	深井	深井冲	462	20 236	14 165	2.83	0.25	0.28	0.04
27	Ⅲ-13	非保护区	富江片	富阳镇、葛坡镇、城北镇、麦岭镇	—	自然村	富江	117 409	5 142 514	3 599 760	719.95	64.80	72.00	9.00
27	Ⅲ-13	非保护区	富江片	富阳镇、葛坡镇、城北镇、麦岭镇	—	镇区	富江	37 900	2 766 700	2 213 360	332.00	33.20	39.84	4.43

2)工业污染源排放现状

根据贺州市环保局提供数据,2015 年富川瑶族自治县工业废水排放总量为 23.2 万 t,从环境统计按照一级排放标准对工业污染物排放量进行估算,参考《城镇污水处理厂污染物排放标准》(GB 18918—2002)中的一级排放 A 标准,具体取值为:COD 浓度 50 mg/L、TN 浓度 15 mg/L、NH_3—N 浓度 5 mg/L、TP 浓度 0.5 mg/L,则 COD 排放量为 11.6 t/a,氨氮排放量为 0.117 t/a,TN 排放量为 3.48 t/a,TP 排放量为 1.16 t/a,见表 5-5。

表 5-5 龟石水库流域内工业污染源现状汇总表

年份	工业废水排放量/万 t	COD/(t/a)	TN/(t/a)	氨氮/(t/a)	TP/(t/a)
2015	23.2	11.6	3.48	0.117	1.16

3)养殖污染现状

畜禽养殖所排放的污染负荷通过湖泊流域内畜禽的种类和数目、每头畜禽所产生的污染当量以及粪尿的排放量来计算,流域内畜禽养殖的排污系数参照《第一次全国污染源普查—畜禽养殖业源产排污系数手册》并结合龟石水库集水区域内畜禽养殖情况,确定猪的排污系数为 COD 24 g/(头·d)、TN 5.7 g/(头·d)、NH_3—N 4.9 g/(头·d)、TP 1.0 g/(头·d)。畜禽量的换算关系为:45 只鸡=1 头猪,3 只羊=1 头猪,5 头猪=1 头牛,50 只鸭=1 头猪,均换算成猪的量进行计算。

根据《贺州市社会经济统计年鉴(2013—2015)》的统计数据,由富川瑶族自治县人口和畜禽养殖统计数据计算得到富川瑶族自治县人均养殖猪 1.06 头、鸡 6.41 只、鸭 1.6 只、羊 0.03 只、牛 0.05 头。根据各片区 2016 年人口统计情况计算得出龟石水库入库支流养殖污染现状,见表 5-6。

4)农业面源污染现状

根据《富川瑶族自治县土地利用总体规划(2010—2020)》中各乡(镇)土地利用规划图,量得各片区集水面积内耕地和园林地面积,然后根据农业面源污染源强计算污染量。

农业面源污染源强参考《全国水环境容量核定技术指南》和《第一次全国污染源普查—农业污染源肥料流失系数手册》中的污染源调查方法介绍,并结合龟石流域具体情况,其中耕地 COD 源强系数为 15 kg/(亩·a),NH_3—N 为 0.125 kg/(亩·a),TN 为 0.9 kg/(亩·a),TP 为 0.06 kg/(亩·a);园林地 COD 源强系数为 15 kg/(亩·a),NH_3—N 为 0.064 kg/(亩·a),TN 为 0.605 kg/(亩·a),TP 为 0.059 kg/(亩·a)。由此计算得龟石水库入库支流各片区农业面源污染排放量见表 5-7。

2. 现状及设计水平年入河污染量预测

根据《水域纳污能力计算规程》(SL 348—2006)进行入河负荷现状分析及预测。

1)污染负荷产生量和入河(库)量分析

$$W_{入河量} = (W_{排放量} - W_{处理量}) \times \beta \tag{5-1}$$

式中 $W_{入河量}$——污染入河量;

$W_{排放量}$——污染排放量;

$W_{处理量}$——污水处理量;

β——污染物入河系数。

表 5-6　龟石水库入库支流养殖污染源产生量成果

片区划分				片区基本情况								养殖污染产生量			
序号	片区编号	保护区	片区	冲沟	人口/人	猪	鸡	鸭	羊	牛	合计	COD /(t/a)	NH_3—N /(t/a)	TN /(t/a)	TP /(t/a)
						头	只	只	只	头	头(只)				
1	Ⅰ-1	一级水源保护区	碧溪山南片	碧溪山 1#冲沟	0										
				碧溪山 2#冲沟	0										
2	Ⅰ-2		碧溪山北片	碧溪山 3#冲沟	518	128	397	307	12	16	227	1.99	0.41	0.47	0.08
				碧溪山 4#冲沟	28	30	179	45	1	1	42	0.37	0.08	0.09	0.02
3	Ⅱ-1	二级水源保护区	老岭塝北片	—	62	66	397	99	2	3	93	0.81	0.17	0.19	0.03
4	Ⅱ-2		老岭塝南片	老岭塝 1#冲	0	0	0	0	0	0					
5	Ⅱ-3		新村片	老岭塝 2#冲	0	0	0	0	0	0					
6	Ⅱ-4		新石片	新村冲	2 040	2 162	13 076	3 264	67	100	3 039	26.62	5.44	6.32	1.11
7	Ⅱ-5		长源片	长源冲	289	306	1 852	462	9	14	431	3.78	0.77	0.90	0.16
8	Ⅱ-6		军田山片	—	0	0	0	0	0	0					
				黑鸟塘冲	410	435	2 628	656	13	20	611	5.35	1.09	1.27	0.22
				军田山冲	330	350	2 115	528	11	16	492	4.31	0.88	1.02	0.18
9	Ⅱ-7		凤岭片	—	769	815	4 929	1 230	25	38	1 146	10.04	2.05	2.38	0.42
10	Ⅱ-8		石坝片	淮南河	2 529	2 681	16 211	4 046	83	123	3 767	33.00	6.74	7.84	1.37
					1 513	0	0	0	0	0	0				
11	Ⅱ-9		内新片	金峰冲	1 054	1 117	6 756	1 686	35	51	1 570	13.75	2.81	3.27	0.57
12	Ⅱ-10		洪水源北片	洪水源 1#冲	626	664	4 013	1 002	21	31	933	8.17	1.67	1.94	0.34
13	Ⅱ-11		洪水源南片	洪水源 2#冲	0	0	0	0	0	0					
14	Ⅱ-12		龙头片	—	676	717	4 333	1 082	22	33	1 007	8.82	1.80	2.10	0.37

续表 5-6

序号	片区编号	保护区	片区	冲沟	人口/人	猪	鸡	鸭	羊	牛	合计	COD /(t/a)	NH_3—N /(t/a)	TN /(t/a)	TP /(t/a)
片区划分					片区基本情况							养殖污染产生量			
						头	只	只	只	头	头(只)				
15	Ⅲ-1	准水源保护区	新祖岭片	新祖岭冲	0	0	0	0	0	0					
16	Ⅲ-2		虎岩片	虎岩冲	2 335	2 475	14 967	3 736	77	114	3 478	30.47	6.22	7.24	1.27
17	Ⅲ-3		上井片	上井冲	152	161	974	243	5	7	227	1.99	0.41	0.47	0.08
18	Ⅲ-4		新寨片	—	562	596	3 602	899	18	27	838	7.34	1.50	1.74	0.31
19	Ⅲ-5		中屯片	中屯河	2 754	2 919	17 653	4 406	90	134	4 102	35.93	7.34	8.53	1.50
				大田冲	1 074	1 138	6 884	1 718	35	52	1 600	14.02	2.86	3.33	0.58
20	Ⅲ-6		粟家片	—	5 416	1 102	6 666	1 664	34	51	1 549	13.57	2.77	3.22	0.57
21	Ⅲ-7		新坝片	—	1 926	2 042	12 346	3 082	63	94	2 869	25.13	5.13	5.97	1.05
22	Ⅲ-8		鲤鱼坝片	鲤鱼冲	1 060	1 124	6 795	1 696	35	52	1 579	13.83	2.82	3.29	0.58
				水头屯河	2 325	2 465	14 903	3 720	76	113	3 463	30.34	6.19	7.20	1.26
				横塘冲	1 932	2 048	12 384	3 091	63	94	2 878	25.21	5.15	5.99	1.05
23	Ⅲ-9		沙洲片	沙洲河	73 670	78 090	472 225	117 872	2 416	3 595	109 723	961.17	196.24	228.28	40.05
					5 703	0	0	0	0	0	0	0	0	0	0
24	Ⅲ-10		下鲤鱼坝片	—	1 106	1 172	7 089	1 770	36	54	1 648	14.44	2.95	3.43	0.60
25	Ⅲ-11		吉山片	莲山河	16 130	17 098	103 393	25 808	529	787	24 024	210.45	42.97	49.98	8.77
					1 358	0	0	0	0	0	0				
				栗下塘冲	965	1 023	6 186	1 544	32	47	1 438	12.60	2.57	2.99	0.52
26	Ⅲ-12		深井片	深井冲	462	490	2 961	739	15	23	689	6.04	1.23	1.43	0.25
27		非保护区	富江片	富江	117 409	124 454	752 592	187 854	3 851	5 730	183 867	1 610.67	328.85	382.54	67.11
					37 900	0	0	0	0	0	0				

表 5-7　龟石水库入库支流各片区农业面源污染排放量成果

片区划分				片区基本情况			现状污染产生量							
							农业面源污染产生量(耕地)				农业面源污染产生量(园林地)			
序号	片区编号	保护区	片区	冲沟	耕地/亩	园林地/亩	COD/(t/a)	NH_3—N/(t/a)	TN/(t/a)	TP/(t/a)	COD/(t/a)	NH_3—N/(t/a)	TN/(t/a)	TP/(t/a)
1	Ⅰ-1	一级水源保护区	碧溪山南片	碧溪山 1#冲沟	54	0	0.81	0.01	0.05	0	0	0	0	0
				碧溪山 2#冲沟	156	60	2.34	0.02	0.14	0.01	0.90	0	0.04	0
2	Ⅰ-2		碧溪山北片	碧溪山 3#冲沟	248	0	3.72	0.03	0.22	0.01	0	0	0	0
				碧溪山 4#冲沟	55.4	0	0.83	0.01	0.05	0	0	0	0	0
3	Ⅱ-1	二级水源保护区	老岭塝北片	—	95	273	1.43	0.01	0.09	0.01	4.10	0.02	0.17	0.02
4	Ⅱ-2		老岭塝南片	老岭塝 1#冲	80	180	1.20	0.01	0.07	0	2.70	0.01	0.11	0.01
5	Ⅱ-3		新村片	老岭塝 2#冲	355	634	5.33	0.04	0.32	0.02	9.51	0.04	0.38	0.04
6	Ⅱ-4		新石片	新村冲	3 229	1 335	48.44	0.40	2.91	0.19	20.03	0.09	0.81	0.08
7	Ⅱ-5		长源片	长源冲	1 186	229	17.79	0.15	1.07	0.07	3.44	0.01	0.14	0.01
8	Ⅱ-6		军田山片	—	147	0	2.21	0.02	0.13	0.01	0	0	0	0
				黑乌塘冲	1 042	1 777	15.63	0.13	0.94	0.06	26.66	0.11	1.08	0.10
				军田山冲	986	1 066	14.79	0.12	0.89	0.06	15.99	0.07	0.64	0.06
9	Ⅱ-7		凤岭片	—	312	71	4.68	0.04	0.28	0.02	1.07	0	0.04	0
10	Ⅱ-8		石坝片	淮南河	5 053	552	75.80	0.63	4.55	0.30	8.28	0.04	0.33	0.03
11	Ⅱ-9		内新片	金峰冲	1 955	95	29.33	0.24	1.76	0.12	1.43	0.01	0.06	0.01
12	Ⅱ-10		洪水源北片	洪水源 1#冲	161	199	2.42	0.02	0.14	0.01	2.99	0.01	0.12	0.01
13	Ⅱ-11		洪水源南片	洪水源 2#冲	155	0	2.33	0.02	0.14	0.01	0	0	0	0
14	Ⅱ-12		龙头片	—	140	109	2.10	0.02	0.13	0.01	1.64	0.01	0.07	0.01

续表 5-7

片区划分				片区基本情况			现状污染产生量							
							农业面源污染产生量(耕地)				农业面源污染产生量(园林地)			
序号	片区编号	保护区	片区	冲沟	耕地/亩	园林地/亩	COD/(t/a)	NH_3—N/(t/a)	TN/(t/a)	TP/(t/a)	COD/(t/a)	NH_3—N/(t/a)	TN/(t/a)	TP/(t/a)
15	Ⅲ-1	准水源保护区	新祖岭片	新祖岭冲	1 970	134	29.55	0.25	1.77	0.12	2.01	0.01	0.08	0.01
16	Ⅲ-2		虎岩片	虎岩冲	2 270	407	34.05	0.28	2.04	0.14	6.11	0.03	0.25	0.02
17	Ⅲ-3		上井片	上井冲	2 120	304	31.80	0.27	1.91	0.13	4.56	0.02	0.18	0.02
18	Ⅲ-4		新寨片	—	450	447	6.75	0.06	0.41	0.03	6.71	0.03	0.27	0.03
19	Ⅲ-5		中屯片	中屯河	7 480	1 347	112.20	0.94	6.73	0.45	20.21	0.09	0.81	0.08
				大田冲	2 245	918	33.68	0.28	2.02	0.13	13.77	0.06	0.56	0.05
20	Ⅲ-6		粟家片	—	232	0	3.48	0.03	0.21	0.01	0	0	0	0
21	Ⅲ-7		新坝片	—	950	0	14.25	0.12	0.86	0.06	0	0	0	0
22	Ⅲ-8		鲤鱼坝片	鲤鱼冲	3 180	451	47.70	0.40	2.86	0.19	6.77	0.03	0.27	0.03
				水头屯河	4 020	1 126	60.30	0.50	3.62	0.24	16.89	0.07	0.68	0.07
				横塘冲	7 280	228	109.20	0.91	6.55	0.44	3.42	0.01	0.14	0.01
23	Ⅲ-9		沙洲片	沙洲河	34 250	10 475	513.75	4.28	30.83	2.06	157.13	0.67	6.34	0.62
24	Ⅲ-10		下鲤鱼坝片	—	870	247	13.05	0.11	0.78	0.05	3.71	0.02	0.15	0.01
25	Ⅲ-11		吉山片	莲山河	18 031	3 501	270.47	2.25	16.23	1.08	52.52	0.22	2.12	0.21
				栗下塘冲	686	303	10.29	0.09	0.62	0.04	4.55	0.02	0.18	0.02
26	Ⅲ-12		深井片	深井冲	1 357	326	20.36	0.17	1.22	0.08	4.89	0.02	0.20	0.02
27		非保护区	富江片	富江	200 052	163 992	3 000.78	25.01	180.05	12.00	2 459.88	10.50	99.22	9.68

计算结果如表 5-8 所示。其中,入库系数确定原则是:根据实地调查和资料分析,对龟石水库产生直接影响的周边乡(镇)取较大值,汇水区内距离水库较远的乡(镇)根据其对河流远近情况取较低值。最终计算得出,2016 年汇入龟石水库的 COD 为 3 678 t/a,氨氮为 304.38 t/a,总氮为 434.31 t/a,总磷为 62.89 t/a。

表 5-8　2016 年集水区污染负荷产生量和入库量计算结果

类别	产生量/(t/a)				入河系数	入库量/(t/a)			
	COD	氨氮	总氮	总磷		COD	氨氮	总氮	总磷
城镇生活	407.11	40.71	48.85	5.43	0.25	101.78	10.18	12.21	1.36
农村生活	1 437.29	129.36	143.73	17.97	0.18	258.71	23.28	25.87	3.23
养殖	3 130.21	639.08	743.43	130.43	0.38	1 189.48	242.85	282.50	49.56
农业面源	7 433.38	50.26	389.50	29.54	0.28	2 081.35	14.07	109.06	8.27
工业污染	706.4	22.8	45.6	2.28	1	46.68	14	4.67	0.47
总量	13 114.38	882.21	1 371.10	185.64		3 678.00	304.38	434.31	62.89

2)污染负荷产生量和入河(库)量预测

本次计算预测到远期 2030 年,水库集水区内只考虑人口增长,耕地基本不变。人口增长按综合指数模型计算:

在相对稳定条件下,户籍人口增长比较平稳,未来的人口数量一般呈几何级数增长,用数学公式可表示为

$$P = P_0(1 + r)^t \tag{5-2}$$

式中　P——规划目标年人口数;

P_0——基准年的统计人口数;

r——年均增长率,按《贺州市城市总体规划(2016—2030)》中人口专题取 8‰;

t——规划目标年与基准年之间的时间间隔。

根据式(5-2)可以预测出规划年内的人口数目。

龟石水库集水区域人口现状与增长值预测如下:

2016 年年末集水区域总人口为 28.07 万人,其中城镇人口 4.65 万人,农村人口 23.42 万人。到 2030 年人口预测值为 31.40 万人。由此计算得出,2030 年汇入龟石水库的 COD 为 3 857.29 t/a,氨氮为 336.26 t/a,总氮为 471.29 t/a,总磷为 69.13 t/a。结果见表 5-9 和表 5-10。

表 5-9　2030 年集水区污染负荷产生量和入库量计算结果

类别	产生量/(t/a)				入河系数	入库量/(t/a)			
	COD	氨氮	总氮	总磷		COD	氨氮	总氮	总磷
城镇生活	455.16	45.52	54.62	6.07	0.25	113.79	11.38	13.65	1.52
农村生活	1 606.91	144.62	160.69	20.09	0.18	289.24	26.03	28.92	3.62
养殖	3 490.09	712.56	828.90	145.42	0.38	1 326.23	270.77	314.98	55.26
农业面源	7 433.38	50.26	389.50	29.54	0.28	2 081.35	14.07	109.06	8.27
工业污染	706.40	22.80	45.60	2.280	1.00	46.68	14.00	4.67	0.47
总量	13 691.93	975.76	1 479.30	203.40		3 857.29	336.26	471.29	69.13

表 5-10　各片区现状污染总量

片区划分				涉及河流、村镇或冲沟		近10年最枯月/(m³/s)	现状污									
序号	片区编号	保护区	片区				农业面源污染产生量(耕地)				农业面源污染产生量(园林地)				生活污	
				自然村	冲沟		COD	NH_3-N	TN	TP	COD	NH_3-N	TN	TP	生活用水	污水
1	Ⅰ-1	一级水源保护区	碧溪山南片	—	碧溪山1#冲沟	0.0018	0.81	0.01	0.05	0	0	0	0	0	0	0
				—	碧溪山2#冲沟	0.0193	2.34	0.02	0.14	0.01	0.90	0	0.04	0	0	0
2	Ⅰ-2		碧溪山北片	碧溪山村	碧溪山3#冲沟	0.0038	3.72	0.03	0.22	0.01	0	0	0	0	25366	17756
				—	碧溪山4#冲沟	0.0019	0.83	0.01	0.05	0	0	0	0	0	1371	960
3	Ⅱ-1	二级水源保护区	老岭塝北	老岭塝	—	0.0051	1.43	0.01	0.09	0.01	4.10	0.02	0.17	0.02	3036	2125
4	Ⅱ-2		老岭塝南	—	老岭塝1#冲	0.0026	1.20	0.01	0.07	0.00	2.70	0.01	0.11	0.01	0	0
5	Ⅱ-3		新村片	—	老岭塝2#冲	0.0123	5.33	0.04	0.32	0.02	9.51	0.04	0.38	0.04	0	0
6	Ⅱ-4		新石片	新村、周家、峡头	新村冲	0.0279	48.44	0.40	2.91	0.19	20.03	0.09	0.81	0.08	99897	69928
7	Ⅱ-5		长源片	长源冲	长源冲	0.0141	17.79	0.15	1.07	0.07	3.44	0.01	0.14	0.01	14152	9906
8	Ⅱ-6		军田山片	黑鸟塘泵站	—	0.0021	2.21	0.02	0.13	0.01	0	0	0	0	0	0
				黑鸟塘	黑鸟塘冲	0.0290	15.63	0.13	0.94	0.06	26.66	0.11	1.08	0.10	20077	14054
				军田山、平山	军田山冲	0.0139	14.79	0.12	0.89	0.06	15.99	0.07	0.64	0.06	16160	11312
9	Ⅱ-7		凤岭片	凤岭、佛子背	—	0.0050	4.68	0.04	0.28	0.02	1.07	0	0.04	0	37657	26360
10	Ⅱ-8		石坝片	大峥、平寨、大桥头、新农村	大峥冲、石坝冲、淮南河	0.1763	75.80	0.63	4.55	0.30	8.28	0.04	0.33	0.03	123843	86690
				镇区											123484	98787
11	Ⅱ-9		内新片	内新、小源、勒竹洞村	金峰冲	0.0188	29.33	0.24	1.76	0.12	1.43	0.01	0.06	0.01	51613	36129
12	Ⅱ-10		洪水源北	洪水源	洪水源1#冲	0.0073	2.42	0.02	0.14	0.01	2.99	0.01	0.12	0.01	30655	21458
13	Ⅱ-11		洪水源南	—	洪水源2#冲	0.0099	2.33	0.02	0.14	0.01	0	0	0	0	0	0
14	Ⅱ-12		龙头片	龙头	—	0.0018	2.10	0.02	0.13	0.01	1.64	0.01	0.07	0.01	33103	23172
15	Ⅲ-1	准保护区	新祖岭片	—	新祖岭冲	0.0129	29.55	0.25	1.77	0.12	2.01	0.01	0.08	0.01	0	0
16	Ⅲ-2		虎岩片	虎岩、林家、茅刀源、下源村、文龙井、出水平、白露塘、牛塘	虎岩冲	0.1450	34.05	0.28	2.04	0.14	6.11	0.03	0.25	0.02	114343	80040
17	Ⅲ-3		上井片	上井	上井冲	0.0074	31.80	0.27	1.91	0.13	4.56	0.02	0.18	0.02	7443	5210
18	Ⅲ-4		新寨片	新寨	—	0.0078	6.75	0.06	0.41	0.03	6.71	0.03	0.27	0.03	27521	19264
19	Ⅲ-5		中屯片	洋冲、小中屯、大中屯、黑石根、新寨、洞井	中屯河	0.0615	112.20	0.94	6.73	0.45	20.21	0.09	0.81	0.08	134861	94403
				井头寨、大田	大田冲	0.0170	33.68	0.28	2.02	0.13	13.77	0.06	0.56	0.05	52593	36815
20	Ⅲ-6		粟家片	粟家	—	0.0019	3.48	0.03	0.21	0.01	0	0	0	0	50928	35649
21	Ⅲ-7		新坝片	小新村、大坝、北浪、虎头	—	0.0083	14.25	0.12	0.86	0.06	0	0	0	0	94314	66020
22	Ⅲ-8		鲤鱼坝片	上鲤鱼坝、小毛家	鲤鱼冲	0.0487	47.70	0.40	2.86	0.19	6.77	0.03	0.27	0.03	51907	36335
				大塘坝、沙溪洞、西安村、铁耕村	水头屯河	0.1958	60.30	0.50	3.62	0.24	16.89	0.07	0.68	0.07	113653	79697
				竹稍、矮山	横塘冲	0.1087	109.20	0.91	6.55	0.44	3.42	0.01	0.14	0.01	94608	66226
23	Ⅲ-9		沙洲片	朝阳村、杨村、吴家寨、军田、马田等	沙洲河	0.7807	513.75	4.28	30.83	2.06	157.13	0.67	6.34	0.62	3607549	2525284
				镇区											465451	372361
24	Ⅲ-10		下鲤鱼坝片	下鲤鱼坝、蒙家	—	0.0069	13.05	0.11	0.78	0.05	3.71	0.02	0.15	0.01	54160	37912
25	Ⅲ-11		吉山片	吉山、大莲塘、上莲塘、上洞、洋狮大村、新村、水寨、龙山、秀山、马家、下坝山、田洲	莲山河	0.1697	270.47	2.25	16.23	1.08	52.52	0.22	2.12	0.21	789871	552909
				镇区											110833	88667
				栗下塘	栗下塘冲	0.0104	10.29	0.09	0.62	0.04	4.55	0.02	0.18	0.02	47255	33079
26	Ⅲ-12		深井片	深井	深井冲	0.0164	20.36	0.17	1.22	0.08	4.89	0.02	0.20	0.02	22624	15837
27		非保护区	富江片	自然村	富江	2.31	7072.53	58.94	424.35	28.29	2459.88	10.50	99.22	9.68	5749406	4024584
				镇区											3093211	2474569

和入库量计算成果

染产生量/(t/a)																污染入库量/(t/a)			
染产生量				养殖污染产生量				工业污染产生量				总污染产生量							
COD	NH_3-N	TN	TP	COD	NH_3-N	TN	TP	COD	NH_3-N	TN	TP	COD	NH_3-N	TN	TP	COD	NH_3-N	TN	TP
0	0	0	0									0.81	0.01	0.05	0	0.23	0	0.01	0
0	0	0	0									324	0.02	0.18	0.01	0.91	0.01	0.05	0
3.55	0.32	0.36	0.04	1.99	0.41	0.47	0.08					9.26	0.76	1.05	0.14	2.44	0.22	0.31	0.04
0.19	0.02	0.02	0	0.41	0.08	0.10	0.02					1.43	0.11	0.17	0.02	0.42	0.04	0.05	0.01
0.43	0.04	0.04	0.01	0.91	0.19	0.22	0.04					6.86	0.25	0.51	0.07	1.97	0.09	0.16	0.02
0	0	0	0									3.90	0.02	0.18	0.02	1.09	0.01	0.05	0
0	0	0	0									14.84	0.08	0.70	0.06	4.15	0.02	0.20	0.02
13.99	1.26	1.40	0.17	29.76	6.07	7.07	1.24					112.20	7.82	12.18	1.69	32.99	2.67	3.98	0.58
1.98	0.18	0.20	0.02	4.22	0.86	1.00	0.18					27.43	1.20	2.41	0.29	7.90	0.41	0.75	0.10
0	0	0	0									2.21	0.02	0.13	0.01	0.62	0.01	0.04	0
2.81	0.25	0.28	0.04	5.98	1.22	1.42	0.25					51.08	1.72	3.71	0.45	14.62	0.58	1.15	0.15
2.26	0.20	0.23	0.03	4.82	0.98	1.14	0.20					37.86	1.38	2.90	0.35	10.86	0.46	0.90	0.12
5.27	0.47	0.53	0.07	11.22	2.29	2.67	0.47					22.24	2.81	3.52	0.56	6.82	0.97	1.20	0.20
17.34	1.56	1.73	0.22	36.90	7.53	8.76	1.54					153.13	11.24	17.16	2.29	44.39	3.70	5.45	0.77
14.82	1.48	1.78	0.20																
7.23	0.65	0.72	0.09	15.38	3.14	3.65	0.64					53.36	4.04	6.19	0.85	15.76	1.38	2.03	0.29
4.29	0.39	0.43	0.05	9.14	1.87	2.17	0.38					18.83	2.28	2.86	0.46	5.76	0.79	0.98	0.16
0	0	0	0									2.33	0.02	0.14	0.01	0.65	0.01	0.04	0
4.63	0.42	0.46	0.06	9.86	2.01	2.34	0.41					18.23	2.46	3.00	0.48	5.63	0.85	1.03	0.17
0	0	0	0									31.56	0.25	1.85	0.13	8.84	0.07	0.52	0.04
16.01	1.44	1.60	0.20	34.07	6.96	8.09	1.42					90.23	8.71	11.98	1.78	27.07	2.99	4.00	0.62
1.04	0.09	0.10	0.01	2.23	0.45	0.53	0.09					39.63	0.83	2.72	0.25	11.21	0.27	0.81	0.08
3.85	0.35	0.39	0.05	8.20	1.67	1.95	0.34					25.51	2.11	3.01	0.44	7.58	0.72	1.00	0.15
18.88	1.70	1.89	0.24	40.17	8.20	9.54	1.67					191.46	10.92	18.98	2.44	55.74	3.71	6.08	0.83
7.36	0.66	0.74	0.09	15.67	3.20	3.72	0.65					70.48	4.20	7.03	0.93	20.57	1.43	2.27	0.32
7.13	0.64	0.71	0.09	15.17	3.10	3.60	0.63					25.78	3.77	4.53	0.74	8.02	1.30	1.56	0.26
13.20	1.19	1.32	0.17	28.10	5.74	6.67	1.17					55.56	7.04	8.85	1.39	17.05	2.43	3.01	0.49
7.27	0.65	0.73	0.09	15.47	3.16	3.67	0.64					77.20	4.24	7.54	0.95	22.44	1.44	2.40	0.32
15.94	1.43	1.59	0.20	33.92	6.93	8.06	1.41					127.05	8.93	13.95	1.92	37.37	3.05	4.55	0.66
13.25	1.19	1.32	0.17	28.19	5.76	6.70	1.17					154.05	7.87	14.71	1.79	44.63	2.66	4.66	0.60
505.06	45.46	50.51	6.31	1074.61	219.40	255.22	44.78					2306.39	275.39	349.59	54.51	701.07	94.34	118.16	19.09
55.85	5.59	6.70	0.74	0	0	0	0												
7.58	0.68	0.76	0.09	16.14	3.29	3.83	0.67					40.47	4.10	5.52	0.83	12.19	1.41	1.85	0.29
110.58	9.95	11.06	1.38	235.28	48.04	55.88	9.80					682.15	61.80	86.88	12.65	203.07	21.07	28.76	4.38
13.30	1.33	1.60	0.18																
6.62	0.60	0.66	0.08	14.09	2.87	3.34	0.59					35.53	3.57	4.81	0.73	10.69	1.23	1.61	0.25
3.17	0.29	0.32	0.04	3.76	1.38	1.60	0.28					35.16	1.85	3.34	0.42	10.20	0.63	1.06	0.14
804.92	72.44	80.49	10.06	1791.46	365.76	425.47	74.64	706	22.8	46	2.3	13206.37	567.55	119.67	129.90	3634.19	185.42	347.90	42.51
371.19	37.12	44.54	4.95																

5.3.3.2 设计水平年(2030 年)近 10 年最枯月平均流量对应污染物浓度

1. 计算依据

根据《水域纳污能力计算规程》(SL 348—2006),设计水文条件拟采用 90%保证率最枯月平均流量或近 10 年最枯月平均流量作为设计流量。本次设计拟采用近 10 年最枯月平均流量进行计算。

2. 计算成果

将各片区入库污染总量与各支流近 10 年最枯月平均流量之比,作为相应浓度,并以此判断入库后水质情况,结果见表 5-11。

3. 污染物计算分析结论

对龟石水库集水范围内的主要污染源进行汇总,由此计算得出龟石水库水源保护区现状的污染负荷,污染负荷现状统计详见表 5-12。

从表 5-12 可以看出,龟石水库现状主要污染源除氨氮外,其余为畜禽养殖污染和农业面源污染,其中畜禽养殖污染源所占比例最大,生活污染源只占比 7.5%左右,工业污染源所占比例最小。结合环保部门《贺州市龟石水库生态环境保护实施方案》中库区水质监测结果来看,龟石水库集水区养猪等畜禽养殖、农业面源污染和生活污水是造成龟石水库总氮超标的主要原因。

5.3.3.3 各片区污染物削减目标分析

1. 各片区污染物浓度论证分析

根据龟石水库现状污染物入库量,由表 5-10 可知近 10 年最枯月平均流量,计算现状污染物入河浓度,见表 5-11。根据《地表水环境质量标准》(GB 3838—2002)的标准值:

一级水源保护区达到地表Ⅱ类水质标准:

COD:15 mg/L;NH_3—N:0.5 mg/L;TN:0.5 mg/L;TP:0.1 mg/L。

二级水源保护区及准水源保护区达到地表Ⅲ类水质标准:

COD:20 mg/L;NH_3—N:1 mg/L;TN:1 mg/L;TP:0.2 mg/L。

对各片区现状污染物因子对比分析,在 26 个片区 34 个治理点中 COD 污染因子“超标”数量达到 18 个点,超标率为 52.94%;NH_3—N 污染因子“超标”数量达到 20 个点,超标率为 58.82%;TN 污染因子“超标”数量达到 26 个点,超标率为 76.47%;TP 污染因子“超标”数量达到 22 个点,超标率为 64.7%,详见表 5-13。根据各片区治理点各项污染因子“超标”情况,4 项污染因子中任意一项存在“超标”情况,该治理点水质属于超标。由计算成果表 5-13 可知,在 26 个片区 34 个治理点中 26 个治理点属于“超标”,超标率达到 76.47%,说明龟石水库周边水源来水水质普遍较差,达不到龟石水库水源保护区各片区的水质要求,严重影响龟石水库水质情况,治理龟石水库水质超标情况刻不容缓。

表 5-11　设计水平年(2030 年)近 10 年最枯月平均流量对应污染物浓度计算结果

片区划分				片区基本情况			污染物浓度(近 10 年最枯月平均流量)			
序号	片区编号	保护区	片区	类型	集水面积/km^2	近 10 年最枯月流量/(m^3/s)	COD/(mg/L)	NH_3—N/(mg/L)	TN/(mg/L)	TP/(mg/L)
1	Ⅰ-1	一级水源保护区	碧溪山南片	河口综合型	0.39	0.001 8	4.015	0.033	0.241	0.016
					4.2	0.019 3	1.491	0.011	0.081	0.006
2	Ⅰ-2		碧溪山北片	河口综合型	0.83	0.003 8	20.269	1.834	2.545	0.363
					0.42	0.001 9	6.965	0.608	0.897	0.130
3	Ⅱ-1	二级水源保护区	老岭塝北片	滩地综合型	1.1	0.005 1	12.355	0.538	1.005	0.135
4	Ⅱ-2		老岭塝南片	河口综合型	0.57	0.002 6	13.228	0.073	0.614	0.052
5	Ⅱ-3		新村片	河口综合型	2.67	0.012 3	10.742	0.062	0.509	0.043
6	Ⅱ-4		新石片	河口综合型	6.08	0.027 9	37.470	3.035	4.517	0.657
7	Ⅱ-5		长源片	河口综合型	3.07	0.014 1	17.777	0.912	1.697	0.214
8	Ⅱ-6		军田山片	河口综合型	0.46	0.002 1	9.267	0.077	0.556	0.037
					6.31	0.029 0	15.997	0.633	1.263	0.162
					3.02	0.013 9	24.822	1.061	2.068	0.264
9	Ⅱ-7		凤岭片	滩地综合型	1.09	0.005 0	43.213	6.133	7.591	1.241
10	Ⅱ-8		石坝片	河口综合型	38.4	0.176 3	7.981	0.665	0.981	0.138
11	Ⅱ-9		内新片	河口综合型	4.09	0.018 8	26.599	2.331	3.422	0.497
12	Ⅱ-10		洪水源北片	河口综合型	1.6	0.007 3	24.842	3.399	4.212	0.692
13	Ⅱ-11		洪水源南片	河口综合型	2.15	0.009 9	2.091	0.017	0.125	0.008
14	Ⅱ-12		龙头片	滩地综合型	0.4	0.001 8	97.154	14.624	17.734	2.948

续表 5-11

片区划分				片区基本情况			污染物浓度(近10年最枯月平均流量)			
序号	片区编号	保护区	片区	类型	集水面积/km^2	近10年最枯月流量/(m^3/s)	COD/(mg/L)	NH_3—N/(mg/L)	TN/(mg/L)	TP/(mg/L)
15	Ⅲ-1	准水源保护区	新祖岭片	河口综合型	2.8	0.012 9	21.791	0.176	1.280	0.087
16	Ⅲ-2		虎岩片	河口综合型	9.8	0.045 0	19.073	2.106	2.821	0.437
17	Ⅲ-3		上井片	河口综合型	1.61	0.007 4	48.093	1.154	3.454	0.335
18	Ⅲ-4		新寨片	滩地综合型	1.7	0.007 8	30.774	2.934	4.055	0.623
19	Ⅲ-5		中屯片	河口综合型	13.4	0.061 5	28.721	1.911	3.132	0.426
					3.7	0.017 0	38.378	2.669	4.233	0.593
20	Ⅲ-6		粟家片	滩地综合型	0.41	0.001 9	135.119	21.906	26.206	4.381
21	Ⅲ-7		新坝片	滩地综合型	1.8	0.008 3	65.386	9.312	11.559	1.882
22	Ⅲ-8		鲤鱼坝片	河口综合型	10.6	0.048 7	14.615	0.936	1.566	0.210
					42.64	0.195 8	6.052	0.494	0.737	0.107
					23.66	0.108 7	13.024	0.776	1.359	0.176
23	Ⅲ-9		沙洲片	河口综合型	170	0.780 7	28.475	3.832	4.799	0.775
24	Ⅲ-10		下鲤鱼坝片	滩地综合型	1.5	0.006 9	56.103	6.489	8.534	1.341
25	Ⅲ-11		吉山片	河口综合型	36.95	0.169 7	37.948	3.938	5.374	0.818
					2.26	0.010 4	32.672	3.754	4.930	0.777
26	Ⅲ-12		深井片	滩地综合型	3.57	0.016 4	19.732	1.215	2.056	0.275
27		非保护区	富江片	河口综合型	503	2.31	34.237	2.415	3.837	0.521

注:表中阴影部分为浓度超地表水环境质量标准值。

表5-12 龟石水库集水区现状污染负荷统计情况

污染物来源	COD			氨氮			TN			TP		
	数量/(t/a)	比例/%	排序	数量/(t/a)	比例/%	排序	数量/(t/a)	比例/%	排序	数量/(t/a)	比例/%	排序
生活污染源	360.49	7.48	3	33.46	10.66	2	38.08	7.58	3	4.59	6.81	3
畜禽养殖污染源	1 189.48	24.69	2	242.85	77.37	1	282.50	56.19	1	49.56	73.47	1
农业污染源	2 081.35	56.59	1	14.07	4.62	3	109.06	25.11	2	8.27	13.15	2
工业污染源	46.68	1.27	4	14.00	4.60	4	4.67	1.08	4	0.47	0.75	4
合计	3 678.00			304.38			434.31			62.89		

到设计水平年(2030年),随着龟石水库周边区域社会经济的发展,在污染源不变的情况下,污染量是增大的,畜禽养殖和农业面源污染仍为龟石水库COD、氨氮、总磷、总氮等超标的主要原因,而龟石水库的纳污能力是一定的,若不加强源头控制、过程阻断及末端强化,则造成水源污染不可避免。

2. 各片区污染物削减目标分析

本工程为减少龟石水库周边各支流来水入库污染物总量,在各支流入库口设置低洼塘(前置库),将支流中入库污染物拦截在低洼塘(前置库)内,通过物理沉降、植物分解等措施,减少进入龟石水库污染物总量。本工程规划与贺州市各部门联合治理龟石水库周边支流超标污染物。考虑到各支流末端低洼塘(前置库)规模及处理能力,设定各片区污染物削减目标为规划水平年污染物超标总量的30%,剩余超出龟石水库水质要求的污染物,在上、中游"源头治理、过程阻断",由贺州市各部门联合治理于各支流中上游消除。只有贺州市各部门与本工程相配合,共同治理龟石水库入库污染物,才能达到规划水平年(2030年)龟石水库设计水质目标。对于由各部门已设有一体化污水站的片区,尽管未发生效益,如一级水源保护区的碧溪山北片,本次设计均不考虑再设处理措施,以免处理措施重复设计。

本工程规划水平年设计各片区污染物削减总量目标值及各部门要求削减总量目标值详见表5-14。

表 5-13 规划水平年(2030 年)近 10 年最枯月平均流量对应污染物浓度计算结果

序号	片区编号	保护区	片区	污染物浓度				污染物入库达标情况				水质达标情况
				COD /(mg/L)	NH_3—N /(mg/L)	TN /(mg/L)	TP /(mg/L)	COD	NH_3—N	TN	TP	
1	Ⅰ-1	一级水源保护区	碧溪山南片	4.015	0.033	0.241	0.016	不超标	不超标	不超标	不超标	不超标
				1.491	0.011	0.081	0.006	不超标	不超标	不超标	不超标	不超标
2	Ⅰ-2		碧溪山北片	20.269	1.834	2.545	0.363	超标	超标	超标	超标	超标
				6.965	0.608	0.897	0.130	不超标	超标	超标	超标	超标
3	Ⅱ-1	二级水源保护区	老岭塝北片	12.355	0.538	1.005	0.135	不超标	不超标	超标	不超标	超标
4	Ⅱ-2		老岭塝南片	13.228	0.073	0.614	0.052	不超标	不超标	不超标	不超标	不超标
5	Ⅱ-3		新村片	10.742	0.062	0.509	0.043	不超标	不超标	不超标	不超标	不超标
6	Ⅱ-4		新石片	37.470	3.035	4.517	0.657	超标	超标	超标	超标	超标
7	Ⅱ-5		长源片	17.777	0.912	1.697	0.214	不超标	不超标	超标	超标	超标
8	Ⅱ-6		军田山片	9.267	0.077	0.556	0.037	不超标	不超标	不超标	不超标	不超标
				15.997	0.633	1.263	0.162	不超标	不超标	超标	不超标	超标
				24.822	1.061	2.068	0.264	超标	超标	超标	超标	超标
9	Ⅱ-7		凤岭片	43.213	6.133	7.591	1.241	超标	超标	超标	超标	超标
10	Ⅱ-8		石坝片	7.981	0.665	0.981	0.138	不超标	不超标	不超标	不超标	不超标
11	Ⅱ-9		内新片	26.599	2.331	3.422	0.497	超标	超标	超标	超标	超标
12	Ⅱ-10		洪水源北片	24.842	3.399	4.212	0.692	超标	超标	超标	超标	超标
13	Ⅱ-11		洪水源南片	2.091	0.017	0.125	0.008	不超标	不超标	不超标	不超标	不超标
14	Ⅱ-12		龙头片	97.154	14.624	17.734	2.948	超标	超标	超标	超标	超标

续表 5-13

序号	片区编号	保护区	片区	污染物浓度				污染物入库达标情况				水质达标情况
				COD /(mg/L)	NH_3—N /(mg/L)	TN /(mg/L)	TP /(mg/L)	COD	NH_3—N	TN	TP	
15	Ⅲ-1	准水源保护区	新祖岭片	21.791	0.176	1.280	0.087	超标	不超标	超标	不超标	超标
16	Ⅲ-2		虎岩片	19.073	2.106	2.821	0.437	不超标	超标	超标	超标	超标
17	Ⅲ-3		上井片	48.093	1.154	3.454	0.335	超标	超标	超标	超标	超标
18	Ⅲ-4		新寨片	30.774	2.934	4.055	0.623	超标	超标	超标	超标	超标
19	Ⅲ-5		中屯片	28.721	1.911	3.132	0.426	超标	超标	超标	超标	超标
				38.378	2.669	4.233	0.593	超标	超标	超标	超标	超标
20	Ⅲ-6		粟家片	135.119	21.906	26.206	4.381	超标	超标	超标	超标	超标
21	Ⅲ-7		新坝片	65.386	9.312	11.559	1.882	超标	超标	超标	超标	超标
22	Ⅲ-8		鲤鱼坝片	14.615	0.936	1.566	0.210	不超标	不超标	超标	超标	超标
				6.052	0.494	0.737	0.107	不超标	不超标	不超标	不超标	不超标
				13.024	0.776	1.359	0.176	不超标	不超标	超标	不超标	超标
23	Ⅲ-9		沙洲片	28.475	3.832	4.799	0.775	超标	超标	超标	超标	超标
24	Ⅲ-10		下鲤鱼坝片	56.103	6.489	8.534	1.341	超标	超标	超标	超标	超标
25	Ⅲ-11		吉山片	37.948	3.938	5.374	0.818	超标	超标	超标	超标	超标
				32.672	3.754	4.930	0.777	超标	超标	超标	超标	超标
26	Ⅲ-12		深井片	19.732	1.215	2.056	0.275	不超标	超标	超标	超标	超标
27		非保护区	富江片	34.237	2.415	3.837	0.521	超标	超标	超标	超标	超标

注：根据《地表水环境质量标准》(GB 3838—2002)，地表Ⅱ类水质标准为 COD：15 mg/L，NH_3—N：0.5 mg/L，TN：0.5 mg/L，TP：0.1 mg/L；地表Ⅲ类水质标准为 COD：20 mg/L，NH_3—N：1 mg/L，TN：1 mg/L，TP：0.2 mg/L。

表 5-14　各片区污染物削减总量目标值及各部门要求削减总量目标值

单位:t/a

序号	片区编号	保护区	片区	河流、冲沟	污染物总量/(t/a)				末端低洼塘(前置库)削减量(30%)/(t/a)				中、上游各部门削减量(70%)/(t/a)			
					COD	NH_3—N	TN	TP	COD	NH_3—N	TN	TP	COD	NH_3—N	TN	TP
1	Ⅰ-1	一级水源保护区	碧溪山南片	碧溪山 1# 冲沟	0.23	0.002	0.01	0.001	0	0	0	0				
				碧溪山 2# 冲沟	0.91	0.01	0.05	0.004	0	0	0	0				
2	Ⅰ-2		碧溪山北片	碧溪山 3# 冲沟	2.44	0.22	0.31	0.04	0.73	0.07	0.09	0.01		0.09	0.15	0.02
				碧溪山 4# 冲沟	0.42	0.04	0.05	0.01	0.13	0.01	0.02	0			0.01	
3	Ⅱ-1	二级水源保护区	老岭塝北片	—	1.97	0.09	0.16	0.02	0.59	0.03	0.05	0.01				
4	Ⅱ-2		老岭塝南片	老岭塝 1# 冲	1.09	0.01	0.05	0	0	0	0	0				
5	Ⅱ-3		新村片	老岭塝 2# 冲	4.15	0.02	0.20	0.02	0	0	0	0				
6	Ⅱ-4		新石片	新村冲	32.99	2.67	3.98	0.58	9.90	0.80	1.19	0.17	5.48	0.99	1.90	0.23
7	Ⅱ-5		长源片	长源冲	7.90	0.41	0.75	0.10	2.37	0.12	0.23	0.03			0.08	
8	Ⅱ-6		军田山片	—	0.62	0.01	0.04	0	0	0	0	0				
				黑乌塘冲	14.62	0.58	1.15	0.15	4.39	0.17	0.35	0.04				
				军田山冲	10.86	0.46	0.90	0.12	3.26	0.14	0.27	0.03			0.20	
9	Ⅱ-7		凤岭片	—	6.82	0.97	1.20	0.20	2.05	0.29	0.36	0.06	1.62	0.52	0.68	0.11
10	Ⅱ-8		石坝片	淮南河	44.39	3.70	5.45	0.77	0	0	0	0				
11	Ⅱ-9		内新片	金峰冲	15.76	1.38	2.03	0.29	4.73	0.41	0.61	0.09		0.37	0.83	0.09
12	Ⅱ-10		洪水源北片	洪水源 1# 冲	5.76	0.79	0.98	0.16	1.73	0.24	0.29	0.05		0.32	0.45	0.07
13	Ⅱ-11		洪水源南片	洪水源 2# 冲	0.65	0.01	0.04	0	0	0	0	0				
14	Ⅱ-12		龙头片	—	5.63	0.85	1.03	0.17	1.69	0.25	0.31	0.05	2.78	0.54	0.66	0.11

续表 5-14

序号	片区编号	保护区	片区	河流、冲沟	污染物总量/(t/a)				末端低洼塘(前置库)削减量(30%)/(t/a)				中、上游各部门削减量(70%)/(t/a)			
					COD	NH_3—N	TN	TP	COD	NH_3—N	TN	TP	COD	NH_3—N	TN	TP
15	Ⅲ-1	准水源保护区	新祖岭片	新祖岭冲	8.84	0.07	0.52	0.04	2.65	0.02	0.16	0.01				
16	Ⅲ-2		虎岩片	虎岩冲	27.07	2.99	4.00	0.62	8.12	0.90	1.20	0.19		0.67	1.38	0.15
17	Ⅲ-3		上井片	上井冲	11.21	0.27	0.81	0.08	3.36	0.08	0.24	0.02	3.19		0.33	0.01
18	Ⅲ-4		新寨片	—	7.58	0.72	1.00	0.15	2.27	0.22	0.30	0.05	0.38	0.26	0.45	0.06
19	Ⅲ-5		中屯片	中屯河	55.74	3.71	6.08	0.83	16.72	1.11	1.82	0.25	0.20	0.66	2.31	0.19
				大田冲	20.57	1.43	2.27	0.32	6.17	0.43	0.68	0.10	3.68	0.47	1.05	0.12
20	Ⅲ-6		粟家片	—	8.02	1.30	1.56	0.26	2.41	0.39	0.47	0.08	4.43	0.85	1.03	0.17
21	Ⅲ-7		新坝片	—	17.05	2.43	3.01	0.49	5.11	0.73	0.90	0.15	6.72	1.44	1.85	0.29
22	Ⅲ-8		鲤鱼坝片	鲤鱼冲	22.44	1.44	2.40	0.32	6.73	0.43	0.72	0.10			0.15	
				水头屯河	37.37	3.05	4.55	0.66	11.21	0.92	1.37	0.20				
				横塘冲	44.63	2.66	4.66	0.60	13.39	0.80	1.40	0.18				
23	Ⅲ-9		沙洲片	沙洲河	701.07	94.34	118.16	19.09	210.32	28.30	35.45	5.73		41.41	58.09	8.44
24	Ⅲ-10		下鲤鱼坝片	—	12.19	1.41	1.85	0.29	3.66	0.42	0.56	0.09	4.19	0.77	1.08	0.16
25	Ⅲ-11		吉山片	莲山河	203.07	21.07	28.76	4.38	60.92	6.32	8.63	1.31	35.12	9.40	14.78	2.00
				栗下塘冲	10.69	1.23	1.61	0.25	3.21	0.37	0.48	0.08	0.94	0.53	0.80	0.11
26	Ⅲ-12		深井片	深井冲	10.20	0.63	1.06	0.14	3.06	0.19	0.32	0.04			0.23	
27		非保护区	富江片	富江(涝溪河口上游)	2 494.10	175.92	279.50	37.95	748.23	52.78	83.85	11.39	288.91	50.29	122.80	12.00

5.4 工程治理总体方案

5.4.1 工程治理总体方案

龟石水库位于富川瑶族自治县下游,集水面积约 1 254 km^2,占富川瑶族自治县土地面积(1 572.54 km^2)的 80%,近年来,随着富川瑶族自治县社会经济的发展,龟石水库水质磷、氮浓度逐年增大,保护龟石饮用水源形势日益严峻。考虑龟石水库集水面积大,污染源分布范围广,治理困难,投入资金有限,需结合库周相关村镇发展规划,根据龟石水库饮用水源地污染源分布、入库支流分布、现状地形地质条件、饮用水源保护划分情况,在“源头治理、过程阻断”后,在末端强化中,主要对龟石水库一级、二级水源保护区和准水源保护区范围内直接入库的河流、滩地进行治理,共分为 26 个片,分区、分片、分单元治理,形成“三区 26 片单元”总体格局,其中三区指龟石水库库区一级饮用水源保护区、二级饮用水源保护区和准水源保护区;26 片单元分别指龟石水库库区各入库支流,作为独立单元:

(1)一级饮用水源保护区中 2 个片,碧溪山南片、碧溪山北片单元。

(2)二级饮用水源保护区中 12 个片,老岭塝北片、老岭塝南片、新村片、新石片、长源片、军田山片、凤岭片、石坝片、内新片、洪水源北片、洪水源南片、龙头片单元。

(3)准保护区中 12 个片,新祖岭片、虎岩片、上井片、新寨片、中屯片、粟家片、新坝片、鲤鱼坝片、沙洲片、蒙家片、吉山片、深井片单元。

水质污染主要由各片的农村生活、农业生产的面源污染所造成,而且面源污染具有分布范围广,不确定性大,成分、过程复杂,难以收集的特点,面源污染和农村生活污水污染治理应遵循“源头控制、过程阻断、末端强化”的技术标准,“源头控制、过程阻断”相关项目,已由贺州市环保局、农业局、畜牧局等部门组织实施。本次项目“末端强化”治理主要采取工程措施与非工程措施相互结合的方式进行。

工程措施具体如下:

(1)生态拦截隔离沟+(生态修复池)前置库+人工湿地(植物措施)[或生态拦截隔离沟+前置库+人工湿地+(细分子超饱和溶氧站)]+植物措施,在龟石水库库区消落区范围内进行末端强化面源污染治理,确保各片区水质在设计水平年限内达标,即满足吸收30%削减量。

(2)农村生活污水收集+生态拦截隔离沟+污水分片集中治理+前置库+人工湿地+植物措施,分片治理是以小流域分散性污水分片集中治理的“变流速污染水体生态净化系统”和“农村生活污水分散式全生态强化治理系统”一体化处理后排入入库支流或者库内,确保各片区水质在设计水平年限内达标,即满足吸收 30%削减量。

非工程措施有标志设置工程、管护道路改造工程、确权划界工程、水质监测建设工程、权属调查工程,达到确权划界、污染监测等。

5.4.2　各片区“末端强化”治理方案

5.4.2.1　各片区存在问题

1. 各片区存在的具体问题

各片区存在问题见表 5-15。

表 5-15　龟石水库各片区存在问题

序号	保护区等级	片区名称	存在问题
1	一级水源保护区	碧溪山南片	(1)农业面源污染严重,耕地面积 210 亩,园林地 60 亩,养殖污染严重。 (2)库内弃渣严重。 (3)消落区裸露面积较大,水土流失严重
2	一级水源保护区	碧溪山北片	(1)片区内耕地面积 303.4 亩,农业面源污染严重。 (2)片区居住人口 546 人,库内弃渣、生活垃圾丢弃、捕鱼船舶污染严重。 (3)消落区裸露面积较大,冲沟两岸崩塌严重,水土流失严重
3	二级水源保护区	老岭塝北片	(1)片区内居住人口 62 人,库内存在弃渣、生活垃圾丢弃现象。 (2)片区耕地面积 95 亩,园林地 273 亩,存在农业面源污染。 (3)片区存在围库、灯光诱捕现象及捕鱼船舶污染严重。 (4)消落区裸露面积较大,水土流失严重
4	二级水源保护区	老岭塝南片	(1)片区内存在围库养殖现象。 (2)片区耕地面积 80 亩,园林地 180 亩,存在农业面源污染、养殖污染。 (3)消落区裸露面积较大,水土流失严重
5	二级水源保护区	新村片	(1)片区存在围库现象,产生水源污染。 (2)片区耕地面积 355 亩,园林地 634 亩,存在农业面源污染、养殖污染。 (3)消落区裸露面积较大,水土流失严重
6	二级水源保护区	新石片	(1)片区存在围库养殖现象,产生水源污染。 (2)片区耕地面积 3 229 亩,园林地 1 335 亩,存在农业面源污染、养殖污染。 (3)消落区裸露面积较大,水土流失严重。 (4)片区内居住人口 2 040 人,生活垃圾乱弃严重
7	二级水源保护区	长源片	(1)片区内耕地面积 1 186 亩,园林地 229 亩,居住人口 289 人,存在农业面源污染、养殖污染及灯光诱捕现象。 (2)消落区裸露面积较大,水土流失严重
8	二级水源保护区	军田山片	(1)片区存在围库养殖及电鱼现象。 (2)片区耕地面积 2 175 亩,园林地 2 843 亩,居住人口 740 人,存在农业面源污染、养殖污染。 (3)消落区裸露面积较大,水土流失严重

续表 5-15

序号	保护区等级	片区名称	存在问题
9	二级水源保护区	凤岭片	(1)片区存在围库养殖现象。 (2)片区内居住人口 769 人,耕地面积 312 亩,园林地 71 亩,存在农业面源污染。 (3)消落区裸露面积较大,水土流失严重,部分地区基岩裸露,不适宜种植植物
10		石坝片	(1)片区内居住人口 4 042 人,存在生活垃圾、建筑垃圾乱弃现象。 (2)片区内耕地面积 5 053 亩,园林地 552 亩,存在农业面源污染、养殖污染。 (3)消落区裸露面积较大,水土流失严重
11		内新片	(1)片区存在农业面源污染、养殖污染(牛),耕地面积 1 955 亩,园林地 95 亩。 (2)片区内居住人口 1 054 人,存在生活垃圾、建筑垃圾乱弃现象。 (3)消落区裸露面积较大,水土流失严重
12		洪水源北片	(1)片区存在农业面源污染、养殖污染(牛),耕地面积 161 亩,园林地 199 亩,居住人口 626 人。 (2)消落区裸露面积较大,水土流失严重
13		洪水源南片	(1)片区内耕地面积 155 亩,存在农业面源污染、养殖污染。 (2)消落区裸露面积较大,水土流失严重
14		龙头片	(1)片区内耕地面积 140 亩,园林地 109 亩,存在农业面源污染、养殖污染。 (2)片区内居住人口 676 人,存在建筑垃圾乱堆及电鱼现象。 (3)片区内存在养猪场污水直排入库现象
15	准水源保护区	新祖岭片	(1)片区内耕地面积 1 970 亩,园林地 134 亩,存在农业面源污染、养殖污染。 (2)消落区裸露面积较大,水土流失严重
16		虎岩片	(1)片区内居住人口 2 335 人,存在生活垃圾、建筑垃圾乱弃现象。 (2)片区内耕地面积 2 270 亩,园林地 407 亩,存在农业面源污染、养殖污染
17		上井片	(1)片区存在围库养殖现象。 (2)片区存在农业面源污染、养殖污染(牛),耕地面积 2 120 亩,园林地 304 亩。 (3)片区内居住人口 152 人,存在生活垃圾、建筑垃圾乱弃现象
18		新寨片	(1)片区内居住人口 562 人,存在生活垃圾、建筑垃圾乱弃现象。 (2)片区内耕地面积 450 亩,园林地 447 亩,存在农村生活污水污染。 (3)消落区裸露面积较大,水土流失严重

续表5-15

序号	保护区等级	片区名称	存在问题
19	准水源保护区	中屯片	(1)片区存在围库养殖现象。 (2)片区存在农村生活污水污染、农业面源污染、养殖污染,耕地面积9 725亩,园林地2 265亩。 (3)片区内居住人口3 828人,存在生活垃圾堆积现象。 (3)消落区裸露面积较大,水土流失严重
20		粟家片	(1)片区内耕地面积5 530亩,园林地721亩,存在农业面源污染、养殖污染。 (2)片区内居住人口5 416人,存在生活垃圾堆积现象。 (3)片区内存在电鱼现象
21		新坝片	(1)片区内耕地面积950亩,存在农业面源污染、养殖污染。 (2)片区内居住人口1 926人,存在生活垃圾堆积现象。
22		鲤鱼坝片	(1)片区内耕地面积11 300亩,园林地1 354亩,存在农业面源污染、养殖污染。 (2)片区内居住人口2 992人,存在生活垃圾堆积现象。 (3)消落区裸露面积较大,水土流失严重
23		沙洲片	(1)片区内耕地面积34 250亩,园林地10 475亩,存在农业面源污染、养殖污染。 (2)片区内居住人口79 373人,存在生活垃圾堆积现象。 (3)消落区裸露面积较大,水土流失严重
24		下鲤鱼坝片	(1)片区内耕地面积870亩,园林地247亩,存在农业面源污染、养殖污染。 (2)片区内居住人口1 106人,存在生活垃圾堆积现象。 (3)消落区裸露面积较大,水土流失严重
25		吉山片	(1)片区内耕地面积18 031亩,园林地3 501亩,存在农业面源污染、养殖污染。 (2)片区内居住人口184 353人,存在生活垃圾堆积现象。 (3)消落区裸露面积较大,水土流失严重
26		深井片	(1)片区内耕地面积1 357亩,园林地326亩,存在农业面源污染、养殖污染。 (2)片区内居住人口462人,存在生活垃圾堆积现象。 (3)消落区裸露面积较大,水土流失严重

2. 消落区问题

龟石水库是一座防洪、供水、灌溉、发电等的综合利用水库。按照防洪要求,汛期腾空库容,至汛限水位 181.0 m,预留防洪库容 1 640 万 m^3。兴利调度方式如下。

1)城镇生活及工业供水调度

龟石水库承担贺州市城区、钟山县城、沿江乡(镇)及华润企业园区供水人口 14.5 万人,采取结合电站发电尾水通过渠道加暗管的方式进行供水,取水口进口底高程 156.25 m,现状年供水量 4 531 万 m^3,远期规划年均供水量 12 994 万 m^3。

2)农业灌溉供水调度

龟石水库与 12 座中小型"结瓜"水库组成贺州市唯一的大型灌区——龟石灌区。龟石灌区设计灌溉面积 30.45 万亩,灌溉钟山、回龙、八步、莲塘、望高、羊头、西湾、黄田、沙田、鹅塘 10 个乡(镇),灌溉保证水位 156.25 m,灌溉保证率 85%。龟石灌区近 5 年实际年均灌溉供水量 3.018 亿 m^3。

3)发电调度方式

龟石水库有龟石水力发电站、富龙电站 2 个电站,装机容量分别为 4×3 000 kW 和 1×800 kW,其中龟石水力发电站 1#、2#机组及利用灌溉涵管发电的富龙电站机组发电尾水可向灌溉渠道供水,也可通过开启渠道泄水闸流入大坝下游河道,灌溉尾水位 149.42 m。城镇供水以富龙电站机组发电尾水为主,渠道灌溉期由龟石水力发电站 1#、2#机组发电尾水根据渠道水位进行调节。3#、4#机组发电尾水直接流入大坝下游河道,正常尾水位 144.50 m。

(4)生态环境供水调度:龟石水库下游生态环境需水流量按水库多年平均流量的 10%控制。

(5)遇特大干旱年份,根据实际旱情发展趋势及气象预报情况,拟订具体的抗旱调度方案,报批后执行,力争将旱灾损失降到最低限度。

鉴于龟石水库的调度运行,必然存在消落区面积,即为兴利库容面积相应变化,正常蓄水位 182 m 到死水位 172 m 之间的面积。从表 5-16 及图 5-2 龟石水库水位-面积 $Z \sim F$ 曲线和水位-库容 $Z \sim V$ 曲线可知,正常蓄水位 182 m 的面积为 50 km^2,死水位 172 m 的面积为 18 km^2,即消落区面积为 32 km^2。河滩最宽约 1.5 km,最窄处亦有约 200 m,平时消落区河滩地为周边村庄人为活动场所和耕牛等放牧场所。

5.4.2.2 分区分片治理设计原则

(1)将设计水平年内产生的污染总量控制在入龟石水库前。

(2)结合各部门实施项目,"源头控制、过程阻断"和本次治理的"末端强化"相结合原则,处理面源污染。

(3)降水时重点控制污染物浓度高的初期径流,遵循污染重氮、磷与水的资源化利用原则,控制地表水体富营养化。

(4)处理方案与农村生态文明建设相结合原则。

表5-16　龟石水库水位-面积 $Z \sim F$ 曲线和水位-库容 $Z \sim V$ 曲线

水位/m	面积/km²	库容/10⁶ m³	水位/m	面积/km²	库容/10⁶ m³
160.0	1.00	5.00	172.5	19.75	119.75
160.5	1.30	5.80	173.0	21.50	129.50
161.0	1.60	6.60	173.5	22.75	139.75
161.5	1.80	7.55	174.0	24.00	150.00
162.0	2.00	8.50	174.5	25.25	161.25
162.5	2.50	9.25	175.0	26.50	172.50
163.0	3.00	10.00	175.5	28.25	188.75
163.5	3.50	11.50	176.0	30.00	205.00
164.0	4.00	13.00	176.5	31.50	218.75
164.5	4.50	15.65	177.0	33.00	232.50
165.0	5.00	18.30	177.5	34.25	251.25
165.5	5.75	22.40	178.0	35.50	270.00
166.0	6.50	26.50	178.5	37.25	287.50
166.5	7.25	31.25	179.0	39.00	305.00
167.0	8.00	36.00	179.5	41.00	327.50
167.5	9.00	40.50	180.0	43.00	350.00
168.0	10.00	45.00	180.5	44.50	371.75
168.5	11.00	53.00	181.0	46.00	393.50
169.0	12.00	61.00	181.5	48.00	416.75
169.5	13.25	68.00	182.0	50.00	440.00
170.0	14.50	75.00	182.5	51.50	466.50
170.5	15.50	83.50	183.0	53.00	493.00
171.0	16.50	92.00	183.5	55.25	519.00
171.5	17.25	101.00	184.0	57.50	545.00
172.0	18.00	110.00	184.7	60.00	595.00

5.4.2.3　各片区“末端强化”工程治理方案

1. 一级水源保护区

1) 碧溪山南片

碧溪山南片位于柳家乡，属于河口综合型。片区内有碧溪山1#冲沟，集水面积为0.39 km²；碧溪山2#冲沟，集水面积为4.20 km²。河流集水面积内无村落分布，有耕地210亩、园林地60亩，片区内居民主要依靠发展种植业、养殖业进行生产、生活，在日常生

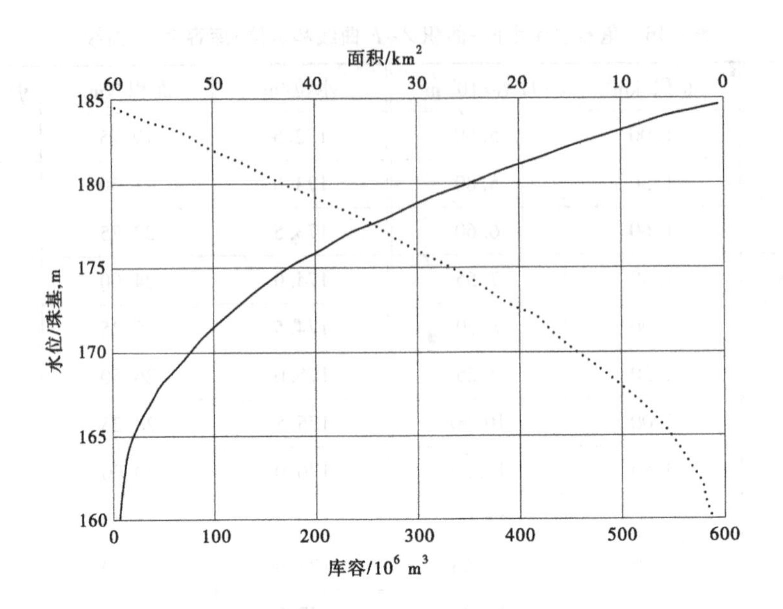

图 5-2　龟石水库水位～面积～库容曲线

产、生活过程中,产生大量面源污染,随降水通过河流入库,污染龟石饮用水源。本次设计采用生态拦截隔离沟+前置库+人工湿地拦截技术,削减片区的入库污染量,使片区水质达标。

2)碧溪山北片

碧溪山北片位于柳家乡,属于河口综合型。片区内有碧溪山 3#、4# 冲沟,集水面积分别为 0.83 km²、0.42 km²,河流集水面积内分布着碧溪山村,居住 546 人,有耕地 303.4 亩。片内居民主要依靠发展种植业、养殖业进行生产、生活,在日常生产、生活过程中,产生大量面源污染,随降水通过河流入库,污染龟石饮用水源。本次设计采用生态拦截隔离沟+前置库+人工湿地拦截+变流速污染水体生态净化系统,削减片区的入库污染量,使片区水质达标。

2. 二级水源保护区

1)老岭塝北片

老岭塝北片位于柳家乡,属于滩地综合型。片区内无河流经过,分布着老岭塝村,居住 62 人,有耕地 95 亩、园林地 273 亩。片区内居民主要依靠发展种植业、养殖业进行生产、生活,在日常生产、生活过程中,产生大量面源污染,随降水通过地表径流入库,污染龟石饮用水源。本次设计采用生态拦截隔离沟+人工湿地拦截技术,削减片区的入库污染量,使片区水质达标。

2)老岭塝南片

老岭塝南片位于柳家乡,属于河口综合型。片区内有老岭塝 1# 冲,集水面积为 0.57 km²;河流集水面积内无村落分布,有耕地 80 亩、园林地 180 亩。片区内居民主要依靠发展种植业、养殖业进行生产、生活,在日常生产、生活过程中,产生大量面源污染,随降水通过河流入库,污染龟石饮用水源。本次设计采用生态拦截隔离沟+前置库+人工湿地拦截技术,削减片区的入库污染量,使片区水质达标。

3)新村片

新村片位于柳家乡,属于河口综合型。片区内有老岭塝 2#冲,集水面积为 2.67 km^2;河流集水面积内无村落分布,有耕地 355 亩、园林地 634 亩。片区内居民主要依靠发展种植业、养殖业进行生产、生活,在日常生产、生活过程中,产生大量面源污染,随降水通过河流入库,污染龟石饮用水源。本次设计采用生态拦截隔离沟+前置库+人工湿地拦截技术,削减片区的入库污染量,使片区水质达标。

4)新石片

新石片位于柳家乡,属于河口综合型。片区内有新村冲,集水面积为 6.08 km^2,河流集水面积内分布着新石村,居住 2 040 人,有耕地 3 229 亩、园林地 1 335 亩。片区内居民主要依靠发展种植业、养殖业进行生产、生活,在日常生产、生活过程中,产生大量面源污染,随降水通过河流入库,污染龟石饮用水源。本次设计采用生态拦截隔离沟+前置库+人工湿地拦截技术,削减片区的入库污染量,使片区水质达标。

5)长源片

长源片位于柳家乡,属于河口综合型。片区内有长源冲,集水面积为 3.07 km^2,河流集水面积内居住 289 人,有耕地 1 186 亩、园林地 229 亩。片区内居民主要依靠发展种植业、养殖业进行生产、生活,在日常生产、生活过程中,产生大量面源污染,随降水通过河流入库,污染龟石饮用水源。本次设计采用生态拦截隔离沟+前置库+人工湿地拦截技术,削减片区的入库污染量,使片区水质达标。

6)军田山片

军田山片位于柳家乡,属于河口综合型。片区内有黑鸟塘冲、军田山冲,集水面积为 9.79 km^2,河流集水面积内分布着凤岭村,居住 740 人,有耕地 2 175 亩、园林地 2 843 亩。片区内居民主要依靠发展种植业、养殖业进行生产、生活,在日常生产、生活过程中,产生大量面源污染,随降水通过河流入库,污染龟石饮用水源。本次设计采用生态拦截隔离沟+前置库+人工湿地拦截技术,削减片区的入库污染量,使片区水质达标。

7)凤岭片

凤岭片位于柳家乡,属于二级饮用水源保护区、滩地综合型。片区内集水面积为 1.09 km^2,集水面积范围内分布着凤岭村、佛子背,村落均位于龟石水库旁,居住 769 人,有耕地 312 亩、园林地 71 亩。片区内居民主要依靠发展种植业、养殖业进行生产、生活,在日常生产、生活过程中,产生大量面源污染,随降水直排入库,污染龟石饮用水源。本次设计采用生态拦截隔离沟+前置库+细分子超饱和溶氧站+人工湿地拦截技术,削减片区的入库污染量,使片区水质达标。

8)石坝片

石坝片位于柳家乡,属于二级水源保护区、河口综合型。片区内有大峥冲、石坝冲、淮南河,集水面积为 38.4 km^2,河流集水面积内分布着石坝村、凤岭村、下湾村,居住 4 042 人,有耕地 5 053 亩、园林地 552 亩。片区内居民主要依靠发展种植业、养殖业进行生产、生活,在日常生产、生活过程中,产生大量面源污染,随降水通过河流入库,污染龟石饮用水源。本次设计采用生态拦截隔离沟+前置库+人工湿地拦截技术,削减片区的入库污染量，使片区水质达标。

9）内新片

内新片位于莲山镇，属于二级水源保护区、河口综合型。片区内有金峰冲，集水面积为4.09 km^2；河流集水面积内分布着内新、小源、勒竹洞村，居住1 054人，有耕地1 955亩、园林地95亩，片区内居民主要依靠发展种植业、养殖业进行生产、生活，在日常生产、生活过程中，产生大量面源污染，随降水通过河流入库，污染龟石饮用水源。本次设计采用生态拦截隔离沟+前置库+人工湿地拦截技术，削减片区的入库污染量，使片区水质达标。

10）洪水源北片

洪水源北片位于莲山镇，属于二级水源保护区、河口综合型。片区内有洪水源1#冲，集水面积为1.6 km^2，河流集水面积内分布着金峰村，居住626人，有耕地161亩、园林地199亩。片区内居民主要依靠发展种植业、养殖业进行生产、生活，在日常生产、生活过程中，产生大量面源污染，随降水通过河流入库，污染龟石饮用水源。本次设计采用生态拦截隔离沟+前置库+人工湿地拦截技术，削减片区的入库污染量，使片区水质达标。

11）洪水源南片

洪水源南片位于莲山镇，属于二级水源保护区、河口综合型。片区内有洪水源2#冲，集水面积为2.15 km^2，河流集水面积内分布着金峰村，有耕地155亩，片区内居民主要依靠发展种植业进行生产、生活，在日常生产、生活过程中，产生大量面源污染，随降水通过河流入库，污染龟石饮用水源，本次设计采用生态拦截隔离沟+前置库+人工湿地拦截技术，削减片区的入库污染量，使片区水质达标。

12）龙头片

龙头片位于柳家乡石坝村，属于二级水源保护区、滩地综合型。片区集水面积为0.4 km^2，河流集水面积内分布着石坝村，居住676人，有耕地140亩、园林地109亩。片区内居民主要依靠发展种植业、养殖业进行生产、生活，在日常生产、生活过程中，产生大量面源污染，随降水通过河流入库，污染龟石饮用水源。本次设计采用生态拦截隔离沟+前置库+人工湿地拦截技术，削减片区的入库污染量，使片区水质达标。

3. 准水源保护区

1）新祖岭片

新祖岭片位于柳家乡，属于河口综合型。片区内有新祖岭冲，集水面积为2.8 km^2，河流集水面积内有耕地1 970亩、园林地134亩。片区内居民主要依靠发展种植业、养殖业进行生产、生活，在日常生产、生活过程中，产生大量面源污染，随降水通过河流入库，污染龟石饮用水源。本次设计采用生态拦截隔离沟+前置库+人工湿地拦截技术，削减片区的入库污染量，使片区水质达标。

2）虎岩片

虎岩片位于柳家乡，属于河口综合型。片区内有虎岩冲，集水面积为9.8 km^2，河流集水面积内分布着龙岩村、下湾村、洋新村、大湾村，居住2 335人，有耕地2 270亩，园林地407亩。片区内居民主要依靠发展种植业、养殖业进行生产、生活，在日常生产、生活过程中，产生大量面源污染，随降水通过河流入库，污染龟石饮用水源。本次设计采用生态拦截隔离沟+前置库+人工湿地拦截技术，削减片区的入库污染量，使片区水质达标。

3）上井片

上井片位于柳家乡，属于河口综合型。片区内有上井冲，集水面积为 1.61 km^2，河流集水面积内分布着龙岩村，居住 152 人，有耕地 2 120 亩、园林地 304 亩。片区内居民主要依靠发展种植业、养殖业进行生产、生活，在日常生产、生活过程中，产生大量面源污染，随降水通过河流入库，污染龟石饮用水源。本次设计采用生态拦截隔离沟+前置库+人工湿地拦截，削减片区的入库污染量，使片区水质达标。

4）新寨片

新寨片位于柳家乡，属于滩地综合型。片区集水面积为 1.7 km^2，集水面积内分布着新寨村，居住 562 人，有耕地 450 亩、园林地 447 亩。片区内居民主要依靠发展种植业、养殖业进行生产、生活，在日常生产、生活过程中，产生大量面源污染，随降水通过河流入库，污染龟石饮用水源。本次设计采用生态拦截隔离沟+前置库+人工湿地拦截技术，削减片区的入库污染量，使片区水质达标。

5）中屯片

中屯片位于柳家乡，属于河口综合型。片区内有中屯河、大田冲，集水面积为 17.1 km^2，河流集水面积内分布着柳家乡洞井村、洋新村，居住 3 828 人，有耕地 9 725 亩、园林地 2 265 亩。片区内居民主要依靠发展种植业、养殖业进行生产、生活，在日常生产、生活过程中，产生大量面源污染，随降水通过河流入库，污染龟石饮用水源。本次设计采用生态拦截隔离沟+前置库+人工湿地拦截技术，削减片区的入库污染量，使片区水质达标。

6）粟家片

粟家片位于富阳镇，属于河口综合型。片区内有涝溪河，集水面积为 48.5 km^2，河流集水面积内分布着木榔村、山宝村，居住 5 416 人，有耕地 5 530 亩、园林地 721 亩。片区内居民主要依靠发展种植业、养殖业进行生产、生活，在日常生产、生活过程中，产生大量面源污染，随降水通过河流入库，污染龟石饮用水源。本次设计采用生态拦截隔离沟+人工湿地拦截技术，削减片区的入库污染量，使片区水质达标。

7）新坝片

新坝片位于富阳镇，属于滩地综合型。片区集水面积为 1.8 km^2，集水面积内分布着新坝村、北浪村，居住 1 926 人，有耕地 950 亩。在日常生产、生活过程中，产生大量面源污染，随降水通过河流入库，污染龟石饮用水源。本次设计采用生态拦截隔离沟+人工湿地拦截技术，削减片区的入库污染量，使片区水质达标。

8）鲤鱼坝片

鲤鱼坝片位于富阳镇，属于河口综合型。片区内主要有鲤鱼冲、水头屯河、横塘冲 3 条冲沟，其中鲤鱼冲集水面积为 10.6 km^2，河流集水面积内分布着上鲤鱼坝、小毛家村，居住 1 060 人，有耕地 3 180 亩、园林地 451 亩；水头屯河集水面积为 42.64 km^2，河流集水面积内分布着大塘坝、沙溪洞、西安村、铁耕村，居住 2 325 人，有耕地 4 020 亩、园林地 1 126 亩；横塘冲集水面积为 23.66 km^2，河流集水面积内分布着竹稍、矮山村，居住 1 932 人，有耕地 7 280 亩、园林地 228 亩。片区内居民主要依靠发展种植业、养殖业进行生产、生活，在日常生产、生活过程中，产生大量面源污染，随降水通过河流入库，污染龟石饮用水源。本次设计采用生态拦截隔离沟+前置库+人工湿地拦截技术，削减片区的入库污染量，使片区水质达标。

9）沙洲片

沙洲片位于莲山镇，属于河口综合型。片区内有沙洲河，集水面积为170 km^2，河流集水面积内分布着古城镇、石家乡、新华乡、福利镇镇区以及朝阳村、杨村、吴家寨、军田、马田等村，居住79 373人，有耕地34 250亩、园林地10 475亩。片区内居民主要依靠发展种植业、养殖业进行生产、生活，在日常生产、生活过程中，产生大量面源污染，随降水通过河流入库，污染龟石饮用水源。本次设计采用生态拦截隔离沟+前置库+人工湿地拦截技术，削减片区的入库污染量，使片区水质达标。

10）蒙家片

蒙家片位于莲山镇，属于滩地综合型。片区集水面积为1.5 km^2，河流集水面积内分布着蒙家村，居住1 106人，有耕地870亩、园林地247亩。片区内居民主要依靠发展种植业、养殖业进行生产、生活，在日常生产、生活过程中，产生大量面源污染，随降水通过河流入库，污染龟石饮用水源。本次设计采用生态拦截隔离沟+人工湿地拦截技术，削减片区的入库污染量，使片区水质达标。

11）吉山片

吉山片位于莲山镇，属于河口综合型。片区内集水面积为36.95 km^2，河流集水面积范围内分布着吉山村、莲塘村、洋狮村、洞口村、下坝山村、路坪村，居住184 353人，有耕地18 031亩、园林地3 501亩。片区内居民主要依靠发展种植业、养殖业进行生产、生活，在日常生产、生活过程中，产生大量面源污染，随降水流入库中，污染龟石饮用水源。本次设计采用生态拦截隔离沟+前置库+人工湿地拦截+变流速污染水体生态净化系统+细分子超饱和溶氧站，削减片区的入库污染量，使片区水质达标。

12）深井片

深井片位于莲山镇，属于滩地综合型。片区内有深井冲，集水面积为3.57 km^2，河流集水面积内分布着深井村，居住462人，有耕地1 357亩、园林地326亩。片区内居民主要依靠发展种植业、养殖业进行生产、生活，在日常生产、生活过程中，产生大量面源污染，随降水通过河流入库，污染龟石饮用水源。本次设计采用生态拦截隔离沟+前置库+人工湿地拦截技术，削减片区的入库污染量，使片区水质达标。

5.5 “末端强化”工程典型措施设计和植物措施选择

“三区26片单元”总体格局治理有共同的特点，也有不同点。归纳起来有以下三种典型类型：

（1）“修复池+人工湿地拦截”形式：由贺州市各部门实施，采用农村生活污水一体化处理设施，但是未完善收集污水作用，没有起到工程效益。建生态透水坝抬高水位，采用新技术设置修复池处理，再进入人工湿地拦截，前置库选择不同植物吸收COD、氨氮、总磷、总氮等污染物。类似有一级水源保护区的碧溪山北片和二级水源保护区的新石片等处理形式。

(2)“生态截水沟+污水收集处理一体化+人工湿地拦截”形式:除一级保护区碧溪山片为“截水沟+人工湿地”外,其余各片区针对各家各户分散污水,采用管道收集,一体化设备处理后,再进入人工湿地拦截,前置库选择植物吸收 COD、氨氮、总磷、总氮等污染物,如二级水源保护区的老岭塝北片、老岭塝南片、新村片、新石片、长源片、军田山片、凤岭片、石坝片、内新片、洪水源北片、洪水源南片、龙头片,准水源保护区的新祖岭片、虎岩片、上井片、新寨片、中屯片、粟家片、新坝片、鲤鱼坝片、沙洲片、蒙家片、深井片。

(3)“生态拦截隔离沟+前置库+人工湿地拦截+细分子超饱和溶氧站”, 建生态透水坝抬高水位,采用“细分子超饱和溶氧站”新技术设置修复池处理,再进入人工湿地拦截,前置库选择不同植物吸收 COD、氨氮、总磷、总氮等污染物,如准水源保护区的吉山片。

以下主要介绍典型工程设计及各片不同部分设计。

5.5.1　碧溪山北片区污水设计

5.5.1.1　片区概况

1. 水源地概况(水源来水量、污染量)

碧溪山北片属于柳家乡,碧溪山村,位于龟石水库一级饮用水源保护区。主要有碧溪山 3[#]、4[#]冲沟,集水面积分别为 0.83 km^2、0.42 km^2,河长分别为 2.13 km、1.31 km,坡降分别为 0.140、0.176,多年平均径流量分别为 0.019 m^3/s、0.01 m^3/s。碧溪山北片存在农村生活污水及周边农田、耕地等农业面源污染,村庄河流集水面积内分布着碧溪山村,居住 546 人,有耕地 303.4 亩,猪、牛等牲口共 227 头。在日常生产、生活过程中,生活垃圾丢弃于 3[#]冲沟内,山坡上的化肥种植面源污染进入 4[#]冲沟,3[#]冲沟每年产生的 COD 为 5.17 t,NH_3—N 为 0.7 t,TN 为 0.79 t,TP 为 0.12 t。随降水通过 3[#]、4[#]冲沟流入龟石水库。另外,近岸养殖污染龟石饮用水源。设计水平年(2030 年)按照近 10 年最枯月平均流量计算各指标,COD、NH_3—N、TN、TP 浓度(mg/L)分别为 20.269 t、1.834 t、2.545 t 和 0.363 t。对照《地表水环境质量标准》(GB 3838—2002),一级水源保护区内的水质低于地表水环境标准Ⅱ类标准,均不达标,而且超标污染严重。

2. 污染水质治理情况

碧溪山长溪村农村生活污染和面源污染由贺州市各部门治理,农村生活污水采用管网收集,污水统一处理。但是未实施和设计农村生活污水管网收集,尚未达到使用状态,闲置多年;现状污水和生活垃圾倾倒于 3[#]冲沟内,致使 3[#]冲沟污染严重,且直接入库,周边水质污染严重,两岸为硬化河道,见图 5-3。

3. 削减量

本工程规划水平年设计各片区污染物削减总量目标值及各部门要求削减总量目标值详见表 5-14。碧溪山北片长溪村 3[#]冲沟一级水源保护区污染物消减总量目标值见表 5-17。

图 5-3　碧溪山长溪村 3#冲沟污水处理和污染情况

表 5-17　碧溪山北片长溪村 3#冲沟污染物削减总量目标值及各部门要求削减总量目标值　单位:t/a

序号	片区编号	保护区	片区	河流、冲沟	污染物总量				末端低洼塘(前置库)削减量(30%)				中上游各部门削减量(70%)			
					COD	NH_3—N	TN	TP	COD	NH_3—N	TN	TP	COD	NH_3—N	TN	TP
2	Ⅰ-2	一级水源保护区	碧溪山北片	碧溪山3#冲沟	2.44	0.22	0.31	0.04	0.73	0.07	0.09	0.01		0.09	0.15	0.02

从图 5-3 中可以发现,碧溪山 3#冲沟水质极其恶化。这种工况类似于农村生活污水处理失效工况。对此采取了设置修复池,处理农村生活污水,经净化后,出水进入前置库,再通过植物措施吸收和处理。因此,除要求实施部门在上、中游前端完善"源头控制、过程阻断",收集农村生活污水并处理外,还要进行"末端强化"治理。

5.5.1.2　工程布置及污水处理建筑物设计

碧溪山北片长溪村 3#冲沟农村生活污水和 4#冲沟的面源污染处理采用"修复池+前置库"方案。修复池处理后,再经前置库沉淀、植物吸收。

主要建筑物有防护栏杆、控制闸、生态修复池、生态坝、前置库、放空管及交通桥等。总体布置和主要建筑物设计见图 5-4~图 5-9。

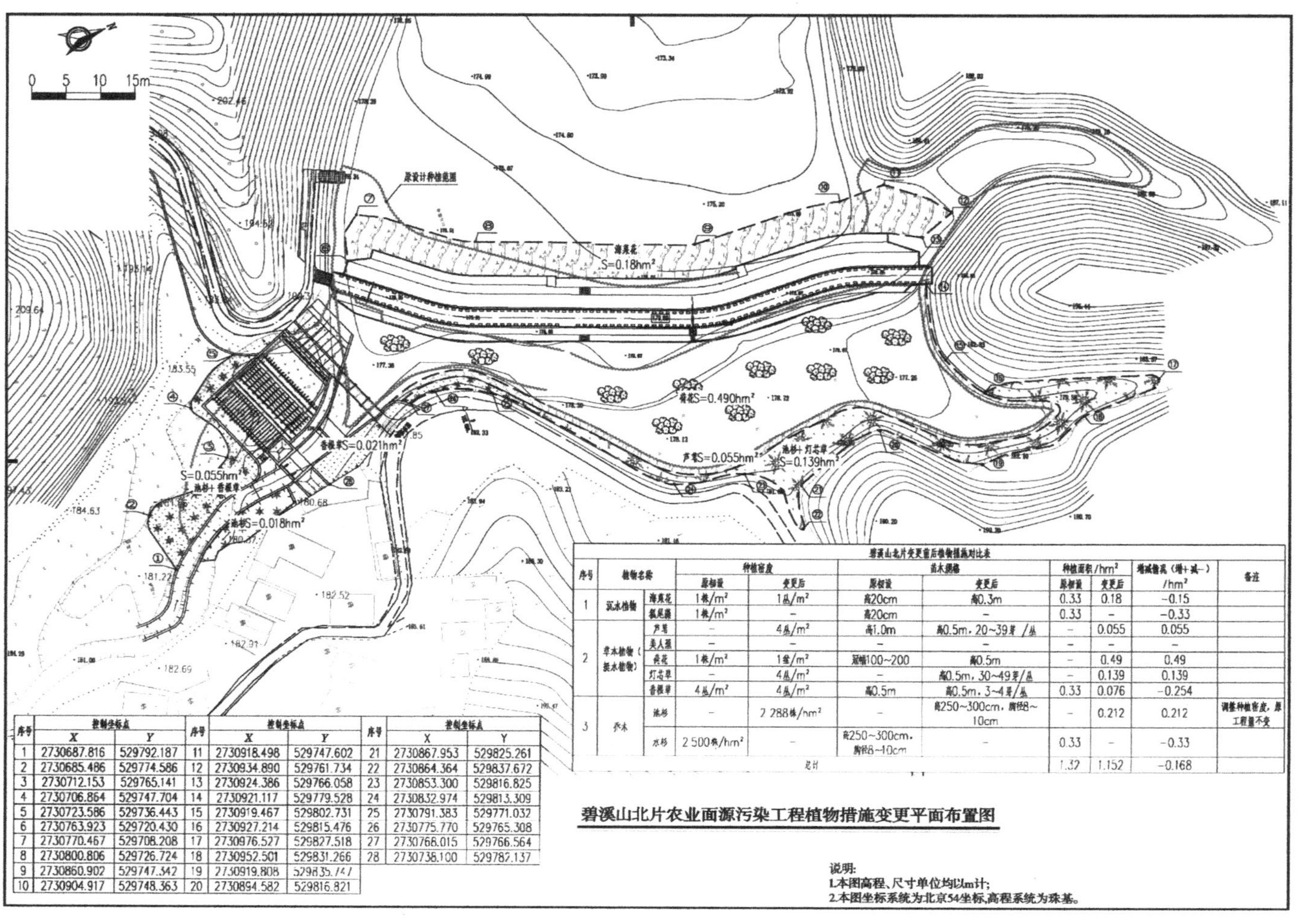

序号	控制坐标点 X	控制坐标点 Y	序号	控制坐标点 X	控制坐标点 Y	序号	控制坐标点 X	控制坐标点 Y
1	2730687.816	529792.187	11	2730918.498	529747.602	21	2730867.953	529825.261
2	2730685.486	529774.586	12	2730934.890	529761.734	22	2730864.364	529837.672
3	2730712.153	529765.141	13	2730924.386	529766.058	23	2730853.300	529816.825
4	2730706.864	529747.704	14	2730921.117	529779.528	24	2730832.974	529813.309
5	2730723.586	529736.443	15	2730919.467	529802.731	25	2730791.383	529771.032
6	2730763.923	529720.430	16	2730927.214	529815.476	26	2730775.770	529765.308
7	2730770.467	529708.208	17	2730976.527	529827.518	27	2730768.015	529766.564
8	2730800.806	529726.724	18	2730952.501	529831.266	28	2730738.100	529782.137
9	2730860.902	529747.342	19	2730919.808	529835.747			
10	2730904.917	529748.363	20	2730894.582	529816.821			

碧溪山北片变更前后植物措施对比表

序号	植物名称		种植密度		苗木规格		种植面积/hm²		增减情况（增+减−）/hm²	备注
			原设计	变更后	原设计	变更后	原设计	变更后		
1	沉水植物	海寿花	1株/m²	1丛/m²	高20cm	高0.3m	0.33	0.18	−0.15	
		狐尾藻	1株/m²	−	高20cm	−	0.33	−	−0.33	
2	草本植物（挺水植物）	芦苇	−	4丛/m²	高1.0m	高0.5m，20~39芽/丛	−	0.055	0.055	
		美人蕉	−	−	−	−	−	−	−	
		荷花	1株/m²	1盆/m²	冠幅100~200	高0.5m	−	0.49	0.49	
		灯芯草	−	4丛/m²	−	高0.5m，30~49芽/丛	−	0.139	0.139	
		香根草	4丛/m²	4丛/m²	高0.5m	高0.5m，3~4芽/丛	0.33	0.076	−0.254	
3	乔木	池杉	−	2 288株/hm²	−	高250~300cm，胸径8~10cm	−	0.212	0.212	调整种植密度，原工程量不变
		水杉	2 500株/hm²	−	高250~300cm，胸径8~10cm	−	0.33	−	−0.33	
总计							1.32	1.152	−0.168	

图 5-4　碧溪山北片长溪村一级水源保护区工程布置

1. 防护栏杆

防护栏杆布置于河岸边,采用仿木隔离栏杆,避免人为活动。

2. 控制闸

采用水力自控翻板闸,为钢板结构,布置于 $3^{\#}$ 冲沟出口,拦挡枯水期和一般洪水、$3^{\#}$ 冲沟内农村生活污水,分别进入 1~3 级生态修复池治理。洪水期,自控翻板闸呈自开状态。

3. 生态修复池

生态修复池布置于碧溪山 $3^{\#}$ 冲沟右侧空地,生态修复池总面积为 589.86 m^2。项目设计需考虑龟石水库水位变幅及自控翻板闸控制正常水位,避免洪水期水库倒灌淹没管道和满足生态修复池管道自流的水头差。

龟石水库正常蓄水位为 182.00 m,但多年常年运行水位为 176~178 m。生态修复池按自流的水头差设计,自控翻板闸正常水位为 181.5 m,生态修复池进水口底高程为 180.5 m。经处理后水流在 179.0 m 出水。修复池按照三级设计,每级填料高程相差 0.5 m,进水管、出水管高程差大于 0.5 m。

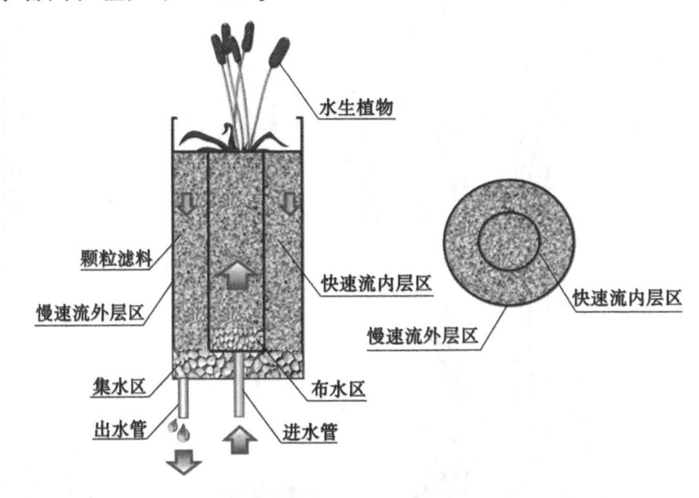

图 5-5 变流速污染水体生态净化系统示意图

图 5-6 变流速污染水体生态净化系统实物图

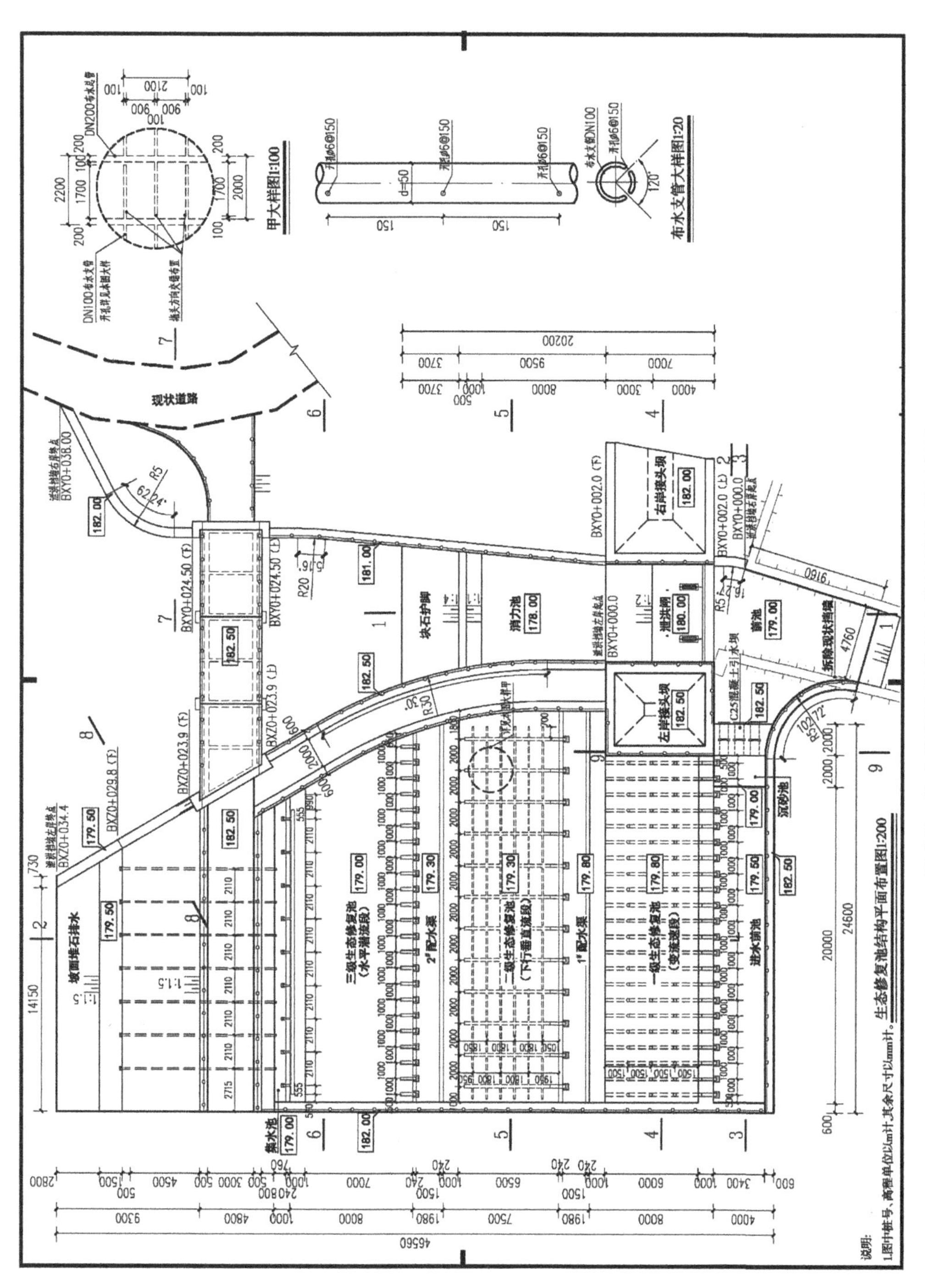

图 5-7　生态修复池结构及自控翻板闸平面布置

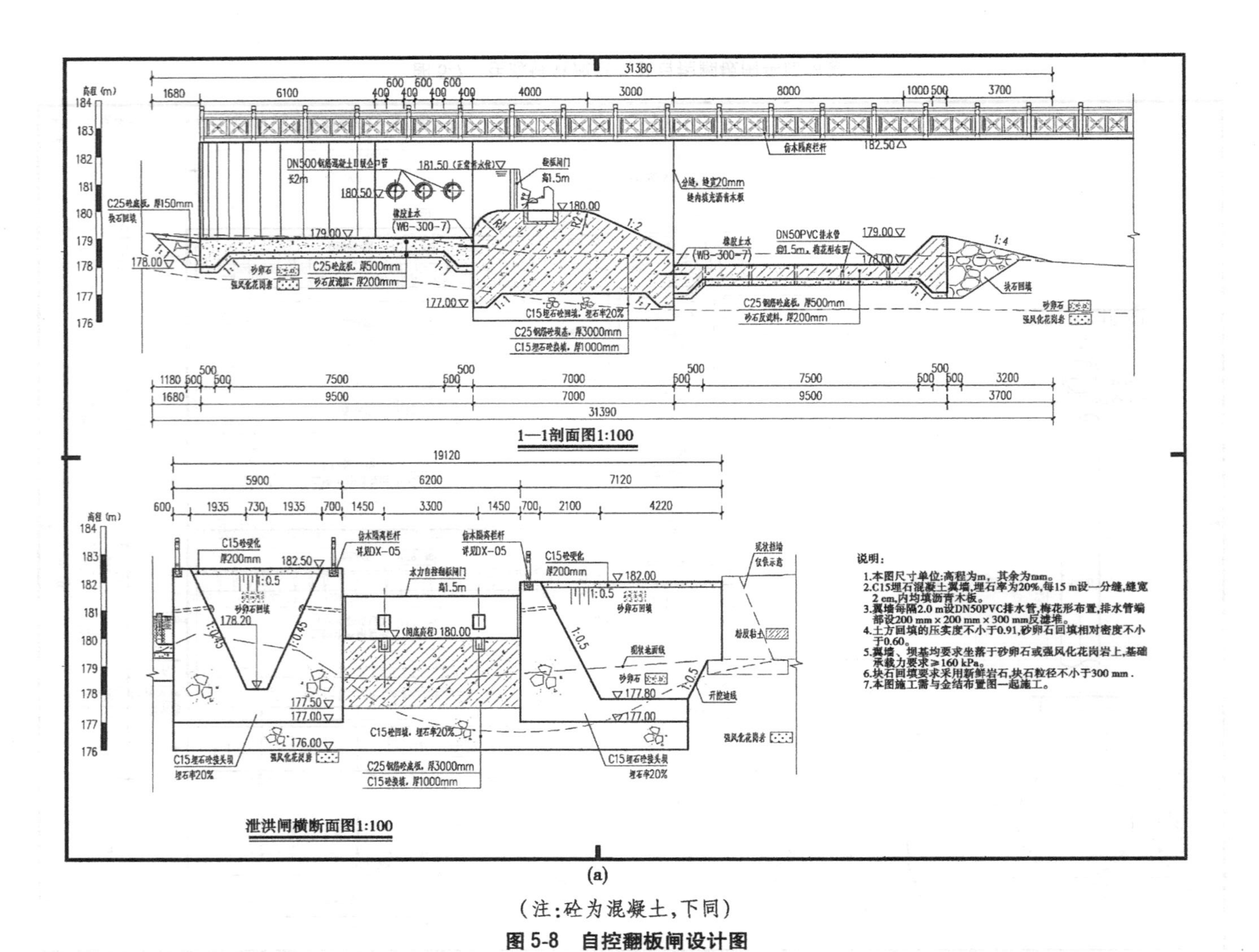

(a)

（注：砼为混凝土，下同）

图 5-8 自控翻板闸设计图

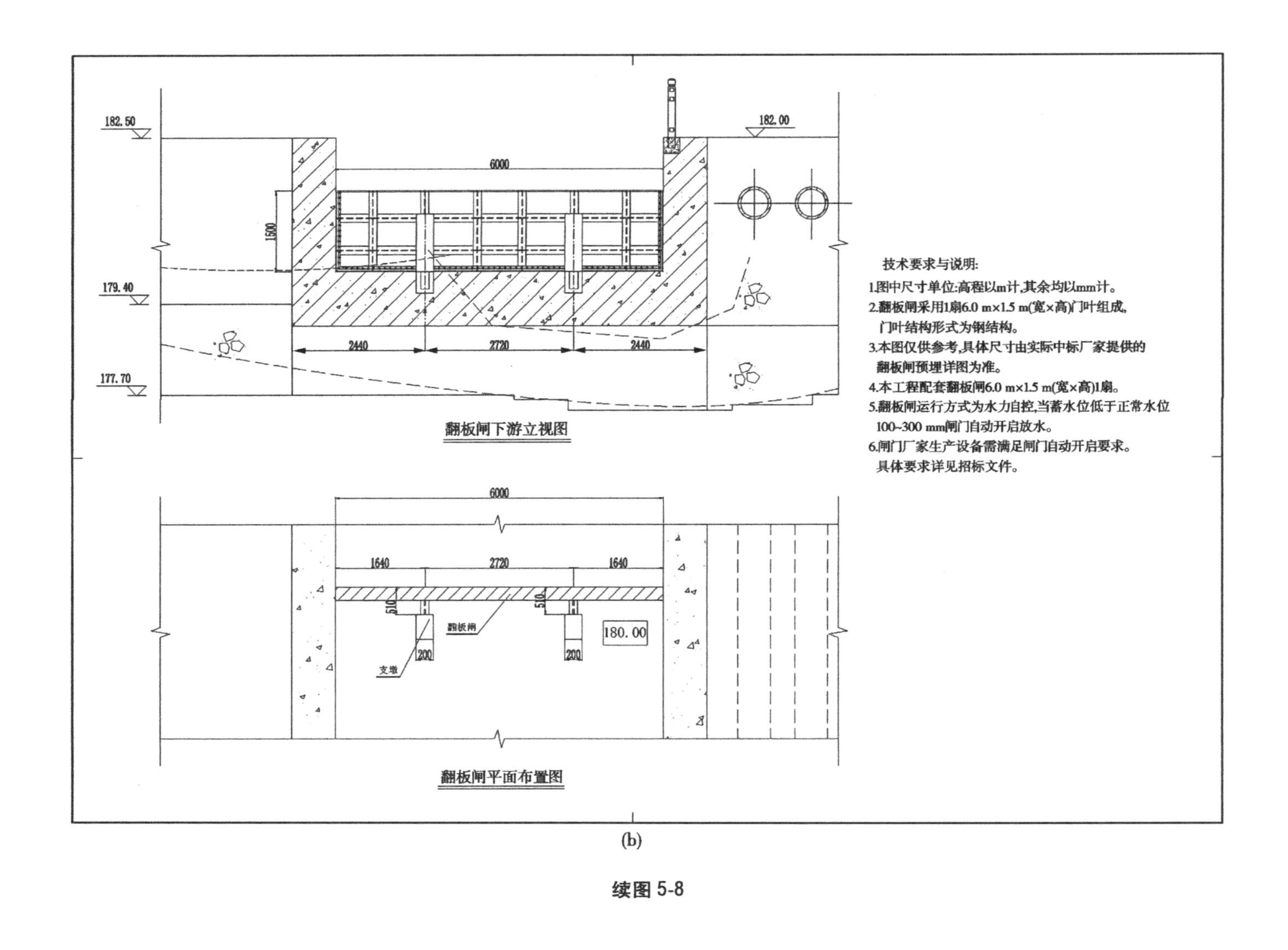
182.50
179.40
177.70
182.00
6000
1500
2440
2720
2440
翻板闸下游立视图
技术要求与说明:
1.图中尺寸单位:高程以m计,其余均以mm计。
2.翻板闸采用1扇6.0 m×1.5 m(宽×高)门叶组成,
门叶结构形式为钢结构。
3.本图仅供参考,具体尺寸由实际中标厂家提供的
翻板闸预埋详图为准。
4.本工程配套翻板闸6.0 m×1.5 m(宽×高)1扇。
5.翻板闸运行方式为水力自控,当蓄水位低于正常水位
100~300 mm闸门自动开启放水。
6.闸门厂家生产设备需满足闸门自动开启要求。
具体要求详见招标文件。
6000
1640
2720
1640
510
510
翻板闸
180.00
200
200
支墩
翻板闸平面布置图

(b)

续图 5-8

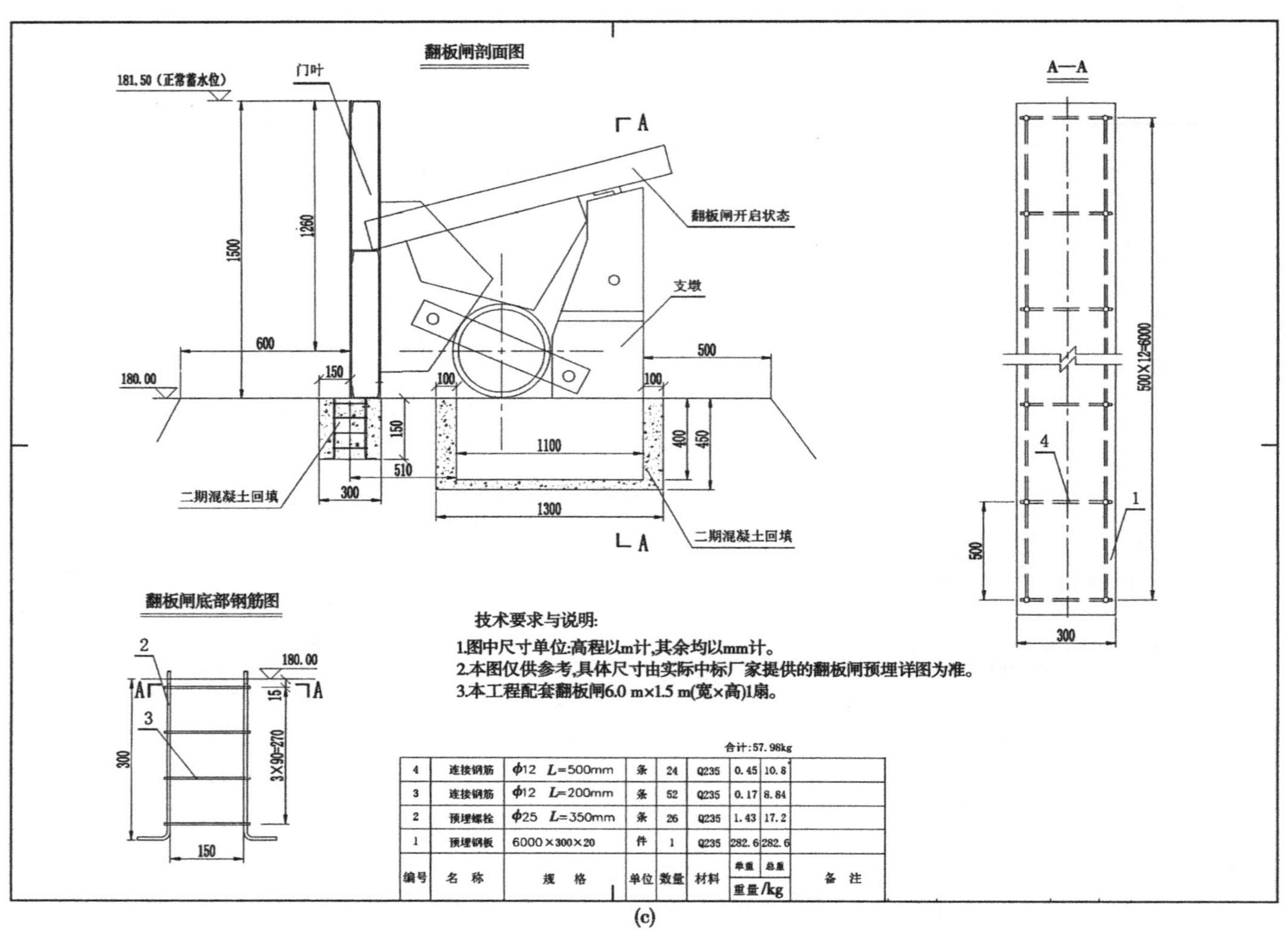

编号	名称	规格	单位	数量	材料	重量/kg 单重	重量/kg 总重	备注
4	连接钢筋	φ12 L=500mm	条	24	Q235	0.45	10.8	
3	连接钢筋	φ12 L=200mm	条	52	Q235	0.17	8.84	
2	预埋螺栓	φ25 L=350mm	条	26	Q235	1.43	17.2	
1	预埋钢板	6000×300×20	件	1	Q235	282.6	282.6	

(c)

续图 5-8

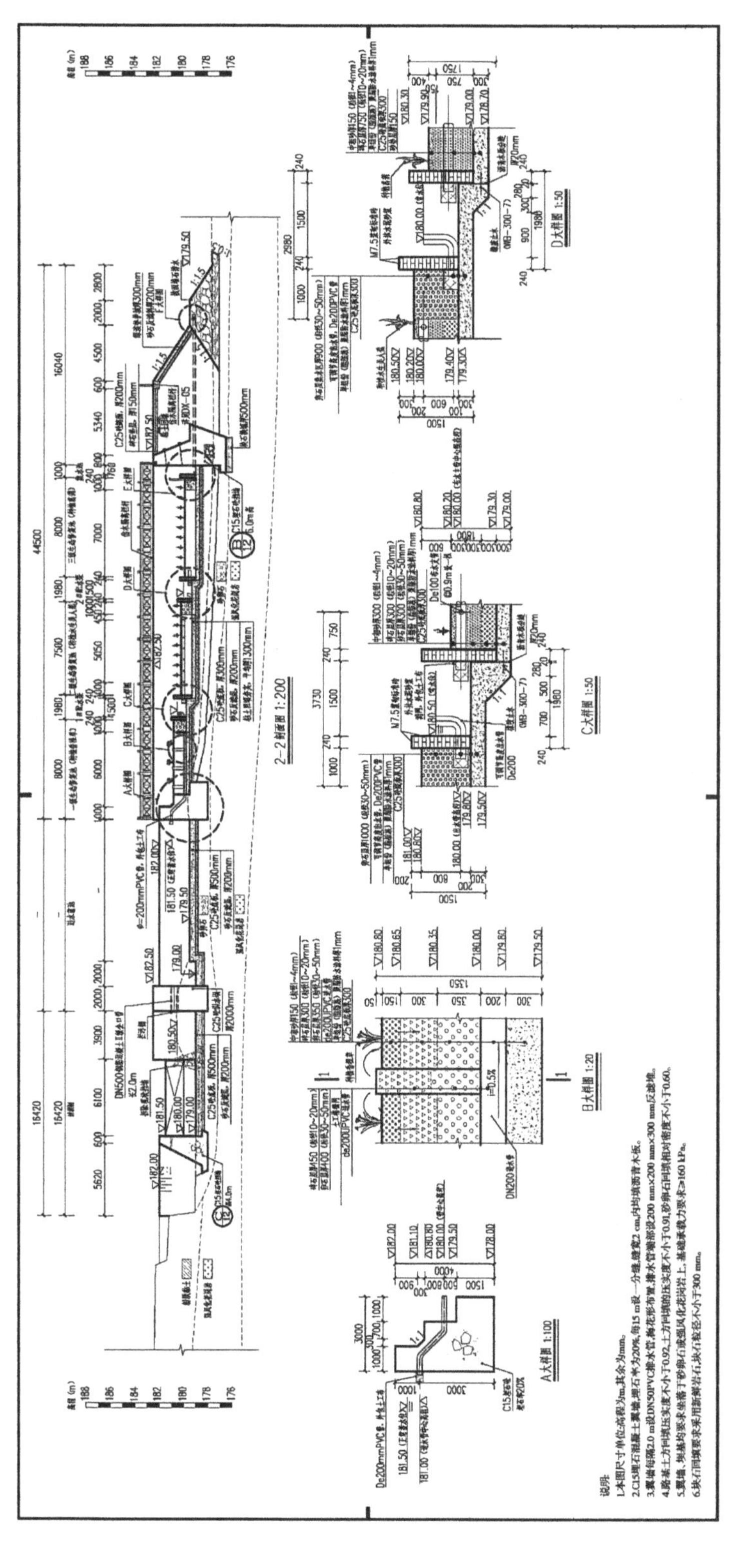

图 5-9　生态修复池结构纵剖面布置及大样图

修复池采用“变流速污染水体生态净化方法”原理设计，通过自流上、下行形成水平潜流及下行垂直流等两种方式交替。“变流速污染水体生态净化方法”设计原理为污水首先由底部进水管流入内层区，水流经布水区均化后向上垂直渗流通过内层区石英砂滤料上行至该区顶部，而后向四周辐流进入外层区，并向下垂直渗流进入集水区，最后经出水管流出系统(下行同样)。运行后，由于内层容积较小，流速较大，首先进行无机颗粒物的过滤拦截。此外，进水中污染物浓度较高，溶解氧浓度较低，在内层区底部发生厌氧反应，有机碳在微生物的作用下厌氧分解，水流向上的过程中，由于植物根系分泌的氧气，溶解氧浓度不断增加，到系统表层，即为硝化区，实现有机氮的硝化，随后水流进入外层区向下流动，溶解氧再次减少，发生反硝化作用，以有机物作为碳源，将硝酸盐氮转化为氮气，排出系统，同时有机物得以进一步降低，从而实现污染物的有效去除。生态修复池处理水质检验表明，COD、NH_3—N、TN、TP 等指标均达到一级 A 或 B 标准，并以此设计成一体化专用处理设备。

碧溪北片长溪村生态修复池包括引水部分及生态修复部分。其中，引水部分包括水力自控闸及引水坝，分别布置在碧溪山 3[#] 冲沟左右岸同一轴线上。闸底板高程 179.50 m，闸门尺寸为 6.0 m×1.5 m(宽×高)，闸底板及闸墩均采用 C25 钢筋混凝土结构，闸墩靠岸侧设置刺墙深入岸坡，长 2.0 m。闸上游采用前池，池长 10.0 m，前池底板采用 500 mm 厚 C25 混凝土，下侧设 200 mm 砂石反滤层；下游设消力池，池长 11.0 m，消力池底板采用 500 mm 厚 C25 钢筋混凝土，下设 200 mm 砂石反滤层，池内设 DN50 PVC 排水管，间距为 1.5 m，梅花形布置。引水坝采用重力坝形式，坝体采用 C15 埋石混凝土，埋石率 20%，坝高 3.0 m，坝顶宽 4.0 m，坝顶部设置拦污栅两道及木闸门一扇，木闸门闸底高程 180.50 m，闸顶高程 181.50 m，木闸门尺寸为 1.0 m×1.0 m(宽×高)。坝体靠岸侧设置接头坝，接头坝采用 C15 埋石混凝土，埋石率 20%。引水坝上游前池与泄洪闸前池一致，下游消力池与生态修复池衔接，池底板高程 179.50 m，池体采用 C25 钢筋混凝土，底板厚 600 mm，靠岸侧池壁设 DN50 PVC 排水管，背岸侧池壁与泄洪闸消力池边墙共用。

生态修复部分主要包括三个池体，依水流方向，第一级采用变流速水平潜流型式，池长 33.2 m，池宽 5.0 m，池体首部为布水区，布水区宽 1.0 m、厚 1.5 m，布水区采用细沙滤料，池体中部为砂石填料，共厚 1.5 m。池体末端为集水区，集水区宽 1.0 m、厚 1.5 m，下设 DN200 PVC 集水管。第二级采用水流下行垂直流形式，池长 19.2 m，池宽 5.0~8.5 m，池体上部设 DN200 PVC 布水管，下部设 DN200 PVC 集水管，中部填充砂石填料，厚 1.5 m。第三级采用自流水平潜流形式，池长 24.86 m，池宽 8.5 m，池体底部设 DN200 PVC 排水管，池内填充砂石填料，厚 1.5 m，排水管出口外侧外包土工布。

上述 3 个池体池壁均为 C15 埋石混凝土挡墙，埋石率 20%，池底均为 C20 混凝土底板，厚 300 mm，底板下设砂石垫层，厚 200 mm；上述池体砂石填料均按照粒径共分为 5 层，依上而下分别为：粒径 1~2 cm、粒径 2~4 cm、粒径 4~8 cm、粒径 8~12 cm、粒径 12~16 cm，各层填料均为石英砂，厚度均为 30 cm。第 1~3 池体表层分别种植香根草、美人蕉和菖蒲。

4. 生态透水坝和前置库

为减少龟石水库周边 3[#] 冲沟支流入库污染物总量，在龟石水库库区的消落区范围内,建设生态透水坝,并形成前置库。前置库的面积取决于该片区需要处理污染物的总量与前置库的最少总水量至少满足设计水平年(2030 年)近 10 年最枯月平均流量对应总水量,使得该片区污染物浓度在设计水质目标内。

生态透水坝 178.0 m 以下部分阻隔污染物随各支流来水直接进入水库。沉淀冲沟内的入库污染物在前置库内被水生植物吸收、分解,达到减少 3# 冲沟入库农村生活污水和 4# 冲沟的面源污染的目的。由于涉及支流,生态透水坝形成的前置库水位需要控制,即要求汛期前置库闸门全开,前置库水位恢复到天然状态,以免上游淹没过大,又要使枯水期水位壅高,拦蓄污染水,进入修复池处理。

龟石水库正常蓄水位为 182.00 m,但多年平均运行水位为 176~178 m。碧溪山北片生态透水坝的前置库水位 178.0~180.0 m 高程部分与龟石水库水域交替互补,透水坝坝前壅水高度 0.5~1.5 m,仍属于龟石水库库区范围,当龟石水库水位大于或等于正常蓄水位时,生态透水坝处于龟石水库水位以下,对周边支流洪水入库影响较小。设计前置库区面积要满足所设植物吸收、分解该片区总的污染总量;坝体轴线结合水下地形地质条件选择,碧溪山北片长溪村前置库面积约为 2 435 m^2。

碧溪山北片长溪村的生态透水坝坝顶高程 179.00 m,最大坝高 4.0 m,坝长 0.178 km,坝顶路面采用 C25 混凝土结构,混凝土厚度 20 cm,下设 20 cm 厚碎石垫层,坝顶两侧分别设 C15 混凝土警示墩,警示墩宽 0.5 m、高 1.0 m,间距 2.0 m。坝体根据高程分设透水层及不透水层,其中 178.00 m 高程以上为透水层,178.00 m 以下为不透水层。

透水坝具体结构如下:坝身对称,两侧坝体外侧坡比均为 1:0.75,两侧坝体均采用块石填筑;内侧“V”形结构,两侧坡比为 1:0.5,坡面覆 0.2 m 厚砂石反滤料。坝心“V”形结构,自上而下分两层填筑,其中下层(坝基至 178.0 m 高程)采用黏土回填,压实度不小于 0.91,上层采用中粗砂回填至坝顶,中粗砂压实度不小于 0.60。透水坝上游坝脚向外水平延伸 1.5 m 范围及坝体 176.0 m 高程以下坡面均采用开挖黏土回填 30 cm 厚。透水坝下游坝脚设一永久围堰,堰顶高程 177.30 m,堰顶宽 1.0 m,围堰上游坡比 1:1.0,下游坡比 1:1.5,堰体上游紧靠坝脚侧采用良好开挖料回填至堰顶,围堰顶及下游坡面自下而上依次采用 20 cm 厚砂石反滤料、50 cm 厚块石回填至 178.0 m 高程。具体生态透水坝断面详见图 5-10。

5.5.1.3　前置库植物措施设计

碧溪山北片长溪村既有 3# 冲沟的农村生活污水污染,又有 4# 冲沟的农业面源污染。根据《关于印发江河湖泊生态环境保护系列技术指南的通知》(环办〔2014〕111 号),农业面源污染治理应遵循“源头控制、过程阻断、末端强化”的技术标准。末端强化技术主要包括低洼塘(前置库)(前置库)技术、生态排水系统滞留拦截技术、人工湿地技术。

考虑到龟石库区位于富川瑶族自治县内,该县大力发展果业,在水果种植过程中大量使用化肥,亩均 59.29 kg,同时为了防止虫害,大规模使用农药,另外龟石库区消落带裸露,没有任何植物措施,无法形成缓冲带。因此,结合碧溪北片长溪村龟石库区农业污染现状,本次设计主要进行末端强化,即在龟石水库消落区设置生态透水坝形成低洼塘(前置库)(前置库)+种植湿地植物。

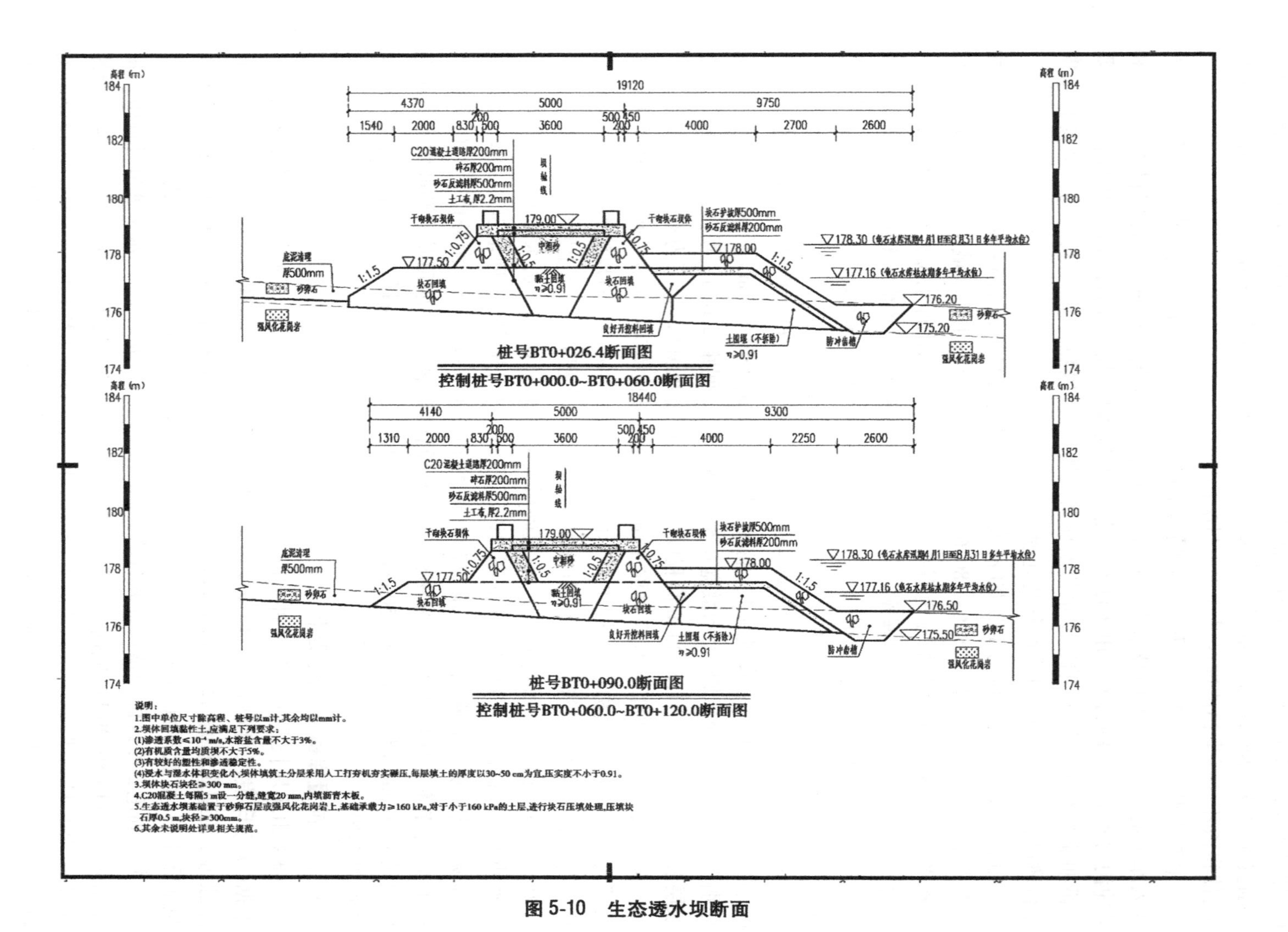

图 5-10 生态透水坝断面

1. 龟石水库变化淹没时间统计

本次收集到龟石水库 2013—2014 年日平均水位统计情况表，分别统计龟石水库 172～182 m 水位受淹天数，见表 5-18 及图 5-11。

表 5-18　龟石水库 2013—2014 年消落区不同高程受淹平均时间统计

水位/m	172	172.5	173	173.5	174	174.5	175	175.5	176
2013 年受淹天数/d	364	357	348	341	331	293	283	272	250
2014 年受淹天数/d	365	365	365	365	365	365	365	365	365
受淹天数合计/d	729	722	713	706	696	658	648	637	615
频率 P	0.999	0.989	0.977	0.967	0.953	0.901	0.888	0.873	0.842
水位/m	177	178	179	180	180.5	181	181.5	182	
2013 年受淹天数/d	234	230	191	87	53	39	27	1	
2014 年受淹天数/d	302	146	54	0	0	0	0	0	
受淹天数合计/d	536	376	245	87	53	39	27	1	
频率 P	0.734	0.515	0.336	0.119	0.073	0.053	0.037	0.001	

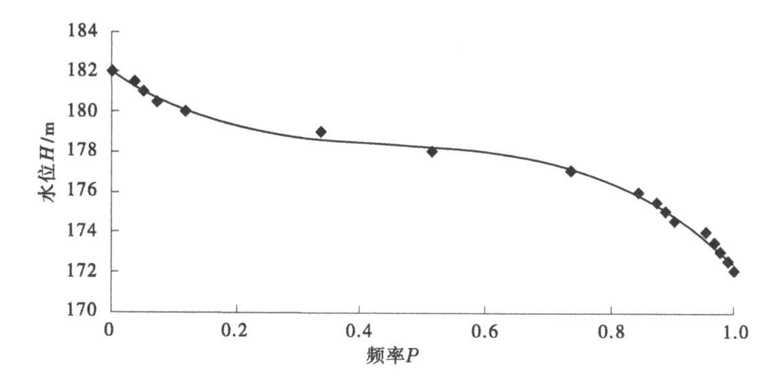

图 5-11　龟石水库水位频率曲线

2. 不同消落区植物选择

(1)在消落区 176～178 m 水位，年平均受淹天数 248 d，主要种植沉水植物黑藻+海菜花或狐尾藻+海菜花。黑藻属单子叶多年生沉水植物，广布于池塘、湖泊和水沟中，喜阳光充足的环境，性喜温暖，耐寒，在 15～30 ℃的温度范围内生长良好，越冬不低于 4 ℃；海菜花多年生水生草本，茎短缩，叶基生，沉水，分布于云南、贵州、广西和海南部分地区海拔 2 700 m 以下的湖泊、池塘、沟渠和深水田中，可生长在 4 m 的深水中，要求水体干净，喜温暖；狐尾藻多年生粗壮沉水草本，在微碱性的土壤中生长良好，好温暖水湿、阳光充足的气候环境，不耐寒。黑藻、海菜花和狐尾藻均性喜温暖，适宜于广西壮族自治区贺州市亚热带气候环境。

(2)在消落区 178～179 m 水位，年平均受淹天数 155 d，主要种植芦苇。芦苇属于多年水生或湿生的高大禾草，生长在灌溉沟渠旁、河堤沼泽地等，除森林生境不生长外，在各种有水源的空旷地带,常以其迅速扩展的繁殖能力,形成连片的芦苇群落。

(3)在消落区 179~182 m 水位,主要种植池杉、乌桕、垂柳,年平均受淹天数 61 d。池杉是杉科,落羽杉属植物,亦称池柏、沼落羽松,池杉为强阳性树种,不耐庇荫,适宜于年均温度 12~20 ℃地区生长,温度偏高,更有利于生长,喜深厚疏松湿润的酸性土壤,耐湿性很强,长期浸在水中也能较正常生长,是我国许多城市尤其是长江流域重要的造树和园林树种;乌桕属落叶乔木,喜光树种,对光照、温度均有一定的要求,在年平均温度 15 ℃以上、年降水量在 750 mm 以上地区均可栽植,在海拔 500 m 以下当阳的缓坡或石灰岩山地生长良好,能耐间歇或短期水淹,对土壤适应性较强,红壤、紫色土、黄壤、棕壤及冲积土均能生长,中性、微酸性和钙质土都能适应,在含盐量为 0.3%以下的盐碱土也能生长良好;垂柳为高大落叶乔木,分布广泛,生命力强,是常见的树种之一,垂柳喜光,喜温暖湿润气候及潮湿深厚之酸性及中性土壤,较耐寒,特耐水湿,但亦能生于土层深厚之干燥地区。萌芽力强,根系发达。

碧溪山北片前置库内、外种植植物,共种植水生、挺水植物等植物 1.212 hm^2,植物种类包括荷花、池杉、香根草、美人蕉、芦苇及海菜花等。

3. 碧溪山北片前置库种植植物设计

考虑到环保、农业、畜牧等相关部门正在进行源头治理、过程阻断,本次农业面源污染治理工程主要进行末端强化,采取的末端强化技术为生态透水坝形成低洼塘(前置库)+植物措施兼顾生态修复池,通过在龟石水库各入库支流河口消落区范围内建设生态透水坝形成低洼塘(前置库),进一步将各入库支流带入的污染物滞留于坝前,再在消落区不同高程范围内种植沉水植物、草本植物(挺水植物)、乔木以加强对污染物的削减。

1)植物措施

(1)沉水植物。

本次选择种植的沉水植物种类主要为海菜花,布置于前置库外,是检验处理后水质的主要物种,面积 0.18 hm^2。具体各沉水植物的形态特征、生长环境、主要价值、种植规格详见表 5-19 和图 5-12。

表 5-19 沉水植物特性

序号	植物种类	形态特征	生长环境	主要价值	种植规格
1	海菜花	多年生水生草本,茎短缩,叶基生,沉水	沉水植物,可生长在 4 m 的深水中,要求水体清晰透明,喜温暖。同株的叶片形状、叶柄和花葶的长度因水的深度和水流急缓而有明显的变异。一般花期 5~10 月,但在温暖地区全年可见开花,为我国特有种,生于湖泊、池塘、沟渠及水田中	①对水质的要求高,人们往往用是否生长海菜花来判别水质是否受到污染,环保部门称其为“环保菜”。种植在生态透水坝外库区内。②可作为观赏植物	高度 20 cm,10 000 株/hm^2

图 5-12　沉水植物海菜花种植效果

(2)挺水植物。

本次选择种植的挺水植物种类主要为荷花、芦苇、香根草,种植总面积 0.602 hm^2,荷花共种植 0.54 hm^2,芦苇共种植 0.062 hm^2。具体各挺水植物的形态特征、生长环境、主要价值、种植规格详见图 5-13、图 5-14 和表 5-20。

图 5-13　荷花种植效果示意图

图 5-14 芦苇种植效果示意图

表 5-20 挺水植物特性

序号	植物种类	形态特征	生长环境	主要价值	种植规格
1	荷花	荷花是多年生水生草本；根状茎横生，肥厚，节间膨大，内有多数纵行通气孔道，节部缢缩，上生黑色鳞叶，下生须状不定根	荷花是水生植物，相对稳定的平静浅水，湖、沼泽地、池塘，是其适生地。荷花极不耐荫，在半荫处生长就会表现出强烈的趋光性	①可作为食用、药用植物。②可作为观赏植物。③改善水环境。④吸收COD、NH_3—N	冠幅100~200 cm，1株/m^2
2	芦苇	多年生，根状茎十分发达。秆直立，高1~3(8) m，直径1~4 cm，具20多节，基部和上部的节间较短，最长节间位于下部第4~6节，长20~25(40) cm，节下被蜡粉	各种有水源的空旷地带，常以其迅速扩展的繁殖能力，形成连片的芦苇群落	①可作为药用植物。②可作为观赏植物。③固土且吸收COD、NH_3—N、TP等	单棵高1.0 m，4株/m^2

(3)乔木。

本次选择种植的乔木种类主要为池杉。种植总面积0.17 hm^2；具体乔木植物的形态特征、生长环境、主要价值、种植规格详见表5-21和图5-15。

表 5-21　乔木植物特性表

序号	植物种类	形态特征	生长环境	主要价值	种植规格
1	池杉	落叶乔木,高可达 25 m。主干挺直,树冠尖塔形。树干基部膨大,枝条向上形成狭窄的树冠,尖塔形,形状优美;叶钻形在枝上螺旋伸展;球果圆球形	强阳性树种,不耐庇荫。适宜于年均温度 12~20 ℃地区生长,温度偏高,更有利于生长。耐寒性较强,短暂的低温(-17 ℃)不受冻害;降水量丰富(降水量在 1 000 mm 以上)利于生长,耐湿性强,长期浸在水中也能正常生长,但也具一定的耐旱性	①可作为建筑板料、造纸、制器具、造模型及室内装饰。②可作为观赏植物。③涵养水源	(高 250~300 cm,胸径 8~10 cm)400~2 500 株/hm^2

图 5-15　池杉种植效果

5.5.1.4 碧溪山北片区生态监测系统设计

1. 龟石饮用水源综合管理站设计

为了实现龟石饮用水源综合管理,本次设计在碧溪村、洪水源、内新、大深洞、文龙井、大坝、蒙家、内新8个站点,从水质测报、水量测报、视频监控、事故预警、应急处置指挥、声控宣传等内容入手,实现龟石水库实时无线自动监控。

1)水质测报

水质测报主要依托远程自动水质监测系统对龟石水库水质进行远程自动监测,具体远程水质自动监测系统架构图详见图5-16。

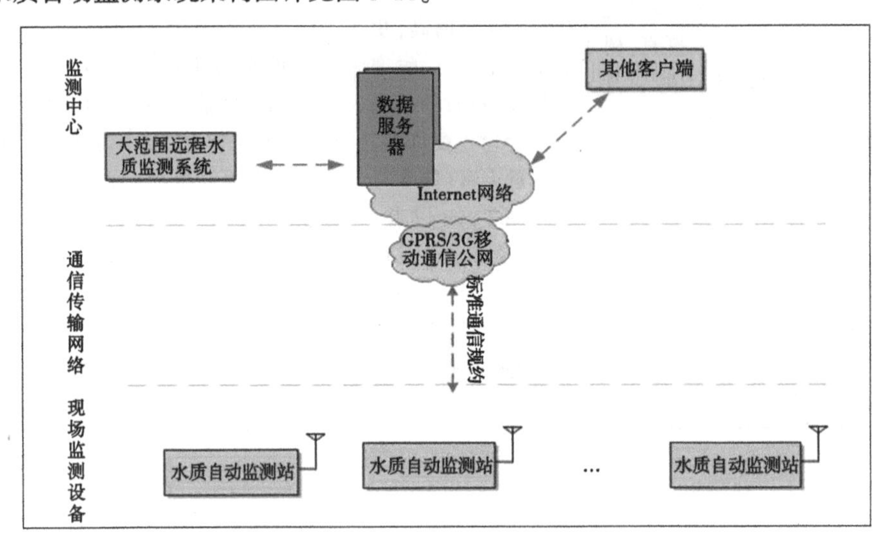

图5-16 远程水质自动监测系统架构图

根据《水环境监测规范》(SL 219—2013),结合龟石水库水环境影响因子及管理能力的实际,本次设计确定水质自动监测指标为水温、pH值、DO、浊度、氨氮、COD、总氮、总磷、流量共9项参数。

根据龟石水库库区现状村镇、入库支流的分布以及水源保护区的划分情况,本次设计共设置自动监测站点8个。

自动监测站主要由浮动平台、一体型多参数水质分析仪、供电系统组成,具体如下:

(1)浮动平台。用于承载自动监测设备本体进行水下现场水质监测,浮动平台尺寸长3.2 m、宽2.67 m、框架高0.7 m,浮筒及框架重约为1 500 kg,浮台安装1.0 m高护栏和500 mm高的防雷杆。浮动平台通过抛锚方式固定于水库底部,浮台本体和钢丝缆绳连接处采用万向转扣,防止缆绳发生旋转缠绕,连接钢丝缆绳留有足够的余量以应对水位落差造成的设备浮动平台位置变动。

(2)一体型多参数水质分析仪。主要采用紫外UV+荧光FL光谱融合分析技术,自重54 kg,安装于浮动平台中央,仪表沉入水下500~1 000 mm,同时测量TP、TN、COD_{Mn}、Tb、pH值、DO、Cd、WT、NH_3—N等9项指标。

(3)供电系统。本次设计供电系统主要采用太阳能供电系统。该系统配置2套蓄电池设备,容量为12 V/200 Ah每套;4块太阳能发电池板,规格为长1 m、宽0.7 m,功率为

100 W,以 20°左右倾角固定在设备浮动平台上方。因仪表电源需要 24 V 和 12 V 两种电压,故蓄电池采用串联方式连接,太阳能采取两串两并,保证 24 V 电压。

自动监测站设计图详见图 5-17。

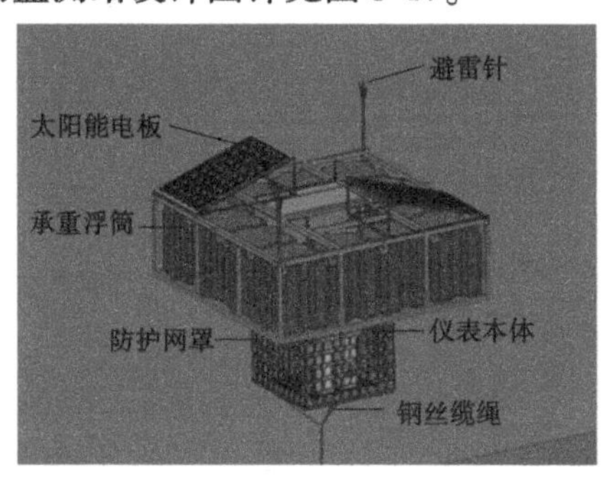

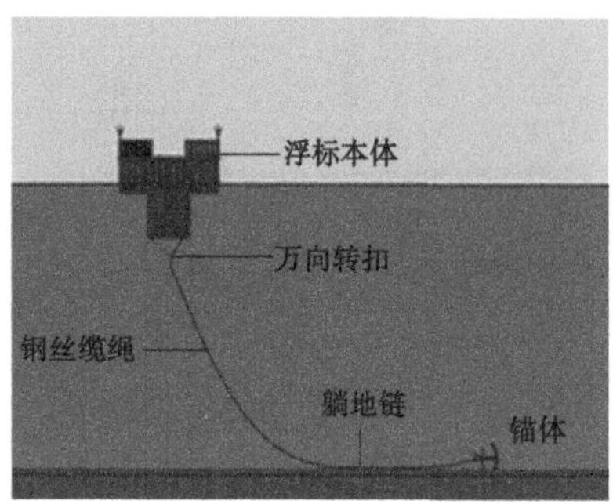

图 5-17　自动监测站设计图

2)视频监控

视频监控系统通过对饮用水水源保护区范围内的重要点位进行视频实时监控,及时发现实时情景,通过采取及时的措施、对策,规避和减少水环境、生态风险;饮用水水源保护区范围内的重要视频实时监控点位主要指取水和输水设施工程管理范围(重点是取水口)、重点水污染源及排污口、污染风险源(公路、铁路通过处)等。根据以上原则,本次方案拟建设 16 个视频实时监控点,具体为龟石水库取水口、坝首、华润取水口、华润排污口、富江入库口、碧溪山村口、峡口、二级水源进口处等。视频监控系统初步考虑采用无线视频监控系统。无线视频监控系统架构图详见图 5-18。

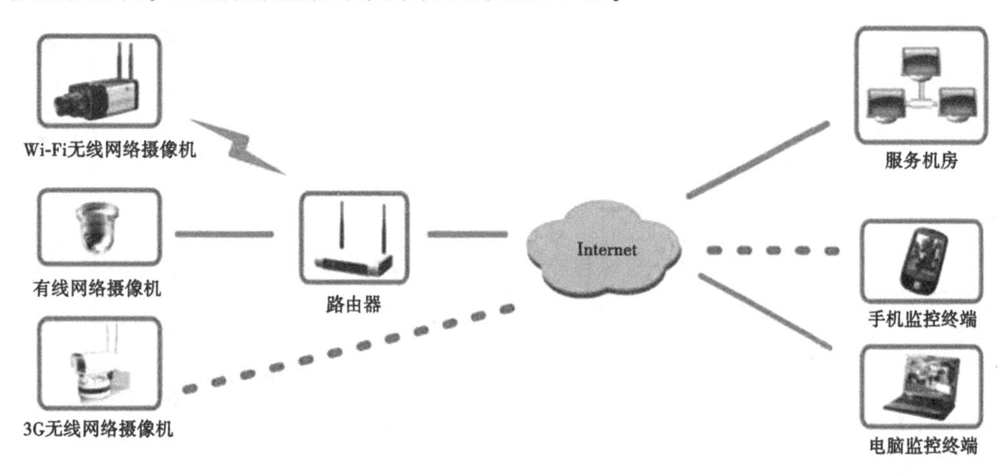

图 5-18　无线视频监控系统架构图

2. 碧溪山北片生态坝渗透和沉降监测系统

为了进一步研究前置库水位控制、出库流量和大坝沉降,在生态坝上设置渗压计和沉降计,再通过互联网传至服务站,以满足生态透水坝运行要求,确定前置库水位和流量以及是否产生变形沉降,见图 5-19、图 5-20。

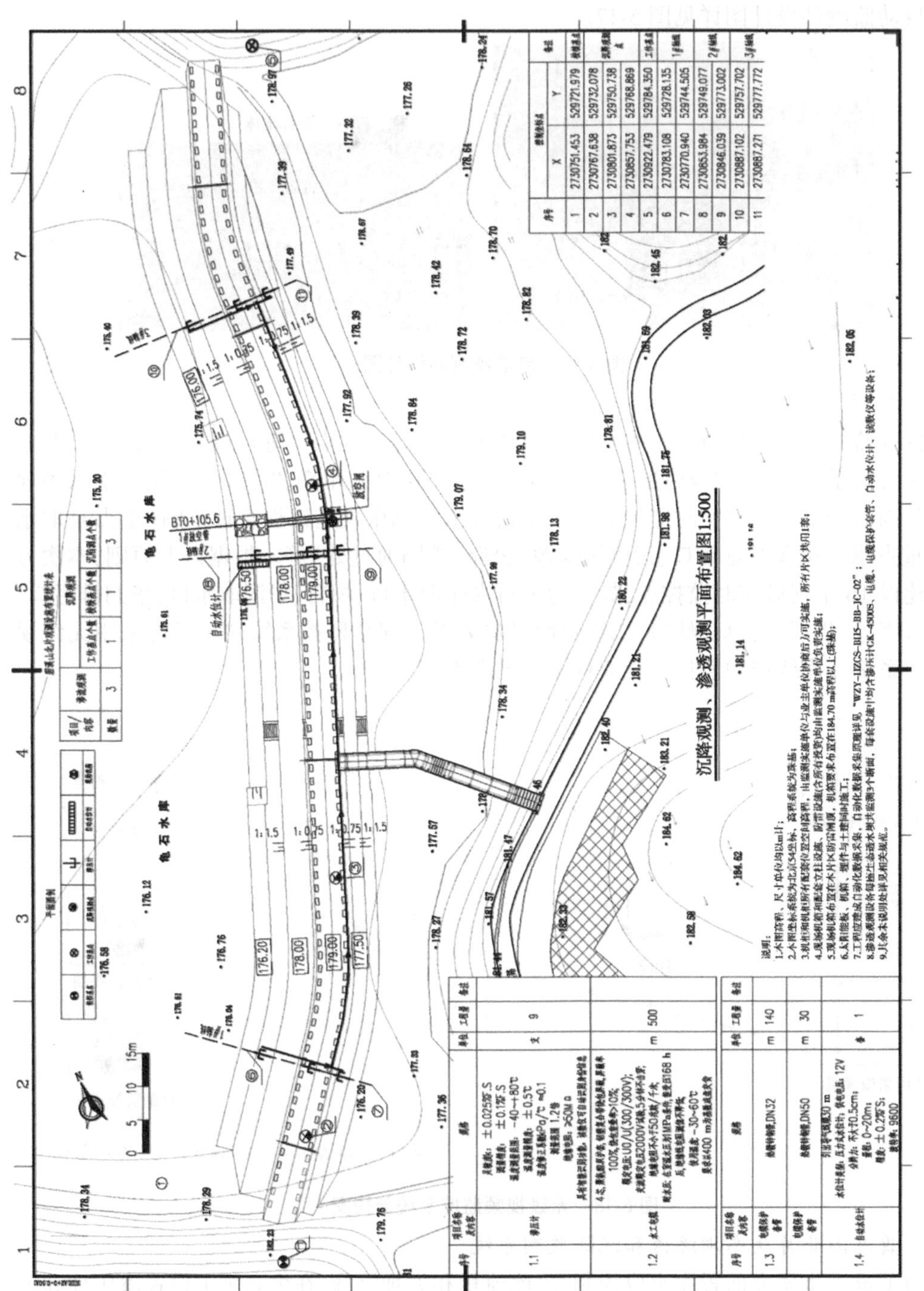

图 5-19 渗压计布置及结构设计图

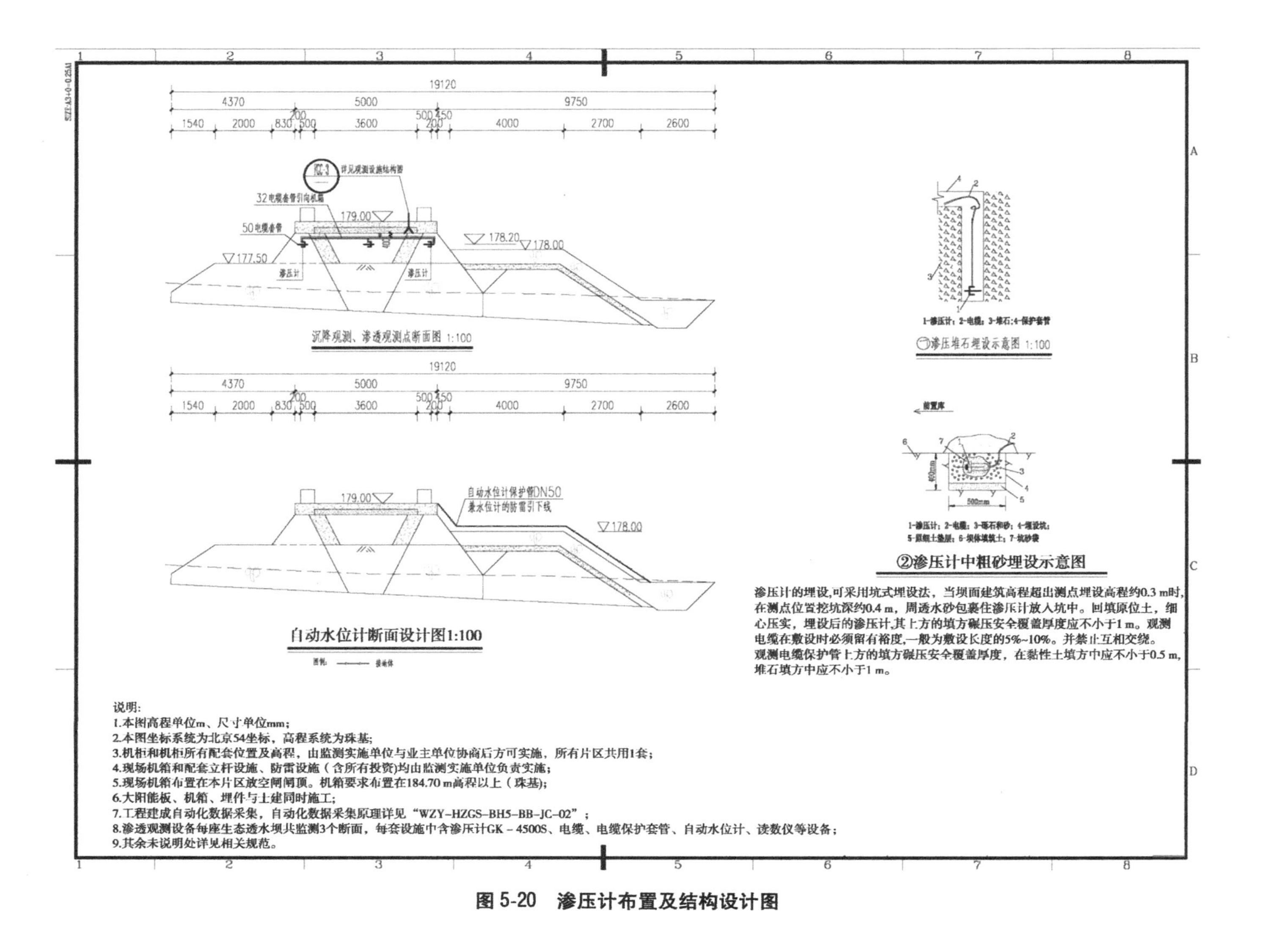

图 5-20　渗压计布置及结构设计图

5.5.2 其他单元和片区“末端强化”的典型设计

其他单元和片区“末端强化”措施有:“生态截水沟+污水收集一体化处理+人工湿地拦截”形式、“生态截水沟+污水收集一体化处理+人工湿地拦截”形式、“生态拦截隔离沟+前置库+细分子超饱和溶氧站+人工湿地”拦截技术及综合类型等中的生态透水坝、前置库设计与碧溪北片区的相同。以下介绍不同点。隔离防护、农村生活污水处理、细分子超饱和溶氧-修复结合当地实际选择不同。

5.5.2.1 隔离防护形式设计

库区面积较大,人类活动频繁,尤其是消落区的牛群等牲畜放牧,各村庄附近尚有捕鱼和货运码头。农业生产残留化肥、农村生活污水随降水四处漫流,对饮用水源污染较大。因此,做好龟石饮用水源的防护隔离是水源保护的重要措施之一。防护隔离包括两个措施,隔离网(栏杆)和鸟不站隔离沟。

喷塑镀锌隔离网(栏杆):主要采用喷塑镀锌隔离网进行物理隔离。主要布置于村庄河岸,与新农村建设相协调。碧溪北片涉及长溪村,隔离措施采用仿木隔离栏杆形式。

鸟不站隔离沟:布置于龟石水库一级、二级水源保护区、准水源保护区库边,尤其是消落区,工程造价低、施工简单、进度快,建成后不容易受到畜禽、人为破坏,无须后期维护。一、二级水源保护区隔离防护共建设鸟不站隔离沟 6.90 km,鸟不站隔离带 6.69 km;准保护区隔离防护共建设鸟不站隔离沟 17.32 km,鸟不站隔离带 23.32 km。

鸟不站隔离沟底宽 1 m、高 1.5 m,左侧坡比为 1:1,右侧坡比为 1:2,距沟底 0.2 m 处每 30 m 设置排水盲沟一道,坡比为 1:4~1:10,进出口堆 80~300 mm 的块石、卵石;隔离沟内种植香根草,沟两侧 1 m 范围种植鸟不站进行隔离防护,鸟不站株高 1.2 m、株距 0.3 m、行距 0.6 m。鸟不站隔离沟具体详见图 5-21。

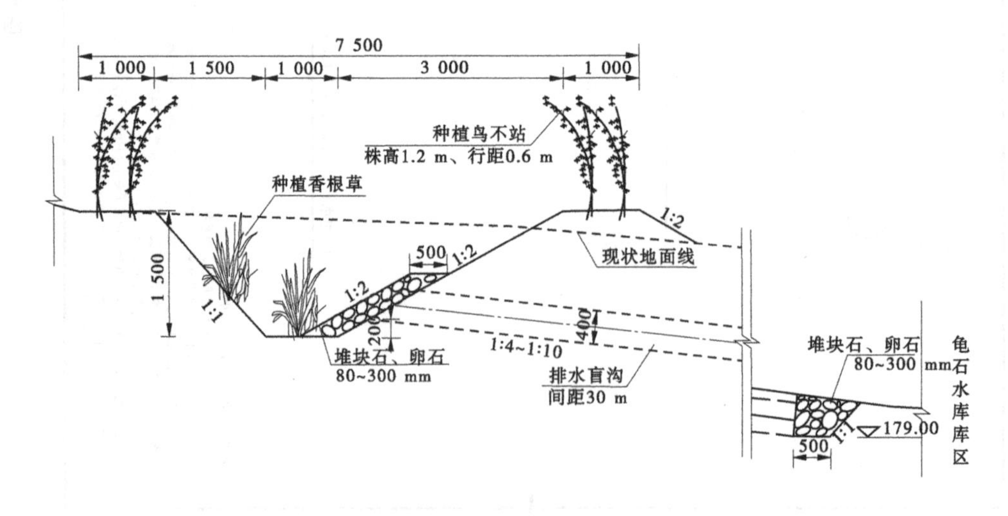

图 5-21 鸟不站隔离沟断面 (单位:高程,m;尺寸,mm)

对于部分地段不方便开挖成沟的,直接种植 1.0 m 宽的鸟不站隔离带。该型鸟不站隔离带宽 1 m，种植鸟不站进行隔离防护，鸟不站株高 1.2 m、株距 0.3 m、行距 0.6 m。鸟不站隔离带具体详见图 5-22。

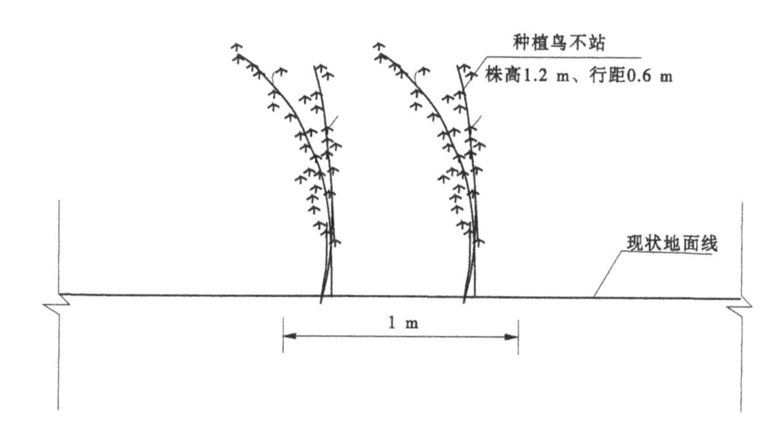

图 5-22 鸟不站隔离带断面图

5.5.2.2 **农村生活污水处理设计**

1. 农村生活污水处理存在问题

对在龟石水库库区已完成的一体化污水处理设备进行现场调查，发现由于农村生活污水不同时段的水质、水量变化较大，村落地形复杂，农村生活污水收集困难，已经实施的污水处理设备闲置率高，不能正常运行，难以发挥效益，即使开始运行，后期管理维护困难，运行费用高，管理人员经费、人员均难以得到保证。另外，在项目实际实施过程中，还存在需要在村落内破路布设污水收集管网以及厂区选址，均会涉及工程占地，实施困难。未实施污水收集处理的水质难以达到设计要求的一级 A 或一级 B 标准。

本次初步设计一体化治理设备，根据混合池—厌氧池—缺氧池—好氧池—MBR 池—紫外线消毒—计量排放工艺，要求设备出水水质达到地表水一级 B 标准水质以上。具体各片区建设情况详见表 5-22。

表 5-22 龟石水库饮用水源保护区农村生活污水处理设施建设情况

饮用水源保护区	序号	涉及镇（乡）	涉及村落		人口/人	已建农村生活污水处理设施	规划农村生活污水处理设施	片区名称	是否直接入库	本次设计一体化设备/套
一级水源保护区	1	柳家乡	长溪江	碧溪山	538	■	—	碧溪山北片	否	—

续表 5-22

饮用水源保护区	序号	涉及镇（乡）	涉及村落		人口/人	已建农村生活污水处理设施	规划农村生活污水处理设施	片区名称	是否直接入库	本次设计一体化设备/套
二级水源保护区	1	柳家乡	石坝	龙头	676	■	—	龙头片	是	—
	2			大增	547	—	—	石坝片	否	1
	3			新农村	653	■	—			
	4			大桥头	58	—	—			
	5		凤岭	凤岭	769	■	—	凤岭片	是	—
	6			平寨	346	—	—	石坝片	否	2
	7			军田村	188	■	—	军田山片	否	—
	8		新石	老岭塝	62	—	▲	老岭塝北片	是	1
	9			周家村	706	—	▲	新石片	否	9
	10			峡头村	471	—	—	新石片	否	
	11			老铺寨	571	—	—	新石片	是	
	12			新石新村	292	—	▲	新石片	否	
	13			黑鸟塘	1 100	—	▲	军田山片	否	8
	14			长源冲	289	—	—	长源片	否	3
	15		下湾	新立寨	305	■	—	石坝片	否	
	16			小源村	79	—	—	内新片	否	
	17	莲山镇	金峰村	洪水源村	626	—	▲	洪水源北片	是	5
	18			内新村	537	—	▲	内新片	是	1
准水源保护区	1	柳家乡	下湾	林家	74	■	—	虎岩片	否	—
	2			白露塘	114	■	—	虎岩片	否	—
	3			茅樟	620	■	—	石坝片	否	—
	4			下源	541	■	—	虎岩片	否	—
	5		龙岩	虎岩	532	—	▲	虎岩片	否	4
	6			文龙井	288	■	—	虎岩片	否	—
	7			出水平	218	—	▲	虎岩片	否	2
	8			新寨	562	—	—	新寨片	是	4
	9			上井村	152	—	▲	上井片	否	—

续表 5-22

饮用水源保护区	序号	涉及镇（乡）	涉及村落		人口/人	已建农村生活污水处理设施	规划农村生活污水处理设施	片区名称	是否直接入库	本次设计一体化设备/套
准水源保护区	10	柳家乡	大湾	牛塘	223	—	—	虎岩片	否	7
	11			车角源	57	—	—	虎岩片	否	
	12			木横冲	263	—	—	虎岩片	否	
	13			山瑶田村	30	—	—	虎岩片	否	
	14			高山冲	86	—	—	虎岩片	否	
	15			伞项冲	9	—	—	虎岩片	否	
	16			立壁槽	93	—	—	虎岩片	否	
	17		洋新	大田	734	■	—	中屯片	否	—
	18			洋冲	744	■	—	中屯片	否	—
	19			新寨	469	■	—	中屯片	否	—
	20			茅刀源	345	■	—	虎岩片	否	—
	21		洞井	上中屯	185	—	—	中屯片	否	15
	22			大中屯	720	—	▲	中屯片	否	
	23			洞井	577	—	▲	中屯片	否	
	24			井头寨	340	—	▲	中屯片	否	
	25			黑石根村	59	—	—	中屯片	否	
	26	富阳镇	木榔村	木榔村	1 218	—	▲	粟家片	否	25
	27			粟家村	1 040	—	▲	粟家片	否	
	28			竹园寨	716	—	—	粟家片	否	
	29			桥头岗村	460	—	▲	粟家片	否	
	30		新坝村	小新村	453	■	—	新坝片	是	—
	31			大坝村	747	■	—	新坝片	是	—
	32			北浪村	376	■	—	新坝片	是	—
	33			虎头村	350	■	—	新坝片	是	—
	34		茶家村	小毛家村	360	—	—	鲤鱼坝片	否	4
	35			上鲤鱼坝村	700	—	▲	鲤鱼坝片	否	5
	36			下鲤鱼坝村	530	—	▲	下鲤鱼坝片	是	—
	37			北浪村	170	—	—	鲤鱼坝片	否	1

续表 5-22

饮用水源保护区	序号	涉及镇（乡）	涉及村落		人口/人	已建农村生活污水处理设施	规划农村生活污水处理设施	片区名称	是否直接入库	本次设计一体化设备/套
准水源保护区	38	古城镇	杨村村	杨村	1 548	—	—	沙洲片	否	11
	39			吴家	1 152	—	—	沙洲片	否	9
	40			洞上	154	—	—	鲤鱼坝片	否	1
	41			蒙家	576	■	—	下鲤鱼坝片	否	—
	42		大岭村	东庄	375	—	—	沙洲片	否	22
	43			桂洪	1 003	—	—	沙洲片	否	
	44			上城头	252	—	—	沙洲片	否	
	45			立伟	236	—	—	沙洲片	否	
	46			大岭	945	—	—	沙洲片	否	
	47	莲山镇	吉山村	吉山村	719	■	—	吉山片	否	—
	48			深井村	462	■	—	深井片	是	—
	49			大深坝村	797	—	—	吉山片	否	22
	50			小深坝村	741	—	—	吉山片	否	
	51			坝头村	507	—	—	吉山片	否	
	52			田洲村	184	—	—	吉山片	否	
	53		沙洲村	沙洲村	1 557	—	▲	沙洲片	否	—
	54			军田村	596	—	▲	沙洲片	否	—
	55			马田村	451	—	▲	沙洲片	否	—
合计					36 223	22	20			163

2. *治理方案设计*

本次设计拟对库区饮用水源保护区范围内的自然村分散性污水进行分片集中治理，治理方式主要在各村每 30~40 户统一设截污沟，并配备一套一体化处理设备，布置于大桥头、平寨、老铺寨、小源村、新寨等自然村，一体化处理后水质若不达标，再经湿地和生态透水坝形成低洼塘（前置库）植物吸收处理，使水质达标。项目选址在库区红线内、污水自流，采用太阳能供电，并和乡村用电相结合，远程遥控启动处理自动化。

3. 农村生活污水收集

以内新片为例。内新片位于莲山镇，属于二级水源保护区、河口综合型。片区内有金峰冲，集水面积为 4.09 km^2；河流集水面积内分布着内新、小源、勒竹洞村，居住 1 054 人，有耕地 1 955 亩、园林地 95 亩。片内居民主要依靠发展种植业、养殖业进行生产、生活，在日常生产、生活过程中，产生大量面源污染，随降水通过河流入库，污染龟石饮用水源。按照各散户村民住房布置，设置干管和支管自流状态。接户管及配件选用 U-PVC 排水管材质。污水管道干管拟选用 160 mm HDPE 管，支管拟选用 DN110 PVC 排水管，管网主要沿着村庄现状道路布置。生活污水接户管覆土深度不宜小于 0.3 m，污水干管覆土深度不宜小于 0.5 m，车行道下污水干管覆土深度不宜小于 0.7 m，管网最小坡度不小于 0.5%。内新片农村生活污水收集及管网和处理站、污水站示意图见图 5-23～图 5-28。

4. 污水处理一体化设备

本设备采用混合池-厌氧池-缺氧池-好氧池-MBR 池-紫外线消毒-计量排放工艺。设计原理为：生活污水流入混合池，与回流污水充分搅拌混合后进入缺氧池，在缺氧池内微生物将蛋白质、脂肪等污染物进行氨化；污水再进入接触氧化池中，在充足供氧条件下，自养菌的硝化作用将 NH_3—N（NH_4^+）氧化为 NO_3^-，通过回流控制返回至缺氧池，在缺氧条件下，异氧菌的反硝化作用将 NO_3^- 还原为分子态氮（N_2），完成 C、N、O 在生态系统中的循环，出水进入沉淀池，在沉淀池内进行泥水分离，上清液进入 MBR 池进行进一步反应降解，出水消毒后排放。

本书根据地形地势、民居分布的实际情况，每个片区设置 1 套日处理量为 10 m^3 的污水处理站，主要应用于大桥头、平寨、老铺寨、小源村、新寨等自然村。污水净化设备技术性能参数见表 5-23，污水处理一体化设备大样图见图 5-29。

5. 细分子超饱和溶氧-超强磁化处理设计

吉山片位于莲山镇，属于准保护区、河口综合型。片区内有莲山河，集水面积为 36.95 km^2；栗下塘冲，集水面积为 4.20 km^2。河流集水面积内分布有莲山镇及吉山等村落，人口 20 631 人，有耕地 18 717 亩、园林地 3 804 亩，片区内居民主要依靠发展种植业、养殖业进行生产、生活，在日常生产、生活过程中，产生大量面源污染，随降水通过河流入库，污染龟石饮用水源。本次设计吉山片除采取隔离防护工程外还设置细分子化超饱和溶氧-超强磁化设备进行强化处理。设备包括一体化取水泵站及细分子溶氧站。

1）取水泵站

取水泵站采用设计流量为 0.20 m^3/s，设计扬程为 20 m，具体泵站布置均由厂家指导安装，技术参数详见表 5-24。

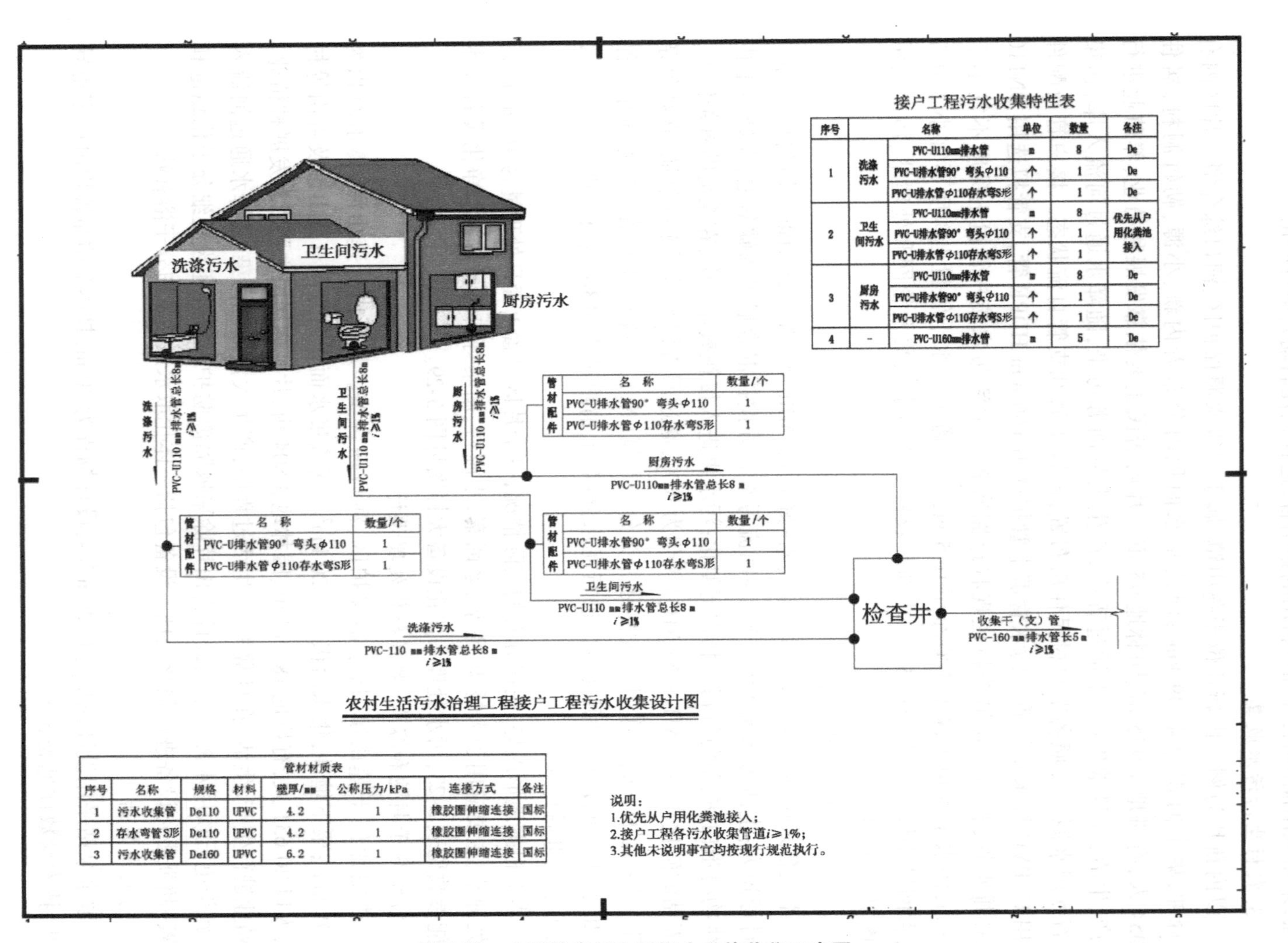

接户工程污水收集特性表

序号	名称		单位	数量	备注
1	洗涤污水	PVC-U110mm排水管	m	8	De
		PVC-U排水管90°弯头φ110	个	1	De
		PVC-U排水管φ110存水弯S形	个	1	De
2	卫生间污水	PVC-U110mm排水管	m	8	优先从户用化粪池接入
		PVC-U排水管90°弯头φ110	个	1	
		PVC-U排水管φ110存水弯S形	个	1	
3	厨房污水	PVC-U110mm排水管	m	8	De
		PVC-U排水管90°弯头φ110	个	1	De
		PVC-U排水管φ110存水弯S形	个	1	De
4	-	PVC-U160mm排水管	m	5	De

管材配件	名称	数量/个
	PVC-U排水管90°弯头φ110	1
	PVC-U排水管φ110存水弯S形	1

管材配件	名称	数量/个
	PVC-U排水管90°弯头φ110	1
	PVC-U排水管φ110存水弯S形	1

管材配件	名称	数量/个
	PVC-U排水管90°弯头φ110	1
	PVC-U排水管φ110存水弯S形	1

管材材质表

序号	名称	规格	材料	壁厚/mm	公称压力/kPa	连接方式	备注
1	污水收集管	De110	UPVC	4.2	1	橡胶圈伸缩连接	国标
2	存水弯管S形	De110	UPVC	4.2	1	橡胶圈伸缩连接	国标
3	污水收集管	De160	UPVC	6.2	1	橡胶圈伸缩连接	国标

图 5-23　内新片农村生活污水总体收集示意图

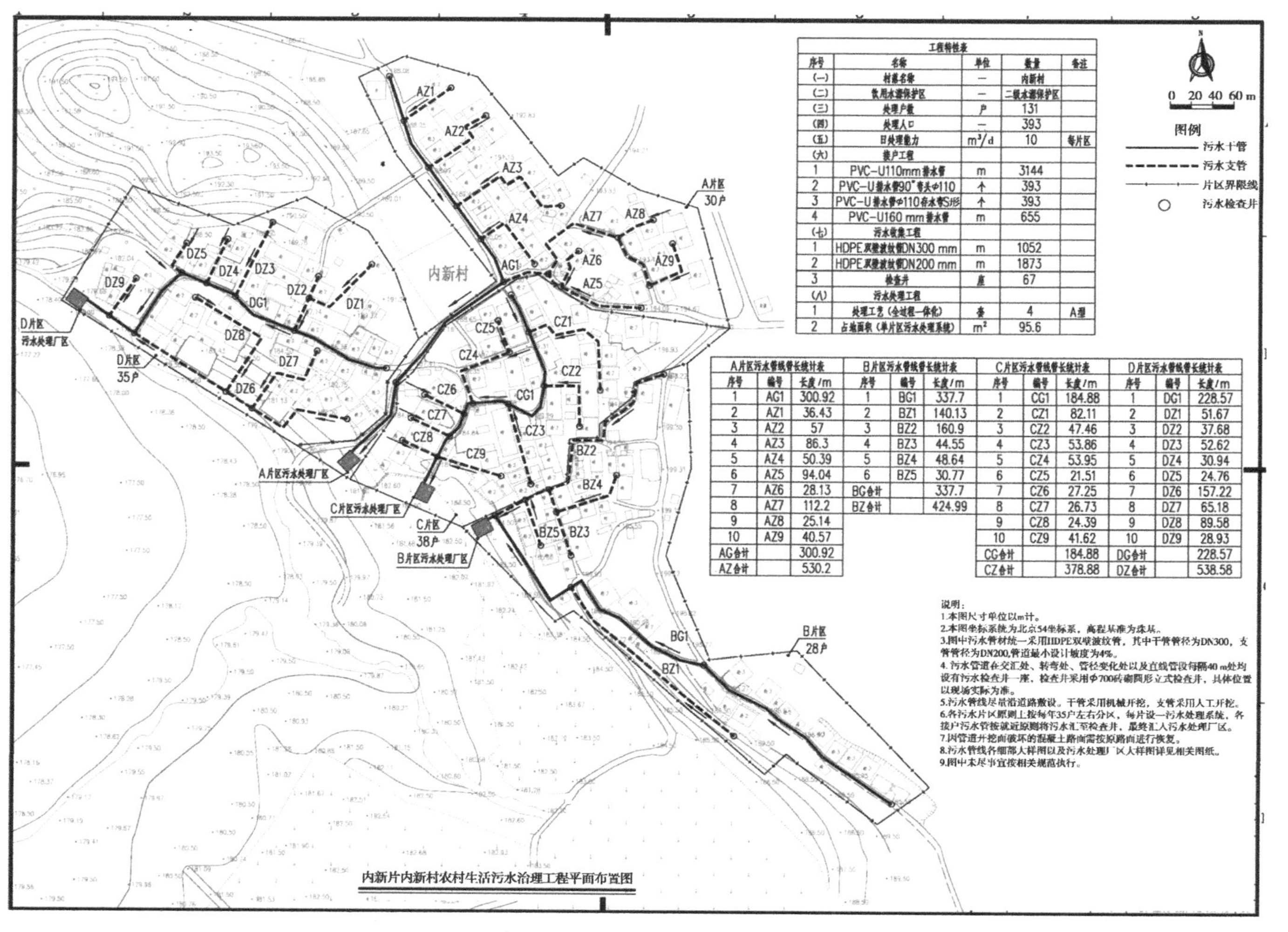

工程特性表

序号	名称	单位	数量	备注
(一)	村落名称	—	内新村	
(二)	饮用水源保护区	—	二级水源保护区	
(三)	处理户数	户	131	
(四)	处理人口	—	393	
(五)	日处理能力	m^3/d	10	每片区
(六)	接户工程			
1	PVC-U110mm排水管	m	3144	
2	PVC-U排水管90°弯头ф110	个	393	
3	PVC-U排水管ф110存水弯S形	个	393	
4	PVC-U160 mm排水管	m	655	
(七)	污水收集工程			
1	HDPE双壁波纹管DN300 mm	m	1052	
2	HDPE双壁波纹管DN200 mm	m	1873	
3	检查井	座	67	
(八)	污水处理工程			
1	处理工艺（全过程一体化）	套	4	A型
2	占地面积（单片区污水处理系统）	m^2	95.6	

A片区污水管线管长统计表			B片区污水管线管长统计表			C片区污水管线管长统计表			D片区污水管线管长统计表		
序号	编号	长度/m	序号	编号	长度/m	序号	编号	长度/m	序号	编号	长度/m
1	AG1	300.92	1	BG1	337.7	1	CG1	184.88	1	DG1	228.57
2	AZ1	36.43	2	BZ1	140.13	2	CZ1	82.11	2	DZ1	51.67
3	AZ2	57	3	BZ2	160.9	3	CZ2	47.46	3	DZ2	37.68
4	AZ3	86.3	4	BZ3	44.55	4	CZ3	53.86	4	DZ3	52.62
5	AZ4	50.39	5	BZ4	48.64	5	CZ4	53.95	5	DZ4	30.94
6	AZ5	94.04	6	BZ5	30.77	6	CZ5	21.51	6	DZ5	24.76
7	AZ6	28.13	BG合计		337.7	7	CZ6	27.25	7	DZ6	157.22
8	AZ7	112.2	BZ合计		424.99	8	CZ7	26.73	8	DZ7	65.18
9	AZ8	25.14				9	CZ8	24.39	9	DZ8	89.58
10	AZ9	40.57				10	CZ9	41.62	10	DZ9	28.93
AG合计		300.92				CG合计		184.88	DG合计		228.57
AZ合计		530.2				CZ合计		378.88	DZ合计		538.58

图 5-24　内新片农村生活污水收集管网总体布置图

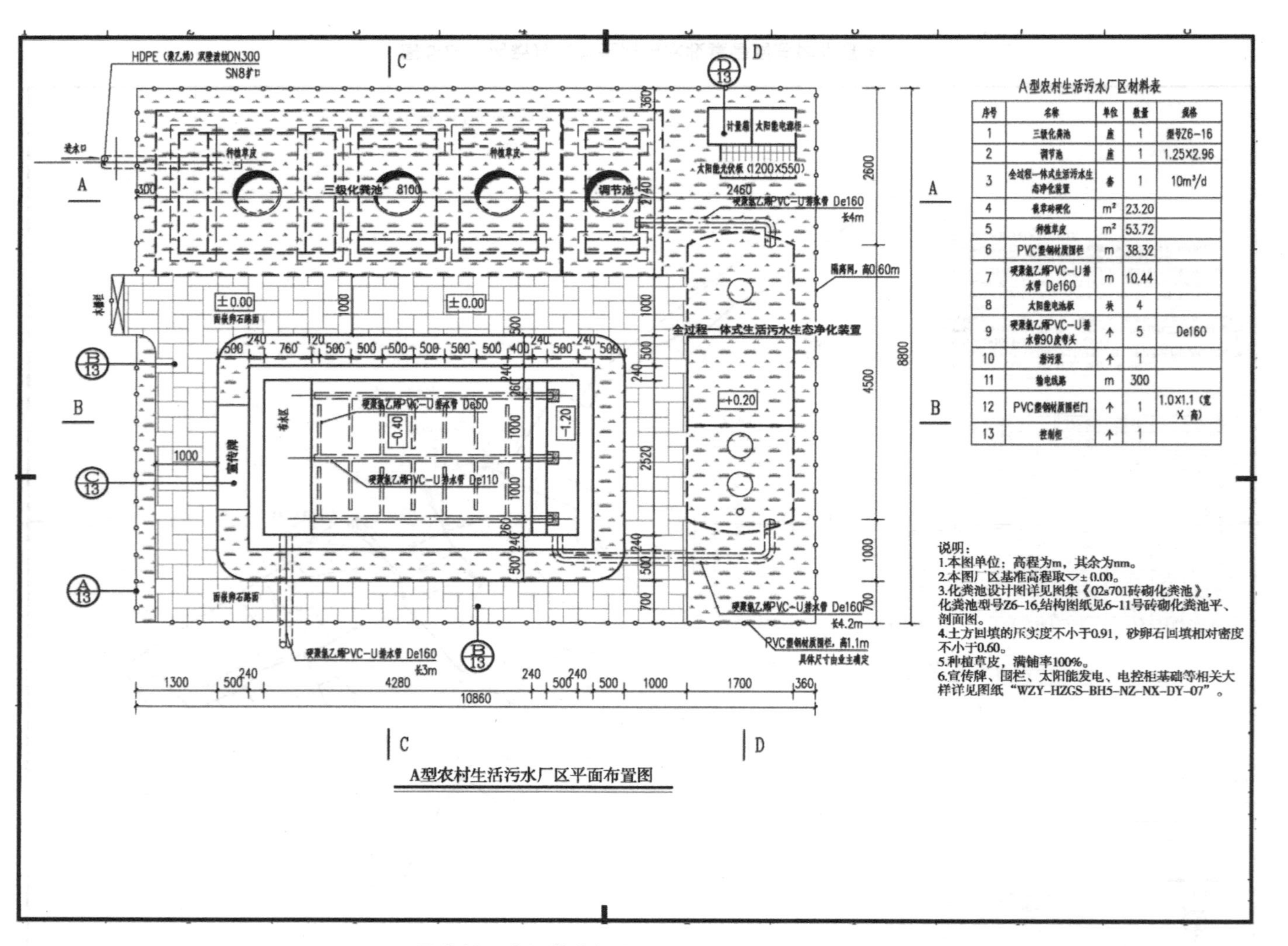

A型农村生活污水厂区材料表

序号	名称	单位	数量	规格
1	三级化粪池	座	1	型号Z6-16
2	调节池	座	1	1.25X2.96
3	全过程一体式生活污水生态净化装置	套	1	10m³/d
4	植草砖硬化	m²	23.20	
5	种植草皮	m²	53.72	
6	PVC塑钢材质围栏	m	38.32	
7	硬聚氯乙烯PVC-U排水管 De160	m	10.44	
8	太阳能电池板	块	4	
9	硬聚氯乙烯PVC-U排水管90度弯头	个	5	De160
10	排污泵	个	1	
11	输电线路	m	300	
12	PVC塑钢材质围栏门	个	1	1.0X1.1（宽X高）
13	控制柜	个	1	

说明：
1.本图单位：高程为m，其余为mm。
2.本图厂区基准高程取▽±0.00。
3.化粪池设计图详见图集《02s701砖砌化粪池》，化粪池型号Z6-16,结构图纸见6-11号砖砌化粪池平、剖面图。
4.土方回填的压实度不小于0.91，砂卵石回填相对密度不小于0.60。
5.种植草皮，满铺率100%。
6.宣传牌、围栏、太阳能发电、电控柜基础等相关大样详见图纸“WZY-HZGS-BH5-NZ-NX-DY-07”。

图 5-25　内新片农村生活污处理站设计平面图

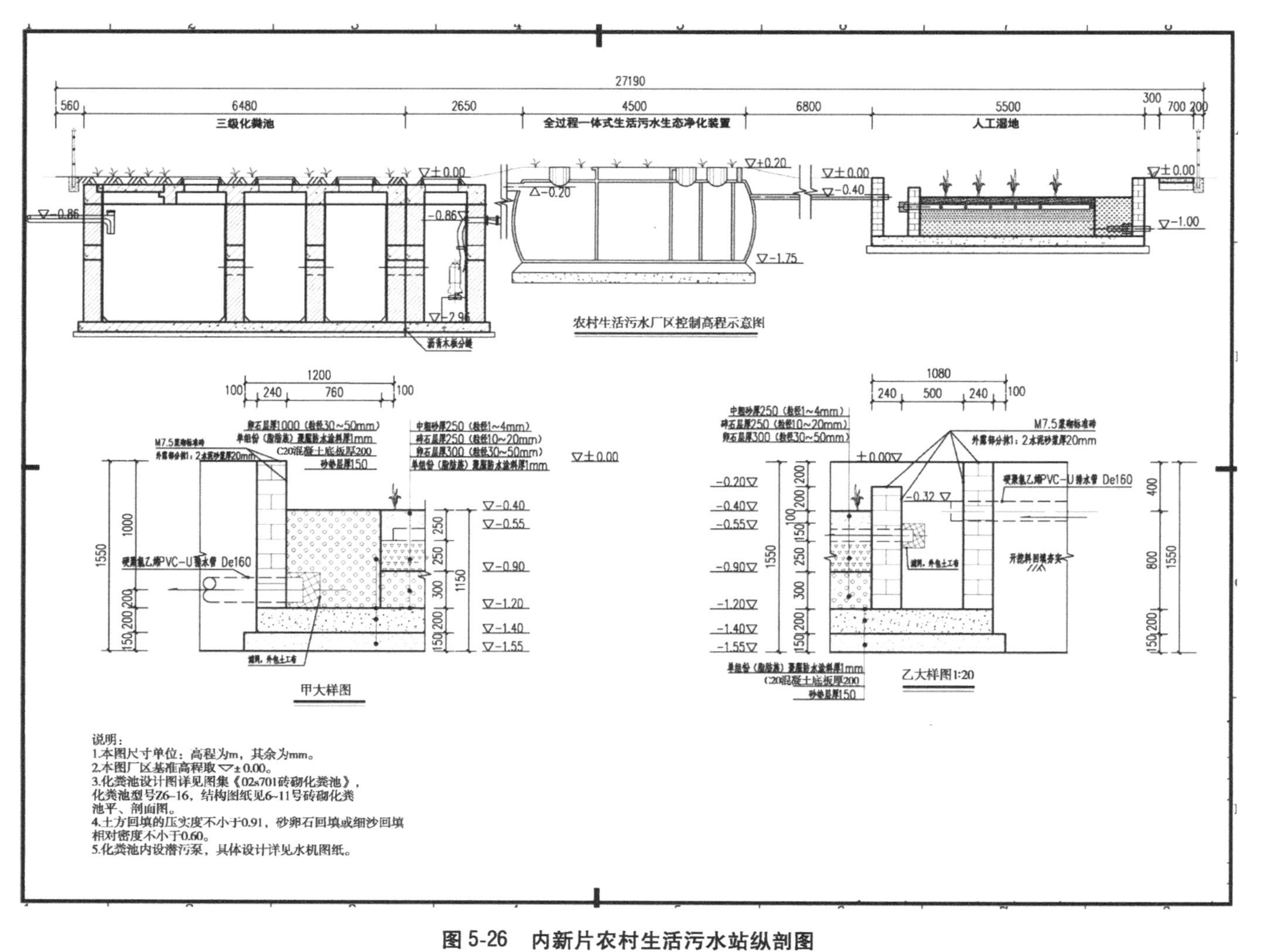

图 5-26　内新片农村生活污水站纵剖图

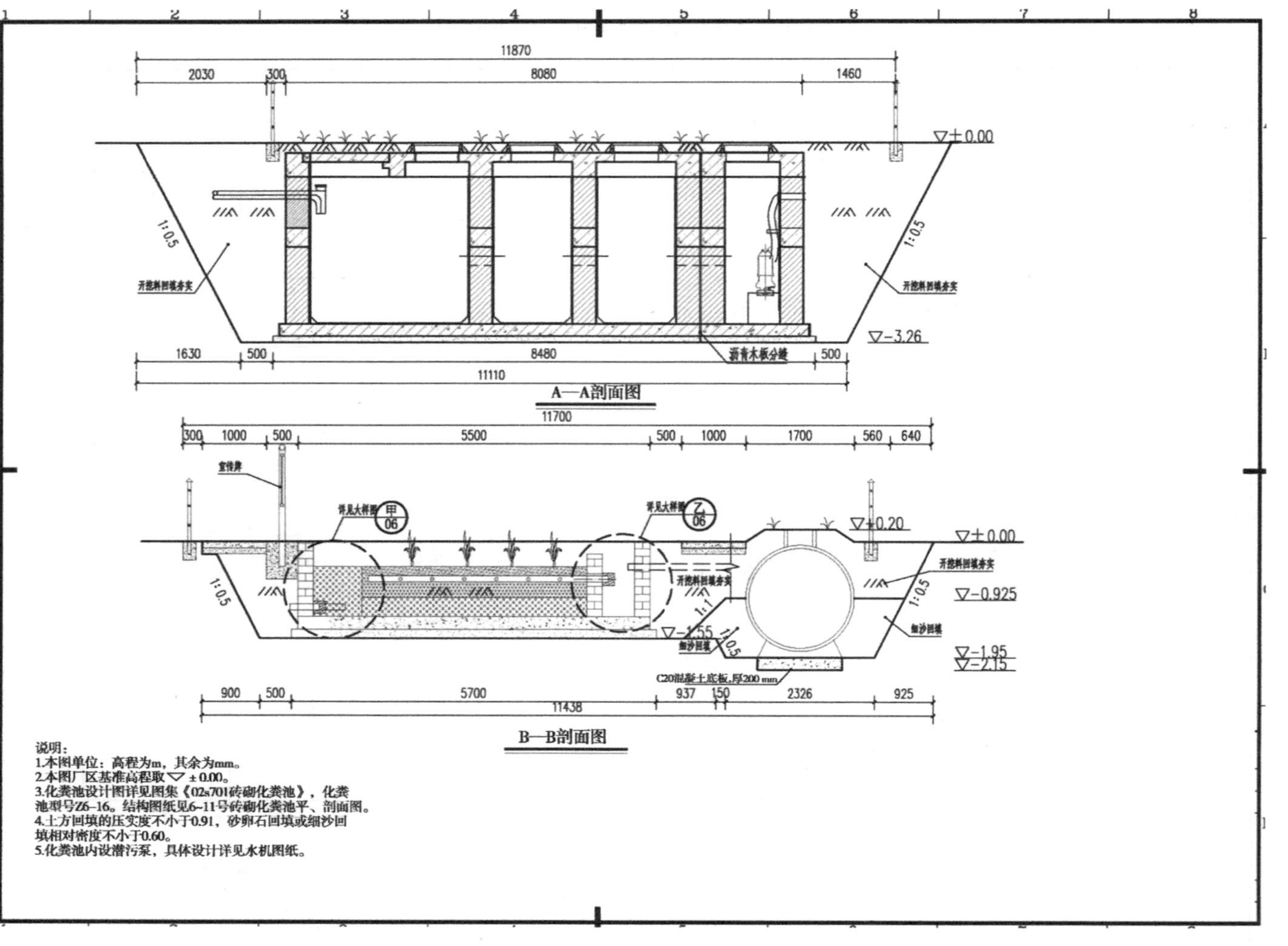

图 5-27 内新片农村生活污水站横剖图（A—A）

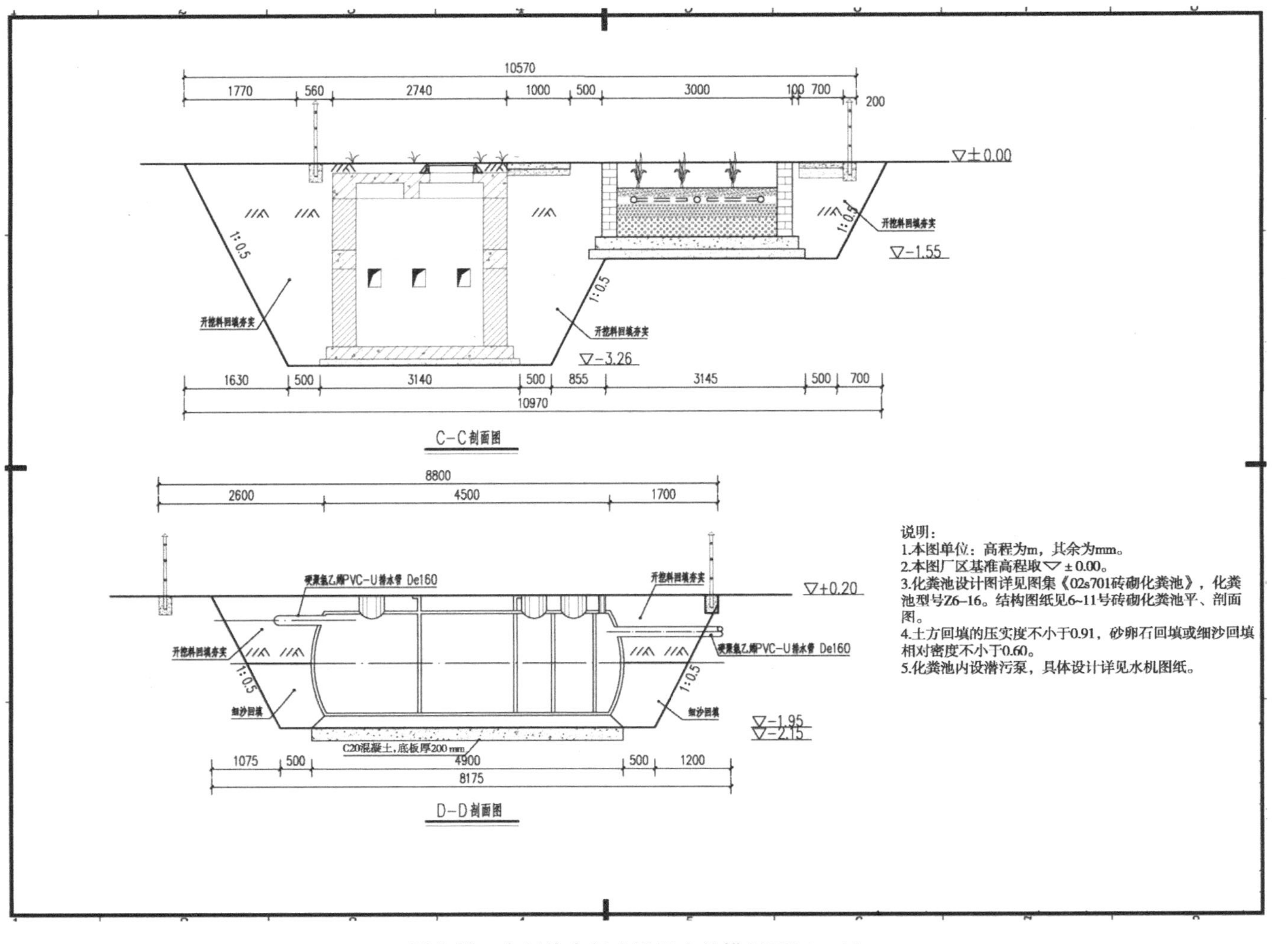

图 5-28　内新片农村生活污水站横剖图(C—C)

表 5-23 污水净化设备技术性能参数

技术性能分类及名称		技术性能及参数
设备概述	设备名称	一体化污水处理设备
	处理规模	10 m^3/d
	处理工艺	A/O+MBR
	设备材质	玻璃钢(FRP)
进水水质	COD_{Cr}	≤350 mg/L
	BOD_5	≤200 mg/L
	SS	≤200 mg/L
	NH_3—N	≤30 mg/L
	TP	≤3 mg/L
	pH 值	6.0~9.5
出水水质	COD	≤30 mg/L,小于《城镇污水处理厂污染物排放标准》(GB 18918—2002)一级 A 标准、小于一级 B 标准(下同)
	BOD	≤6 mg/L
	SS	≤10 mg/L
	NH_3—N	≤15 mg/L
	TP	≤0.5 mg/L
	pH 值	6~9
设备尺寸	长度	2 500 mm
	宽度	1 200 mm
	高度	1 850 mm
	高度	2 150 mm
主要性能	过滤格栅	曝气型格栅
	核心处理	膜生物过滤系统
	生物脱氮	循环回流系统
	生物膜堵塞	反冲洗装置
	剩余污泥移送	污泥移送装置
	电气控制	电气自动化控制
	曝气气泵	0.06 m^3/min×20 kPa×0.18 kW
	真空抽吸泵	0.035 m^3/min×7 m×0.18 kW
	调节池提升水泵	0.13 m^3/min×0.18 kW
有效容量	集水调节池	2.412 m^3
	缺氧脱氮池	1.223 m^3
	膜硝化池	2.769 m^3
	消毒池	0.312 m^3

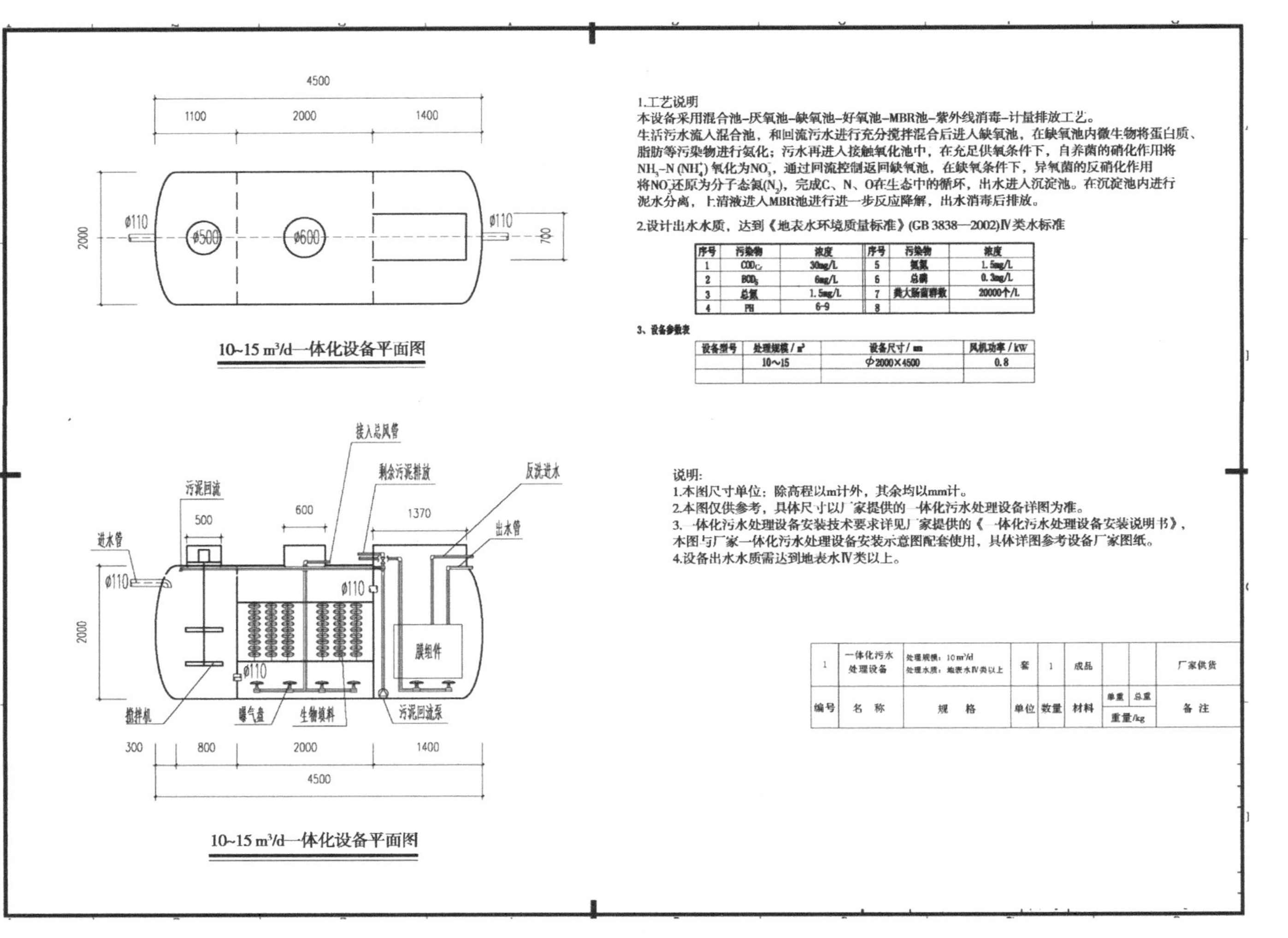

1.工艺说明

本设备采用混合池–厌氧池–缺氧池–好氧池–MBR池–紫外线消毒–计量排放工艺。

生活污水流入混合池，和回流污水进行充分搅拌混合后进入缺氧池，在缺氧池内微生物将蛋白质、脂肪等污染物进行氨化；污水再进入接触氧化池中，在充足供氧条件下，自养菌的硝化作用将NH_3–N (NH_4^+) 氧化为NO_3^-，通过回流控制返回缺氧池，在缺氧条件下，异氧菌的反硝化作用将NO_3^-还原为分子态氮(N_2)，完成C、N、O在生态中的循环，出水进入沉淀池。在沉淀池内进行泥水分离，上清液进入MBR池进行进一步反应降解，出水消毒后排放。

2.设计出水水质，达到《地表水环境质量标准》(GB 3838—2002)Ⅳ类水标准

序号	污染物	浓度	序号	污染物	浓度
1	COD_{Cr}	30mg/L	5	氨氮	1.5mg/L
2	BOD_5	6mg/L	6	总磷	0.3mg/L
3	总氮	1.5mg/L	7	粪大肠菌群数	20000个/L
4	PH	6-9	8		

3、设备参数表

设备型号	处理规模 / m³	设备尺寸 / mm	风机功率 / kW
	10～15	Φ2000×4500	0.8

说明：
1.本图尺寸单位：除高程以m计外，其余均以mm计。
2.本图仅供参考，具体尺寸以厂家提供的一体化污水处理设备详图为准。
3.一体化污水处理设备安装技术要求详见厂家提供的《一体化污水处理设备安装说明书》，本图与厂家一体化污水处理设备安装示意图配套使用，具体详图参考设备厂家图纸。
4.设备出水水质需达到地表水Ⅳ类以上。

编号	名称	规格	单位	数量	材料	单重 (重量/kg)	总重 (重量/kg)	备注
1	一体化污水处理设备	处理规模：10 m³/d 处理水质：地表水Ⅳ类以上	套	1	成品			厂家供货

图 5-29　污水处理一体化设备大样图

表 5-24　细分子超饱和溶氧-超强磁化站参数

序号	名称		规格型号	数量	单位
1	筒体系统	泵桶	DN3000×3700,GRP	1	座
		维修平台	GRP 栅板、SUS304	1	套
		井盖	压花铝板	3	套
		安全格栅	GRP 栅板、SUS304	3	套
		耦合基础	DN3000×3700	1	套
		预埋件	DN3000×3700	1	套
		通风管	DN150,SUS304	2	根
		爬梯	SUS304	1	套
2	水泵系统	潜污泵及耦合基础	250WQ700-22-75	2	台
		导轨及提链	SUS304	2	套
3	格栅系统	格栅及支架	提篮格栅	1	套
		导轨及提链	SUS304	1	套
4	管道系统	进水管	DN500,GRP	1	套
		进水软接头	DN500,KXT-10	1	套
		压力管道系统	DN300,SUS304	2	套
		出水总管组件	DN300,SUS304	1	套
		出水管	DN300,SUS304	1	套
		出水软接头	DN300,KXT-10	1	套
5	阀门系统	止回阀	DN300	2	套
		闸阀	DN300	2	套
6	控制系统	液位计保护套管	SUS304	1	套
		户外智能控制柜	DFK-Q75-2Z 带数据模块上传到水厂监控平台手动控制,配一个应急停泵液位阀	1	套

续表 5-24

序号	名称		规格型号	数量	单位
7	出水水质	COD		≤30 mg/L	
		NH_3—N		≤15 mg/L	
		TN		≤0.5 mg/L	
		TP		≤0.2 mg/L	

2)细分子溶氧站

本书采用“细分子超饱和溶氧-超强磁化技术”增强水体循环流动,并结合低洼塘(前置库),对治理区域水体净化处理,达到治理目标。

3)连接方式

细分子超饱和溶氧站与一体化泵站运行层通过钢筋混凝土排架连通,排架通道宽 2.0 m,左右侧均设不锈钢栏杆。

4)细分子溶氧站主要原理

细分子溶氧站主要原理为“细分子超饱和溶氧-超强磁化技术”组合工艺用水泵提升水体,经设备间内的过滤器进入细分子超饱和溶氧装置,水团被细化后,氧气超饱和溶解于水中,然后将细化后的富氧水输送入超强磁化装置将水体磁化,细化、磁化、富氧后的小分子水沿输水管道输送到布水系统,经布水系统均匀分布于水体中,形成“下游取水,上游布水”的生物流化床反应区。难生化降解的河水经活化处理后,与河水完全混合发生强氧化反应,减少难降解污染物去除 COD,同时增加水体活性溶解氧,改变水体氧化还原状态,使提水断面后段的水体实现 S-P+除磷、脱氮目的,水质提升技术路线见图 5-30。

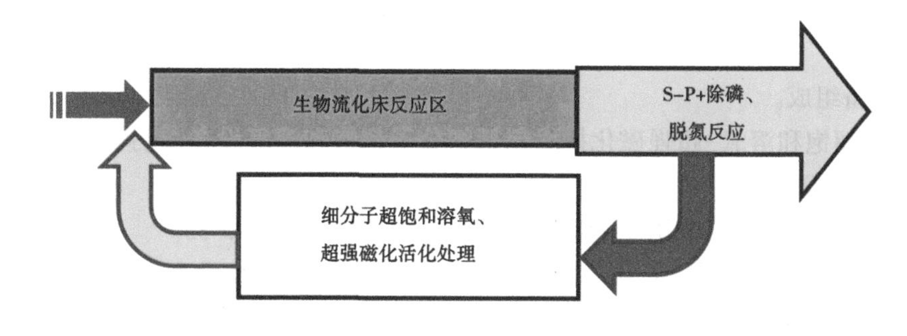

图 5-30　水质提升技术路线

水体经设备处理后,水分子的溶解力、扩散力等均显著增强,提高了水体活性,促进水体中微生物新陈代谢和好氧微生物菌群的大量繁殖,污染物逐渐消解,恢复水体原有自净平衡。

(1)污染物去除途径。

细分子超饱和溶氧-超强磁化技术能够加快氧化还原反应,高效活化微生物,提高污染物去除效率,实现水质达标。具体去除途径见图 5-31。

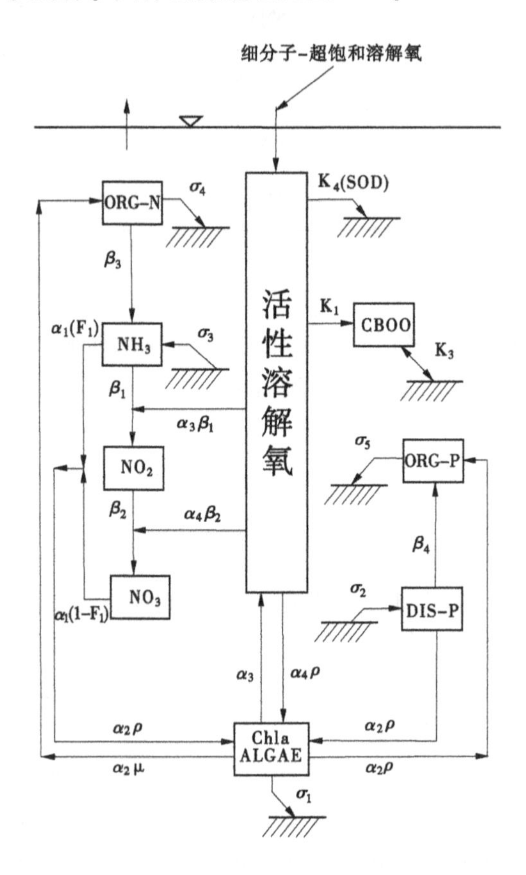

图 5-31 水中污染物去除途径

(2)设备组成。

细分子超饱和溶氧-超强磁化技术包括细分子超饱和溶氧设备、超强磁化设备、过滤器装置、制氧装置等。

(3)吉山细分子超饱和溶氧-超强磁化设计图见图 5-32、图 5-33。

在前置库内,设置泵站提升水位至细分子溶氧站。水体经设备间内的过滤器进入细分子超饱和溶氧装置,水团被细化后,氧气超饱和溶解于水中,然后将细化后的富氧水输送入超强磁化装置将水体磁化,细化、磁化、富氧后的小分子水沿输水管道输送到布水系统,经布水系统均匀分布于水体中,形成“下游取水,上游布水”的生物流化床反应区。将处理后的水体,泵送上游布水,提高了水体活性,促进水体中微生物新陈代谢和好氧微生物菌群的大量繁殖,污染物逐渐消解,恢复水体原有自净平衡,达到水质处理目的。

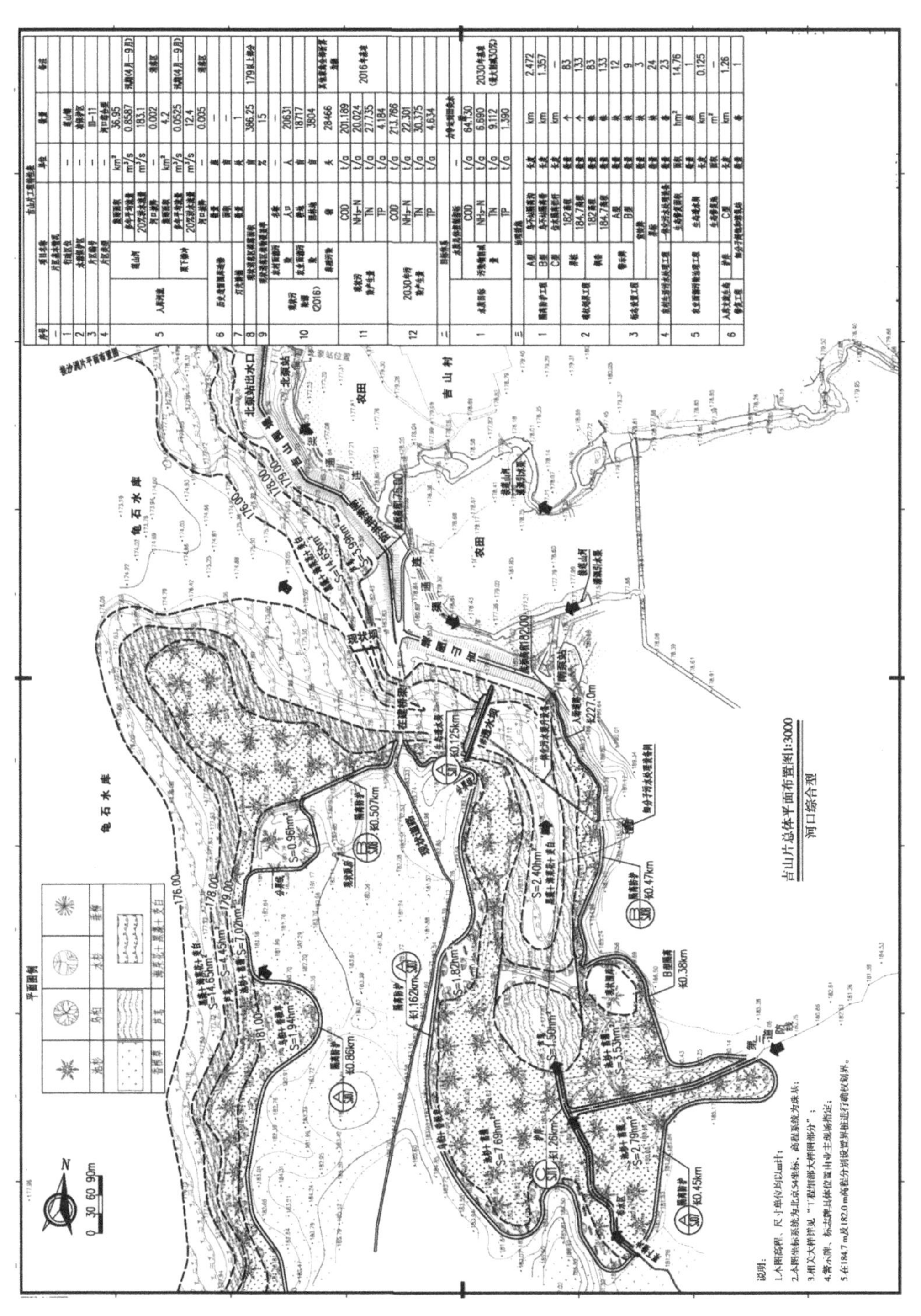

图 5-32　吉山细分子超饱和溶氧-超强磁化平面设计图

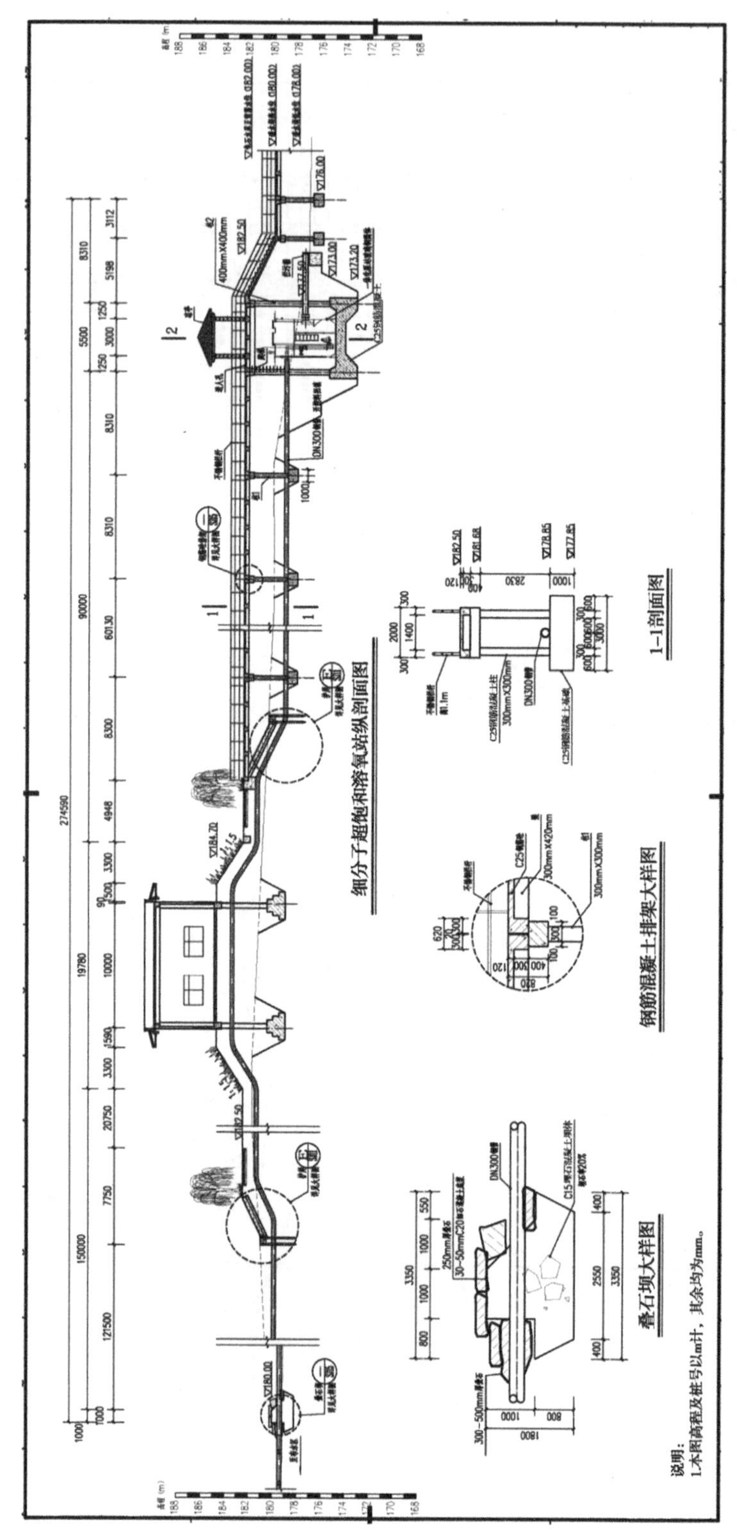

图 5-33 吉山细分子超饱和溶氧-超强磁化设计纵剖面

5.5.2.3　农业面源污染治理方式的选择

农业面源污染是指由沉积物、农药、废料、致病菌等分散污染源引起的对水层、湖泊、河岸、滨岸、大气等生态系统的污染。

龟石水库库区位于富川瑶族自治县内，该县大力发展果业，在水果种植过程中大量使用化肥，亩均 59.29 kg。同时，为了防止虫害，大规模使用农药，另外龟石水库库区消落带裸露，没有任何植物措施，无法形成缓冲带。因此，结合龟石库区农业污染现状，本次设计主要进行末端强化，即在龟石水库消落区设置生态透水坝形成低洼塘(前置库)(前置库)+种植湿地植物。

1. 各片区植物选择

考虑到环保、农业、畜牧等相关部门正在进行“源头治理、过程阻断”，本次农业面源污染治理工程主要进行“末端强化”，采取的末端强化技术为生态透水坝形成低洼塘(前置库)+植物措施兼顾生态修复池，通过在龟石水库各入库支流河口消落区范围内建设生态透水坝形成低洼塘(前置库)，进一步将各入库支流带入的污染物滞留于坝前，再在消落区不同高程范围内种植沉水植物、草本植物(挺水植物)、乔木加强对污染物的削减。农业面源污染治理工程生态修复面积 239.25 hm^2，生态透水坝 7.49 km。其中，一级饮用水源保护区生态修复面积 0.78 hm^2，生态透水坝 0.29 km；二级饮用水源保护区生态修复面积 44.76 hm^2，生态透水坝 2.41 km；准保护区生态修复面积 193.7 hm^2，生态透水坝 4.78 km。具体各农业面源污染治理工程各片区汇总详见表 5-32。

1)植物措施

(1)沉水植物。

各单元分区选择种植的沉水植物种类有狐尾藻、黑藻、海菜花。龟石水源保护区沉水植物种植总面积 381.81 hm^2，其中狐尾藻共种植 189.23 hm^2，黑藻共种植 85.76 hm^2，海菜花共种植 106.82 hm^2。具体各沉水植物的形态特征、生长环境、主要价值、种植规格详见表 5-25 和图 5-34、图 5-35。

表 5-25　沉水植物特性

序号	植物种类	形态特征	生长环境	主要价值	种植规格
1	狐尾藻	多年生粗壮沉水草本。根状茎发达，在水底泥中蔓延，节部生根。茎圆柱形，多分枝。水上叶互生，披针形，较强壮，鲜绿色，裂片较宽	在微碱性的土壤中生长良好。好温暖湿润、阳光充足的气候环境，不耐寒，入冬后地上部分逐渐枯死。以根茎在泥中越冬	①狐尾藻对受污染的水体(含底泥)中铵态氮、硝态氮、总氮的去除效率都达到了 90%以上，表现出显著的去除效果；②狐尾藻可作为观赏植物；③全草为养猪、养鸭的饲料，在鱼、虾、蟹塘养殖过程中作为饵料、避难和产卵场所	高度 20 cm，1 株/m^2

续表 5-25

序号	植物种类	形态特征	生长环境	主要价值	种植规格
2	黑藻	茎直立细长，长 50~80 cm，叶带状披针形，4~8 片轮生，通常以 4~6 片为多，长 1.5 cm 左右，宽 1.5~2 cm	喜阳光充足的环境。环境荫蔽植株生长受阻，新叶叶色变淡，老叶逐渐死亡。最好让其每天接受 2~3 h 的散射日光。性喜温暖，耐寒，在 15~30 ℃ 的温度范围内生长良好，越冬不低于 4 ℃	黑藻能促进底质中磷向可利用态转化；黑藻对土壤中生物可利用磷的利用率比沉积物低	高度 20 cm，1 株/m^2
3	海菜花	多年生水生草本，茎短缩，叶基生，沉水	沉水植物，可生长在 4 m 的深水中，要求水体清晰透明，喜温暖。同株的叶片形状、叶柄和花葶的长度因水的深度和水流急缓而有明显的变异。一般花期 5~10 月，但在温暖地区全年可见开花，为我国特有种，生于湖泊、池塘、沟渠及水田中	①对水质的要求高，人们往往用是否生长海菜花来判别水质是否受到污染，环保部门称其为“环保菜”；种植在生态透水坝外库区内。②可作为观赏植物	高度 20 cm，10 000 株/hm^2

图 5-34 沉水植物狐尾藻种植效果

图5-35　沉水植物黑藻种植效果

(2)草本植物(挺水植物)。

各单元分区种植的草本植物种类主要为荷花、茭白、芦苇、芦竹、香根草、菖蒲,种植总面积626.00 hm^2;共种植荷花16.03 hm^2、茭白4.5 hm^2、芦苇203.10 hm^2、香根草298.2 hm^2、菖蒲104.20 hm^2;具体各草本植物的形态特征、生长环境、主要价值、种植规格详见表5-26和图5-36~图5-39。

表5-26　草本植物特性

序号	植物种类	形态特征	生长环境	主要价值	种植规格
1	荷花	荷花是多年生水生草本;根状茎横生,肥厚,节间膨大,内有多数纵行通气孔道,节部缢缩,上生黑色鳞叶,下生须状不定根	荷花是水生植物,性喜相对稳定的平静浅水,湖沼、泽地、池塘,是其适生地。荷花极不耐荫,在半荫处生长就会表现出强烈的趋光性	①可作为食用、药用植物;②可作为观赏植物;③改善水环境	冠幅100~200,1株/m^2
2	茭白	为多年生挺水型水生草本植物,株高1.6~2 m。根为须根,在分蘖节和匍匐茎的各节上环生,长20~70 cm,粗2~3 mm,主要分布在地下30 cm土层中,根数多	茭白属喜温性植物,生长适温10~25 ℃,不耐寒冷和高温干旱	①可作为食用、药用植物;②可作为观赏植物;③改善水环境	高度20 cm,4株/m^2

续表 5-26

序号	植物种类	形态特征	生长环境	主要价值	种植规格
3	香根草	多年生粗壮草本。须根含挥发性浓郁的香气。秆丛生，高 1~2.5 m，直径约 5 mm，中空	栽培于平原、丘陵和山坡；喜生水湿溪流旁和疏松黏壤土中	①可作为药用植物；②可作为观赏植物；③固土吸收 N、P	单棵高 0.5 m，4 株/m^2
4	芦苇	多年生，根状茎十分发达。秆直立，高 1~3(8) m，直径 1~4 cm，具 20 多节，基部和上部的节间较短，最长节间位于下部第 4~6 节，长 20~25(40) cm，节下被蜡粉	各种有水源的空旷地带，常以其迅速扩展的繁殖能力，形成连片的芦苇群落	①可作为药用植物；②可作为观赏植物；③固土吸收 N、P	单棵高 1.0 m，4 株/m^2
5	菖蒲	多年生草木，根状茎粗壮。叶基生，剑形，中脉明显突出，基部叶鞘套折，有膜质边缘	生于海拔 1 500~1 750 m(2 600 m)以下的水边，沼泽湿地或湖泊浮岛上，也常有栽培。最适宜生长的温度 20~25 ℃，10 ℃以下停止生长。冬季以地下茎潜入泥中越冬。喜冷凉湿润气候，阴湿环境，耐寒，忌干旱	①可作为药用植物；②可作为观赏植物；③固土吸收 N、P	单棵高 0.3 m，4 株/m^2

图 5-36 茭白种植效果

图 5-37　芦竹种植效果

图 5-38　香根草种植效果

图 5-39　菖蒲种植效果

(3)乔木。

本次选择种植的乔木种类主要为水杉、池杉、乌桕、垂柳,种植总面积333.64 hm^2,其中水杉共种植28.27 hm^2,池杉共种植260.38 hm^2,乌桕共种植23.1 hm^2,垂柳共种植21.90 hm^2。具体各乔木植物的形态特征、生长环境、主要价值、种植规格详见表5-27和图5-40~图5-43。

表5-27 乔木植物特性

序号	植物种类	形态特征	生长环境	主要价值	种植规格
1	水杉	落叶乔木,小枝对生,下垂。叶线形,交互对生,假二列成羽状复叶状,长1~1.7 cm,下面两侧有4~8条气孔线	喜温暖湿润气候,夏季凉爽,喜光,不耐贫瘠和干旱,净化空气,生长缓慢,移栽容易成活。适宜温度为-8~24 ℃	①可作为建筑板料、造纸、制器具、造模型及室内装饰;②可作为观赏植物;③涵养水源	(高250~300 cm,胸径8~10 cm)400~2 500株/hm^2
2	池杉	落叶乔木,高可达25 m。主干挺直,树冠尖塔形。树干基部膨大,枝条向上形成狭窄的树冠,尖塔形,形状优美;叶钻形在枝上螺旋伸展;球果圆球形	强阳性树种,不耐庇荫。适宜于年均温度12~20 ℃地区生长,温度偏高,更有利于生长。耐寒性较强,短暂的低温(-17 ℃)不受冻害;降水量丰富(降水量在1 000 mm以上)利于生长,耐湿性强,长期浸在水中也能正常生长,但也具一定的耐旱性	①可作为建筑板料、造纸、制器具、造模型及室内装饰;②可作为观赏植物;③涵养水源	(高250~300 cm,胸径8~10 cm)400~2 500株/hm^2
3	乌桕	乔木,高可达15 m许,各部均无毛而具乳状汁液;树皮暗灰色,有纵裂纹;枝广展,具皮孔	喜光树种,对光照、温度均有一定的要求,在年平均温度15 ℃以上,年降水量750 mm以上地区均可栽植。能耐间歇或短期水淹,对土壤适应性较强	①可作为药用植物;②可作为观赏植物;③涵养水源	(高200~250 cm,胸径6 cm)400株/hm^2
4	垂柳	乔木,高达12~18 m,树冠开展而疏散。树皮灰黑色,不规则开裂;枝细,下垂,淡褐黄色、淡褐色或带紫色,无毛	喜光,喜温暖湿润气候及潮湿深厚之酸性及中性土壤。较耐寒,特耐水湿,但亦能生于土层深厚之干燥地区	①经济价值高;②可作为观赏植物;③涵养水源	(高150~200 cm,胸径6~8 cm)400株/hm^2

图 5-40　水杉种植效果

图 5-41　池杉种植效果

图 5-42　乌桕种植效果

图 5-43　垂柳种植效果

2. 生态浮床工程

生态浮床,是把特制的轻型生物载体按不同的设计要求,拼接、组合、搭建成所需要的面积或几何形状,放入受损水体中,将经过筛选、驯化的吸收水中有机污染物功能较强的水生(陆生)植物,植入预制好的漂浮载体种植槽内,让植物在类似无土栽培的环境下生长,植物根系自然延伸并悬浮于水体中,吸附、吸收水中的氨、氮、磷等有机污染物质,为水体中的鱼虾、昆虫和微生物提供生存和附着的条件,同时释放出抑制藻类生长的化合物。在植物、动物、昆虫以及微生物的共同作用下使环境水质得以净化,达到修复和重建水体生态系统的目的,其原理见图 5-44。

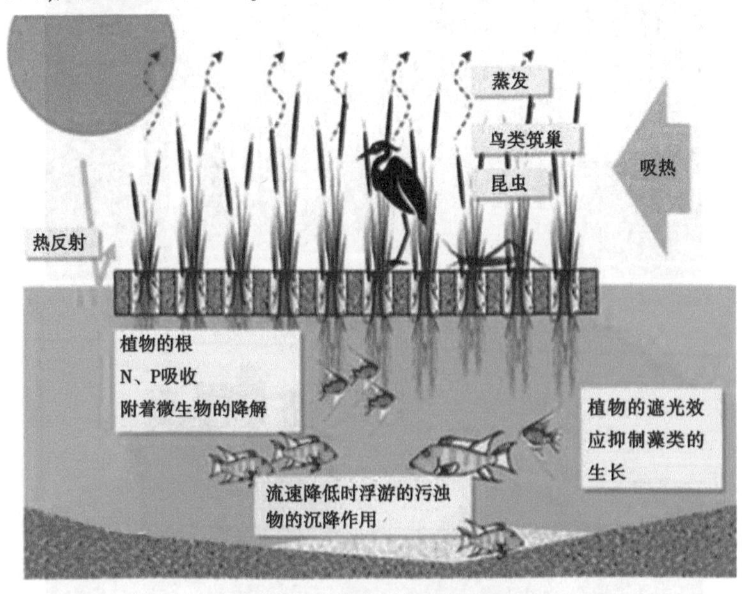

图 5-44　生态浮床净化原理

工程共布置生态浮床 4 600 m^2,其中二级水源保护区 3 000 m^2,准保护区 1 600 m^2。具体统计见表 5-28。

表 5-28　生态浮床工程统计

序号	片区编号	保护区	片区	生态浮床工程
				生态浮床/m²
1	Ⅰ-1	一级水源保护区	碧溪南片	—
2	Ⅰ-2		碧溪北片	—
3	Ⅱ-1	二级水源保护区	老岭塝北片	—
4	Ⅱ-2		老岭塝南片	—
5	Ⅱ-3		新村片	—
6	Ⅱ-4		新石片	—
7	Ⅱ-5		长源片	—
8	Ⅱ-6		军田山片	—
9	Ⅱ-7		凤岭片	1 500
10	Ⅱ-8		石坝片	—
11	Ⅱ-9		内新片	1 500
12	Ⅱ-10		洪水源北片	—
13	Ⅱ-11		洪水源南片	—
14	Ⅱ-12		龙头片	—
15	Ⅲ-1	准水源保护区	新祖岭片	—
16	Ⅲ-2		虎岩片	—
17	Ⅲ-3		上井片	—
18	Ⅲ-4		新寨片	—
19	Ⅲ-5		中屯片	—
20	Ⅲ-6		粟家片	—
21	Ⅲ-7		新坝片	—
22	Ⅲ-8		鲤鱼坝片	—
23	Ⅲ-9		沙洲片	—
24	Ⅲ-10		下鲤鱼坝片	—
25	Ⅲ-11		吉山片	—
26	Ⅲ-12		深井片	1 600
合计				4 600

本次设计的生态浮床主要由错位齿合型浮床模块、缓冲索固组件、水生植物、附属材料组成,具体如下:

(1)错位齿合型浮床模块。生态浮床由浮床模块组成,采用了高密度聚苯乙烯材料,经过高温、高压一次成型技术制成。模块单元规格为 800 mm×800 mm,高度为 130 mm,有效面积为 0.64 m^2,重量≤1 kf,均匀分布 16 个直径 140 mm 的种植穴。

(2)缓冲索固组件。用于浮床模块组装时模块之间相互齿合后的索固连接,采用高强度抗老化性能很高的 PVC 材料,经过高温压铸而成。

(3)水生植物。结合当地气候条件,本设计选用香根草、美人蕉和灯芯草作为生态浮床水生植物。

(4)附属材料:

①包塑防腐钢索。为了浮床整体在安装过程中的定位锚固和防止在使用过程中因外力作用而解体,在浮床拼接完成后需要用钢索围固,钢索需采用直径为 4 mm 表层包塑的防腐钢索,以增强其防锈蚀性能,延长使用寿命。

②镀锌钢索卡扣。用于钢索索固,型号应与选用钢索粗细相匹配。

③镀锌紧线调节吊钩。用于绷紧钢索,型号与钢索配套即可。

④防腐包角。用于保护浮床外围阳角,与钢索配套使用,防止紧固钢索时损伤浮床材料。

⑤定位牵拉尼龙绳。ϕ8 mm 尼龙绳索,长度、颜色根据现场要求而定。

具体生态浮床效果详见图 5-45。

图 5-45 实施后生态浮床效果

3. 入库支流生态修复工程

本次入库支流生态修复工程主要对直接入库的河流进行整治,共建设护岸 7.89 km,具体各片区建设情况详见表 5-29。

表 5-29　入库支流生态修复工程各片区汇总

序号	片区编号	保护区	片区	入库支流生态修复工程						
				护岸						细分子污水处理工程
				A 型	B 型	C 型	D 型	E 型	F 型	
				km	km	km	km	km	km	套
1	Ⅰ-1	一级水源保护区	碧溪山南片	0	0	0	0	0	0	0
2	Ⅰ-2		碧溪山北片	0	0	0	0	0	0.15	0
小计				0	0	0	0	0	0.15	0
3	Ⅱ-1	二级水源保护区	老岭塝北片	0	0	0	0	0	0	0
4	Ⅱ-2		老岭塝南片	0	0	0	0	0	0	0
5	Ⅱ-3		新村片	0	0	0	0	0	0	0
6	Ⅱ-4		新石片	0.29	0	0	0.40	0	0	0
7	Ⅱ-5		长源片	0	0	0	0	0	0	0
8	Ⅱ-6		军田山片	0	0	0	0	0	0	0
9	Ⅱ-7		凤岭片	0	0	0	0	0	0	0
10	Ⅱ-8		石坝片	0.28	0.33	0	0	0	0	0
11	Ⅱ-9		内新片	0	0.32	0	0	0.83	0	0
12	Ⅱ-10		洪水源北片	0	0	0	0	0	0	0
13	Ⅱ-11		洪水源南片	0	0	0	0	0	0	0
14	Ⅱ-12		龙头片	0	0	0	0	0	0	0
小计				0.57	0.65	0	0.40	0.83	0	0

续表 5-29

序号	片区编号	保护区	片区	入库支流生态修复工程						
				护岸						细分子污水处理工程
				A 型	B 型	C 型	D 型	E 型	F 型	
				km	km	km	km	km	km	套
15	Ⅲ-1	准水源保护区	新祖岭片	0	0	0	0	0	0	0
16	Ⅲ-2		虎岩片	0.35	0	0.60	0	0	0	0
17	Ⅲ-3		上井片	0	0	0	0	0	0	0
18	Ⅲ-4		新寨片	0	0	0	0	0	0	0
19	Ⅲ-5		中屯片	0	0	0	0	0	0	0
20	Ⅲ-6		粟家片	0	0	0	0	0	0	0
21	Ⅲ-7		新坝片	0	0	0	0	0	0	0
22	Ⅲ-8		鲤鱼坝片	0	0	0	0	0	0	0
23	Ⅲ-9		沙洲片	0	1.17	1.90	0	0	0	0
24	Ⅲ-10		下鲤鱼坝片	0	0	0	0	0	0	0
25	Ⅲ-11		吉山片	0	0	1.26	0	0	0	1
26	Ⅲ-12		深井片	0	0	0	0	0	0	0
小计				0.35	1.17	3.76	0	0	0	1.00
合计				0.92	1.82	3.76	0.40	0.83	0.15	1.00

护岸根据现状地形、地质条件,共分6种类型,具体各种类型描述如下:

(1)A型(C15埋石混凝土挡墙护岸)。采用C15埋石混凝土结构,埋石率20%,墙顶宽0.6 m、高4.0 m,挡墙临水面为垂直,表面镶嵌400 mm厚大块卵石,卵石直径≥150 mm;挡墙背水面坡比1:0.45,墙背采用良好开挖料进行回填压实。挡墙埋深为1.5 m,墙前采用块石压脚,块石要求粒径≥300 mm,表面设300 mm厚绿滨垫护脚。挡墙每隔15 m设一分缝,缝宽20 mm,内填沥青木板,每隔2.0 m设DN50 PVC排水管,梅花形布置,排水管端部设300 mm×300 mm×300 mm反滤包。挡墙后设置3 m宽C25混凝土路面,厚200 mm,下设15 cm厚碎石垫层,两侧设C15混凝土预制路缘石(120 mm×320 mm×600 mm);沿路面外侧布置宽1.0 m绿化隔离带,隔离带树种采用柳树+桂花+龙船花+马尼拉草,柳树种植间距为8 m,高200~250 cm,胸径6 cm,桂花种植间距为8 m,高200~250

cm，胸径 8 cm，龙船花种植间距为 2 m，冠幅 40～50 cm。A 型护岸断面见图 5-46。

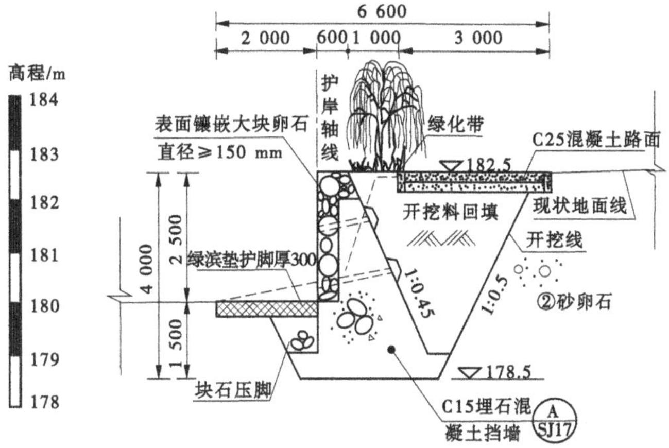

图 5-46　A 型护岸断面　（单位：高程，m；尺寸，mm）

（2）B 型（固滨笼挡墙+绿滨垫护坡护岸）。采用固滨笼挡墙+绿滨垫结构，其中挡墙墙顶宽 1.0 m、高 2.0 m，临水面为错台式，背水面垂直，墙前采用块石压脚，块石要求粒径≥300 mm，墙后采用良好开挖料进行回填压实。挡墙墙身采用长×宽×高为 2 m×1 m×1 m 及 1.5 m×1 m×1 m 的固滨笼砌筑而成，现状岸坡采用 300 mm 厚绿滨垫护坡，坡比为 1∶2，下设 200 mm 厚砂石反滤层。坡顶 182.50 m 高程设置 3 m 宽 C25 混凝土路面，厚 200 mm，下设 15 cm 厚碎石垫层，两侧设 C15 混凝土预制路缘石（120 mm×320 mm×600 mm）；沿路面外侧布置宽 1.0 m 绿化隔离带，隔离带树种采用柳树+桂花+龙船花+马尼拉草，柳树种植间距为 8 m，高 200～250 cm，胸径 6 cm，桂花种植间距为 8 m，高 200～250 cm，胸径 8 cm，龙船花种植间距为 2 m，冠幅 40～50 cm。B 型护岸断面见图 5-47。

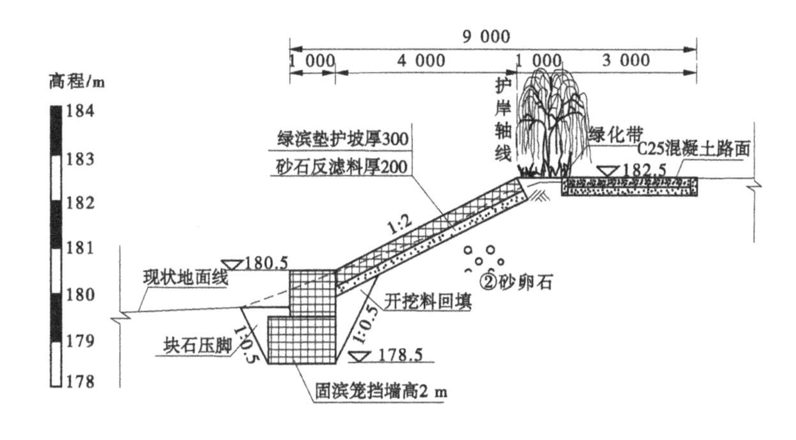

图 5-47　B 型护岸断面图　（单位：高程，m；尺寸，mm）

（3）C 型（叠石护岸）。采用缓坡叠石结构，坡比为 1∶4，叠石采用大块卵石，粒径为 300～700 mm，卵石石质必须坚实、无损伤、无裂痕、表面无脱落。护岸两侧结合片区实际情况种植湿地。C 型护岸断面见图 5-48。

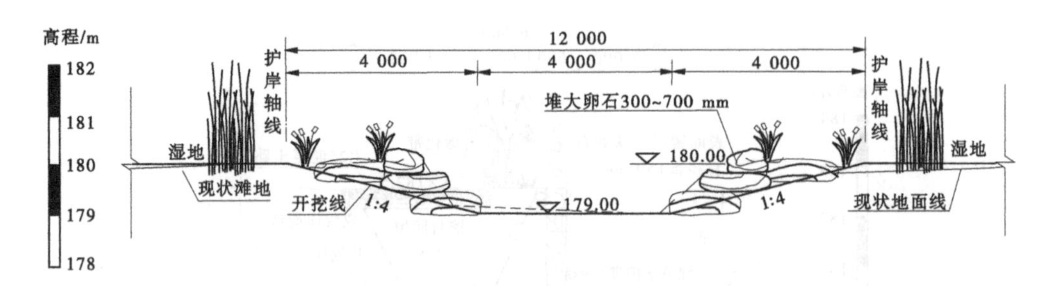

图 5-48 C 型护岸断面 （单位：高程，m；尺寸，mm）

(4)D 型(绿滨垫护坡+C30 仿松木桩护岸)。采用绿滨垫+C30 仿松木桩结构，坡脚设 1.0 m×1.0 m×2.0 m(宽×高×长)固滨笼挡墙护脚，常水位以下采用绿滨垫护坡，常水位 182.0 m 高程处设置 1.5 m 宽平台种植水生植物，水生植物种植美人蕉及荷花。美人蕉冠幅 15~20 cm，株高 40~50 cm，间距 0.3 m；荷花冠幅 100~120 cm，间距 0.5 m。水生植物带内侧设 C30 仿松木桩护岸，桩径 300 mm，长 2.3~2.5 m。坡顶 182.50 m 高程处设置 3 m 宽 C25 混凝土路面，厚 200 mm，下设 15 cm 厚碎石垫层，两侧设 C15 混凝土预制路缘石(120 mm×320 mm×600 mm)；沿路面外侧布置宽 1.0 m 绿化隔离带，隔离带树种采用柳树+桂花+龙船花+马尼拉草，柳树种植间距为 8 m，高 200~250 cm，胸径 6 cm，桂花种植间距为 8 m，高 200~250 cm，胸径 8 cm，龙船花种植间距为 2 m，冠幅 40~50 cm。D 型护岸断面见图 5-49。

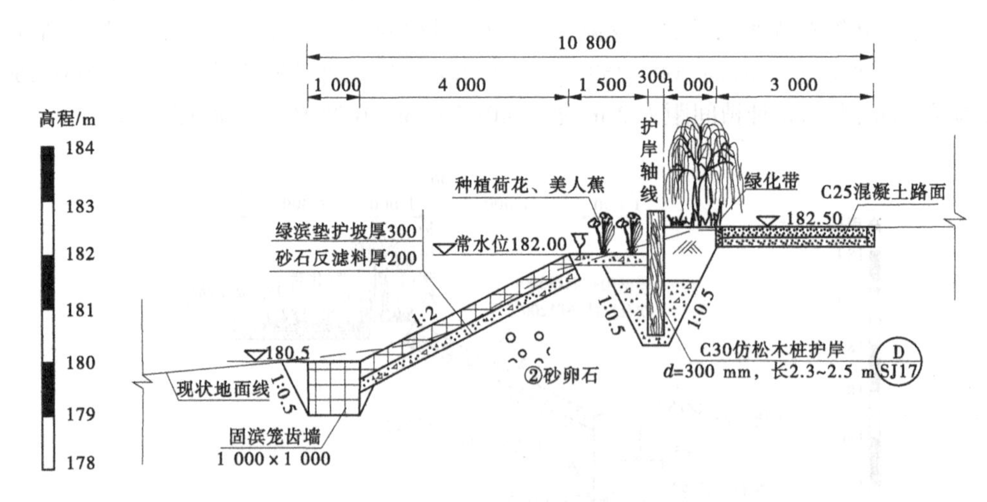

图 5-49 D 型护岸断面 （单位：高程，m；尺寸，mm）

(5)E 型(松木桩+绿滨垫护坡护岸)。采用松木桩+绿滨垫结构，松木桩尾径 150 mm，桩长 3~4 m，间距 0.25 m，桩顶设 500 mm 厚 C15 混凝土压顶。现状岸坡采用 300 mm 厚绿滨垫护坡，坡比为 1:2，下设 200 mm 厚砂石反滤层。坡顶 182.50 m 高程设置 3 m 宽 C25 混凝土路面，厚 200 mm，下设 15cm 厚碎石垫层，两侧设 C15 混凝土预制路缘石(120 mm×320 mm×600 mm)；沿路面外侧布置宽 1.0 m 绿化隔离带，隔离带树种采用柳树+桂花+龙船花+马尼拉草,柳树种植间距为 8 m,高 200~250 cm,胸径 6 cm,桂花种植间距为 8 m,高 200~250 cm,胸径 8 cm,龙船花种植间距为 2 m,冠幅 40~50 cm。E 型护岸断面见图 5-50。

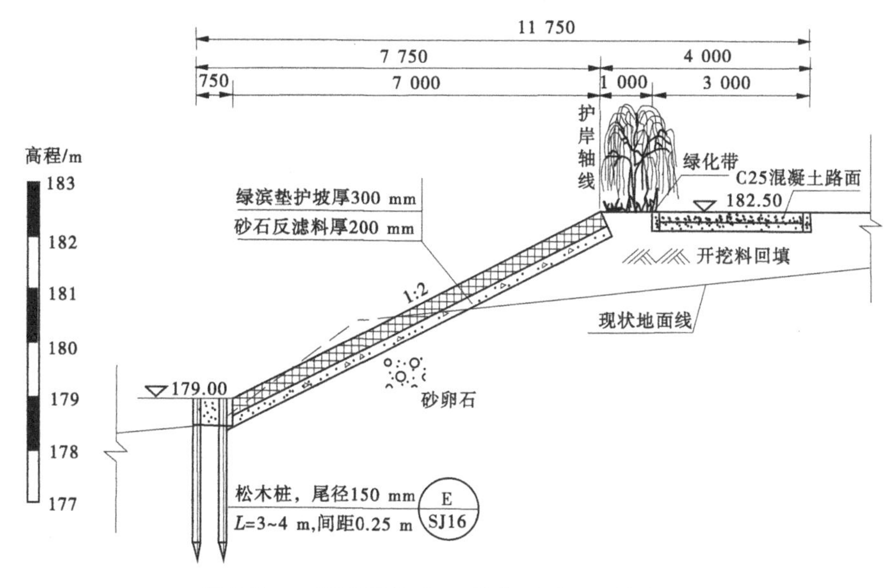

图 5-50　E 型护岸断面　(单位:高程,m;尺寸,mm)

(6)F 型(固滨笼+叠石护岸)。采用固滨笼挡墙+叠石结构,其中固滨笼挡墙墙顶宽 1.0 m,临水面为错台式,背水面垂直,墙前采用块石压脚,块石要求粒径≥300 mm,墙后采用良好开挖料进行回填压实。墙身采用长×宽×高为 2 m×1 m×1 m 及 1.5 m×1m×1 m 的固滨笼砌筑而成,现状岸坡采用 300 mm 厚绿滨垫护坡,坡比为 1:2,下设 200 mm 厚砂石反滤层;叠石护岸采用缓坡结构,坡比为 1:4,叠石采用大块卵石,粒径为 300~700 mm,卵石石质必须坚实、无损伤、无裂痕、表面无脱落,岸顶结合片区实际情况种植湿地。F 型护岸断面见图 5-51。

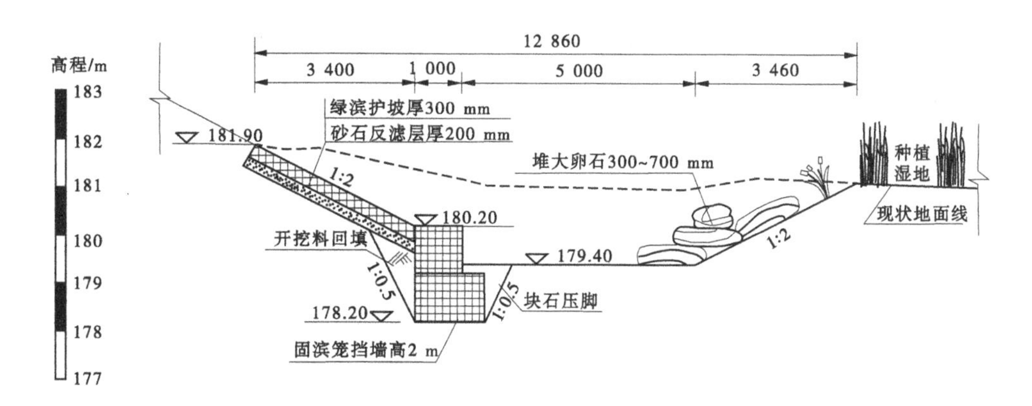

图 5-51　F 型护岸断面　(单位:高程,m;尺寸,mm)

5.5.4 标志设置工程

标志设置工程主要包括界标、警示牌和宣传告示牌，主要布置在龟石水库一级、二级水源保护区、准水源保护区各片区内村庄或路口等显眼位置。共设置界标 473 块，警示牌 462 块，宣传告示牌 100 块。其中，一级水源保护区设置界标 40 块，警示牌 36 块，宣传告示牌 4 块；二级水源保护区设置界标 166 块，警示牌 174 块，宣传告示牌 48 块；准水源保护区设置界标 267 块，警示牌 252 块，宣传告示牌 48 块。具体各片区汇总见表 5-30。

表 5-30　标志设置工程各片区汇总表

序号	片区编号	保护区	片区	标志设置工程			
				警示牌		宣传牌	界标
				A 型	B 型		
				块	块	块	块
1	Ⅰ-1	一级水源保护区	碧溪山南片	6	21	2	40
2	Ⅰ-2		碧溪山北片	9	0	2	0
小计				15	21	4	40
1	Ⅱ-1	二级水源保护区	老岭塝北片	6	0	3	0
2	Ⅱ-2		老岭塝南片	6	—	3	—
3	Ⅱ-3		新村片	6	6	3	12
4	Ⅱ-4		新石片	9	12	6	28
5	Ⅱ-5		长源片	3	—	3	—
6	Ⅱ-6		军田山片	9	33	6	68
7	Ⅱ-7		凤岭片	12	12	6	20
8	Ⅱ-8		石坝片	12	9	6	20
9	Ⅱ-9		内新片	9	—	3	—
10	Ⅱ-10		洪水源北片	6	9	3	18
11	Ⅱ-11		洪水源南片	6	—	3	—
12	Ⅱ-12		龙头片	9	—	3	—
小计				93	81	48	166

续表 5-30

序号	片区编号	保护区	片区	标志设置工程			
				警示牌		宣传牌	界标
				A 型	B 型		
				块	块	块	块
1	Ⅲ-1	准水源保护区	新祖岭片	15	—	3	—
2	Ⅲ-2		虎岩片	9	36	3	75
3	Ⅲ-3		上井片	6	15	3	32
4	Ⅲ-4		新寨片	6	—	3	—
5	Ⅲ-5		中屯片	12	24	3	60
6	Ⅲ-6		粟家片	12	—	3	—
7	Ⅲ-7		新坝片	9	—	3	—
8	Ⅲ-8		鲤鱼坝片	15	15	6	32
9	Ⅲ-9		沙洲片	24	12	12	28
10	Ⅲ-10		下鲤鱼坝片	6	—	3	—
11	Ⅲ-11		吉山片	12	9	3	24
12	Ⅲ-12		深井片	9	6	3	16
小计				135	117	48	267
合计				243	219	100	473

饮用水水源保护区图形标志参照《饮用水水源保护区标志技术要求》(HJ/T 433—2008)执行,具体设计如下。

5.5.4.1　**界标**

颜色:饮用水水源保护区界标的颜色采用绿底、白边,图案背景和文字为白色。

支撑方式:饮用水水源保护区界标采用双柱式的支撑方式,尺寸参考《道路交通标志和标线》(GB 5768—2009)。支撑基础采用 C15 混凝土基础,基础尺寸为 0.8 m×1.0 m×1.2 m(长×宽×高)。

材质:饮用水水源保护区标志应遵循耐久、经济的原则,本次设计采用铝合金板、合成树脂类板材等材质。标志表面采用反光材料。

制作:饮用水水源保护区标志由国家环境保护行政主管部门统一监制,标志的加工要求、外观质量及其测试方法可参照《公路交通标志板》(JT/T 279—2004)的有关规定执行。具体样式如图 5-52 所示。

5.5.4.2　**交通警示牌**

颜色:饮用水水源保护区交通警示牌的颜色一般道路为蓝底、白边,图案背景和文字

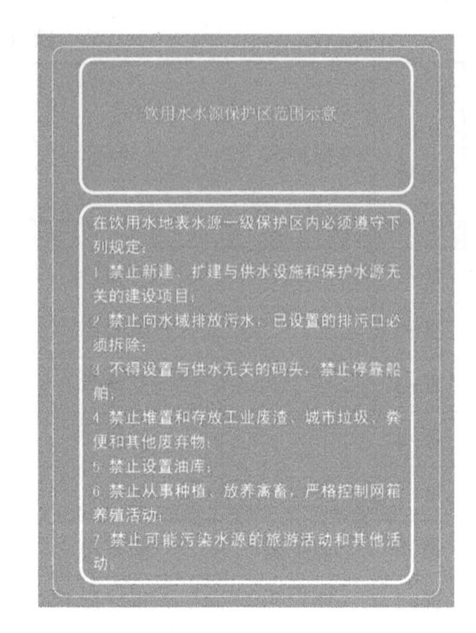

图 5-52　饮用水水源保护区界标正面、背面示意图

为白色。

支撑方式：饮用水水源保护区交通警示牌采用单柱式的支撑方式，支撑方式符合《道路交通标志和标线》(GB 5768—2009)。支撑基础采用 C15 混凝土基础，基础尺寸为 0.8 m×0.8 m×1.2 m(长×宽×高)。

材质：饮用水水源保护区标志应遵循耐久、经济的原则，宜采用铝合金板、合成树脂类板材等材质。交通警示牌的反光性能按照《道路交通标志和标线》(GB 5768—2009)执行。

制作：饮用水水源保护区交通警示牌由国家环境保护行政主管部门统一监制，警示牌的加工要求、外观质量及其测试方法参照《公路交通标志板》(JT/T 279—2004)的有关规定执行。具体样式如图 5-53 所示。

图 5-53　饮用水水源保护区交通警示牌示意图

5.5.4.3　宣传告示牌

本次设计宣传告示牌尺寸为 5.3 m×2.17 m(宽×高)，共分为两块，宣传告示牌立杆及横杆均采用不锈钢钢管，其中立杆尺寸型号为ϕ 89 mm×2.0 mm，横杆尺寸型号为ϕ 70 mm×1 mm，宣传告示牌板面采用不锈钢钢板，厚 2.0 mm；宣传告示牌基础为 3 个 C15 混凝土独立阶梯形基础,左右两侧基础尺寸为 1.4 m×1.4 m,中间基础尺寸为 1.6 m×1.6 m,宣传告示牌通过立杆与基础预埋钢板焊接加固。具体设计尺寸见宣传告示牌立面图 5-54。

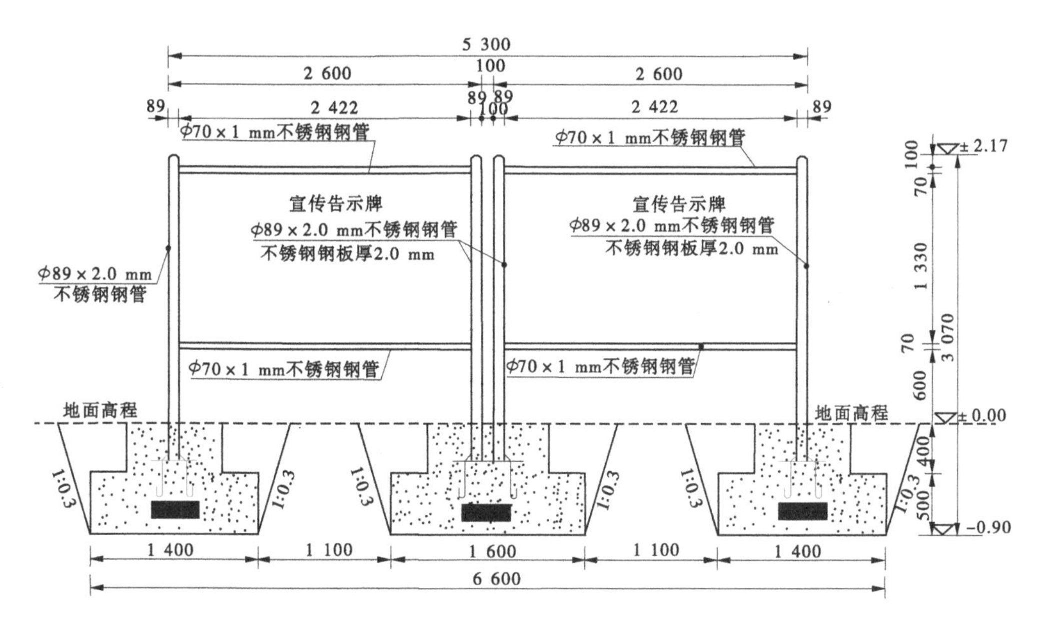

图 5-54　宣传告示牌立面图　(单位:高程,m;尺寸,mm)

5.5.5　确权划界工程

主要利用植物措施和界桩进行,工程主要沿着龟石水库校核洪水位 184.7 m 和正常蓄水位 182.0 m 高程处种植枫香和设置花岗岩界桩,共设置界桩 3 300 个,种植枫香 3 300 株。其中,二级保护区校核洪水位 184.7 m 高程线设置界桩 434 个,种植枫香 434 株,正常蓄水位 182.0 m 高程线设置界桩 505 个,种植枫香 505 株;准水源保护区校核洪水位 184.7 m 高程线设置界桩 1 122 个,种植枫香 1 122 株,正常蓄水位 182.0 m 高程线设置界桩 1 239 个,种植枫香 1 239 株。具体各片区汇总见表 5-31。

表 5-31　确权划界工程各片区汇总

序号	片区编号	保护区	片区	确权划界工程			
				界桩		枫香	
				182 m 高程	184.7 m 高程	182 m 高程	184.7 m 高程
				个	个	株	株
1	Ⅰ-1	一级水源保护区	碧溪山南片	—	—	—	—
2	Ⅰ-2		碧溪山北片	—	—	—	—
小计				0	0	0	0

续表 5-31

序号	片区编号	保护区	片区	确权划界工程			
				界桩		枫香	
				182 m 高程	184.7 m 高程	182 m 高程	184.7 m 高程
				个	个	株	株
1	Ⅱ-1	二级水源保护区	老岭塝北片	22	22	22	22
2	Ⅱ-2		老岭塝南片	13	15	13	15
3	Ⅱ-3		新村片	22	21	22	21
4	Ⅱ-4		新石片	19	19	19	19
5	Ⅱ-5		长源片	28	18	28	18
6	Ⅱ-6		军田山片	36	26	36	26
7	Ⅱ-7		凤岭片	57	52	57	52
8	Ⅱ-8		石坝片	52	46	52	46
9	Ⅱ-9		内新片	31	22	31	22
10	Ⅱ-10		洪水源北片	70	54	70	54
11	Ⅱ-11		洪水源南片	24	25	24	25
12	Ⅱ-12		龙头片	131	114	131	114
小计				505	434	505	434
1	Ⅲ-1	准水源保护区	新祖岭片	107	66	107	66
2	Ⅲ-2		虎岩片	74	61	74	61
3	Ⅲ-3		上井片	102	89	102	89
4	Ⅲ-4		新寨片	13	12	13	12
5	Ⅲ-5		中屯片	80	73	80	73
6	Ⅲ-6		粟家片	66	55	66	55
7	Ⅲ-7		新坝片	166	143	166	143
8	Ⅲ-8		鲤鱼坝片	185	185	185	185
9	Ⅲ-9		沙洲片	186	195	186	195
10	Ⅲ-10		下鲤鱼坝片	50	33	50	33
11	Ⅲ-11		吉山片	83	133	83	133
12	Ⅲ-12		深井片	127	77	127	77
小计				1 239	1 122	1 239	1 122
合计				1 744	1 556	1 744	1 556

5.5.5.1　界桩

界桩采用花岗岩结构，每隔 20～80 m 设置 1 个，尺寸为 200 mm×200 mm×1 000 mm，界坑尺寸为 400 mm×400 mm×400 mm，采用 C15 混凝土回填。具体界桩详见图 5-55、图 5-56。

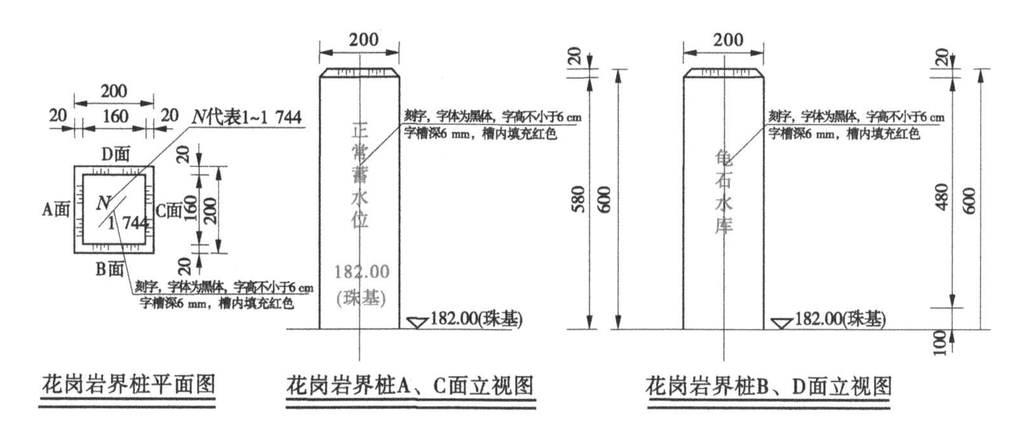

图 5-55　182.0 m 高程花岗岩界桩设计　（单位：高程，m；尺寸，mm）

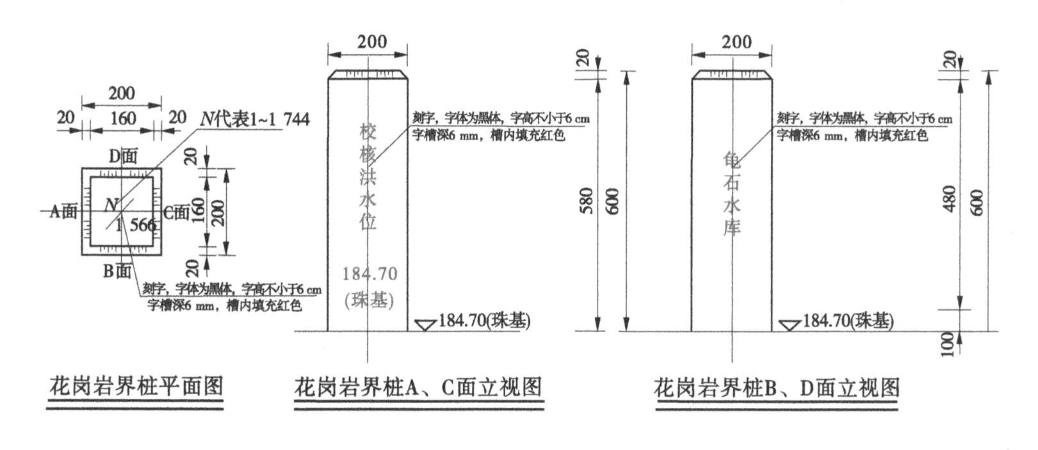

图 5-56　184.7 m 高程花岗岩界桩设计　（单位：高程，m；尺寸，mm）

5.5.5.2　枫香

植物措施主要在 184.70 m 高程每隔 20～80 m 种植枫香，规格：胸径 8～10 cm，高度 250～300 m，枫香种植穴坑尺寸为 600 mm×600 mm×500 mm。枫香种植效果见图 5-57。

5.5.6　综合管理建设工程

为了实现对龟石水库全方位监控和管理，本工程一方面通过依托龟石水库巡查大队，增加相关管理设施，对水源进行水、路、空全方位的巡查；另一方面通过建立龟石水库综合管理平台，该平台主要从水质测报、视频监控、事故预警、应急处置指挥、声控宣传等内容入手，实现龟石水库水质实时无线自动监控。

图 5-57 枫香种植效果

5.5.6.1 **巡查管理**

本次设计主要通过增加相关管理设施、设备,进一步加强对水源的水、路、空全方位的巡查。

1. 水域方面

目前,龟石水库无任何巡查船临时停靠平台。本次设计根据实际情况,结合水源保护区的分界,拟在二级水源保护区洪水源附近增设一龟石水库水上巡查管理平台,并配备巡查船 2 艘、巡查快艇 1 艘、摄像机 1 台、照相机 1 台。

2. 陆域方面

本次设计根据实际工作需要,拟配备水库巡查车 2 辆、摄像机 1 台、照相机 1 台、GPS 测量仪 1 台。

3. 空域方面

龟石水库范围宽广,仅水域面积就达 50 km^2,本次设计根据实际工作需要,拟配备航拍无人机 1 架。

5.5.6.2 **综合管理平台**

为了实现龟石水库综合管理,本次设计从水质测报、水量测报、视频监控、事故预警、应急处置指挥、声控宣传等内容入手,实现龟石水库实时无线自动监控。

1. 水质测报

水质测报主要依托远程自动水质监测系统对龟石水库水质进行远程自动监测,远程水质自动监测系统架构见图 5-58。

根据《水环境监测规范》(SL 219—2013),结合龟石水库水环境影响因子及管理能力的实际,本次设计确定水质自动监测指标为水温、pH 值、DO、浊度、氨氮、COD、总氮、总磷、流量等共 9 项。

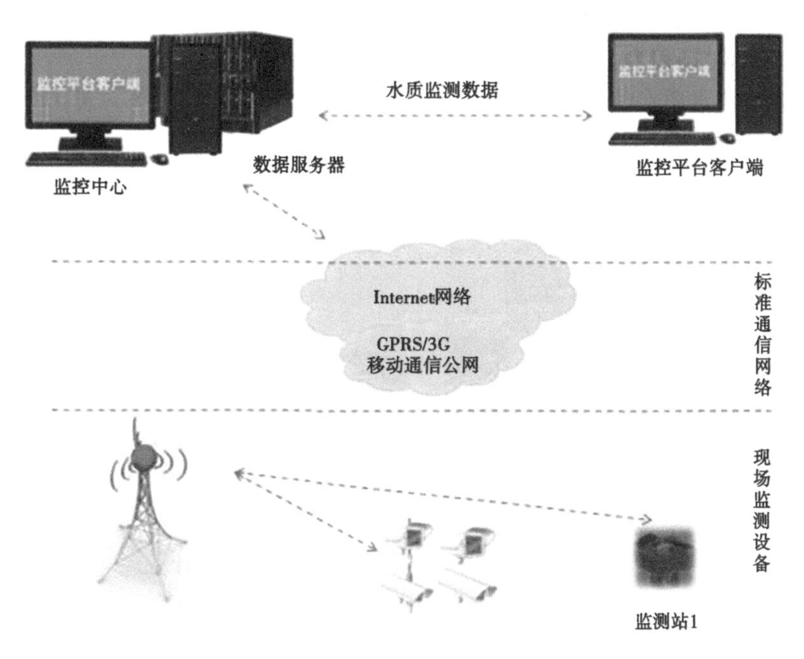

图 5-58　远程水质自动监测系统架构

根据龟石水库库区现状村镇、入库支流的分布以及水源保护区的划分情况，本次设计共设置自动监测站点 9 个。其中浮动式自动监测站共设 4 座，主要分布在坝首水域、一级饮用水源保护区与二级饮用水源保护区水域分界线、二级饮用水源保护区与准水源保护区水域分界线、富江河口，主要监测龟石水库库区水质情况；岸壁式自动监测站共设 5 座，主要在碧溪北片、新石片、内新片、沙洲片、鲤鱼坝片各入库支流进行水质监测，并根据水质监测成果进一步明确上游源头治理、过程阻断的削减指标。

1）浮动式自动监测站

该类型自动监测站主要由浮动平台、一体型多参数水质分析仪、供电系统组成，同碧溪北片。

2）岸壁式自动监测站

该类型自动监测站主要由岸壁固定平台基础、一体型多参数水质分析仪、供电系统、取排水系统组成，具体如下：

（1）浮动平台。岸壁固定平台基础为现浇 C25 混凝土结构，基础长为 2 m，宽为 1.5 m，厚度为 0.2 m，为保证监测设备主体的稳定性，在基础中间位置预埋 8 个 U 形卡环，待混凝土达到一定强度后，将监测设备主体固定至预埋卡环位置。同碧溪北片。

（2）一体型多参数水质分析仪。主要采用 SWF-03.06B1 一体型多参数水质分析仪测量 TP、TN、COD_{Mn}、Tb、pH 值、DO、Cd、WT、NH_3—N 等 9 项指标。

（3）供电系统设计。主要采用太阳能供电系统。该系统配 2 块 24 V、200 Ah 的蓄电池，2 块 250 WP 太阳能板，140 W 的水泵，4 h 测一次。

（4）取排水系统设计。根据现场条件及岸壁式自动监测站工作特点，将自动监测站安装于岸边一块空地上，监测站取水系统由潜水泵、浮球、锚组成。该取水系统可根据水位变化而浮动,保证取水位置在液面下 0.5 m 处。进水管采用钢管,铺设方式采用地埋。泵站功率为 140 W,扬程为 10~15 m。

岸壁式多参数水质在线自动监测站设计见图 5-59。

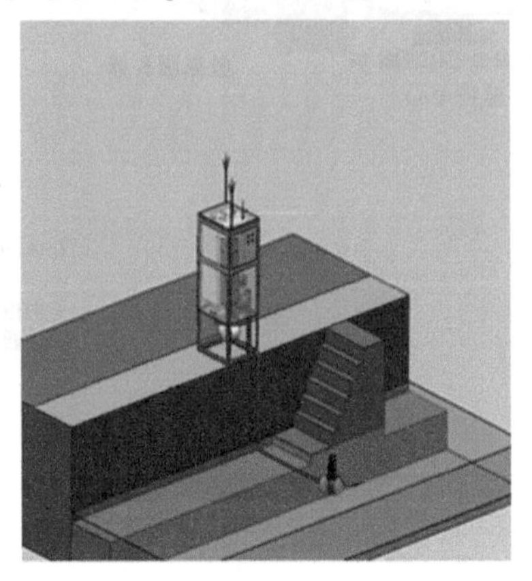

图 5-59 岸壁式多参数水质在线自动监测站设计

2. 视频监控

视频监控系统通过对饮用水水源保护区范围内的重要点位进行视频实时监控,及时发现实时情景,通过采取及时的措施、对策,规避和减少水环境、生态风险;饮用水水源保护区范围内的重要视频实时监控点位主要指取水和输水设施工程管理范围(重点是取水口)、重点水污染源及排污口、污染风险源(公路、铁路通过处)等。根据以上原则,本次方案拟建设 19 个视频实时监控点,具体为龟石水库取水口、坝首、华润取水口、华润排污口、富江入库口、碧溪山村口、峡口、二级水源进口处等。视频监控系统初步考虑采用无线视频监控系统。无线视频监控系统架构图同碧溪北片。

无线视频监控系统,是一款简单易用的小型远程数字监控系统,与网络摄像机配套使用,可采用无线方式连接网络,易于安装部署,不需要用户额外配置专用电脑和采集录像等设备。用户可采用手机或电脑作为监控终端设备,可随时随地接收报警信息和查看监控视频。本系统具有稳定可靠、经济实用等特点,可用于远程管理。常用的无线视频监控系统采用的摄像机有 Wi-Fi 无线网络摄像机、有线网络摄像机、4G 无线网络摄像机。结合工程实际情况,本次无线视频监控系统摄像机采用 4G 网络摄像机,该摄像机使用简单,不需要布线,不需要用户自行搭设任何网络,内置锂电,只要在有手机网络的地方就可以使用。

3. 事故预警

根据《地表水环境质量标准》(GB 3838—2002),对自动监测站的任意监测指标进行条件设置,当一个或多个条件达到时,系统发出警报,警报可以 E-mail、短信、网络电话等形式通知设定好的人群。

4. 声控警报宣传

太阳能 GSM 无线大功率扩播报警器共设 9 套,主要分布在坝首、碧溪村、洪水源、内新、吉山、下鲤鱼坝、大坝、文龙井、大深洞。

5.应急处置指挥

当发生突发性水污染事故或发现水质异常以及开展水生态环境专项保护工作时，需要开展排查性应急水质监测，本次设计根据实际需要配置水质应急监测车1台。

5.5.7　工程治理措施工程量

结合上述总体方案，各片区工程治理措施工程总量如下：

(1)各片区隔离防护工程主要布置在各片区库周村庄、农田水库正常蓄水位182.00 m高程边缘附近，隔离防护总长55.16 km，主要采用仿木隔离栏杆、鸟不站隔离沟、鸟不站隔离带三种形式隔离。

(2)农业面源污染治理工程主要进行末端强化，采取的末端强化技术为生态透水坝形成低洼塘(前置库)+植物措施兼顾生态修复，生态修复面积共239.25 hm^2，生态透水坝7.49 km，并在碧溪北片、新石片设置生态修复池进行强化处理；入库支流生态修复工程主要对碧溪山片、新石片、石坝片、内新片、虎岩片、沙洲片、吉山片直接入库的河流进行整治，共建设护岸7.89 km，并在吉山片配置细分子超饱和溶氧-超强磁化设备1套进行强化处理。

(3)农村生活污水治理工程拟对库区饮用水源保护区范围内的自然村分散性污水进行分片集中治理，治理方式主要为每20~40户设置一个片区配备一套一体化设备，选择大桥头、平寨、老铺寨、小源村、新寨等自然村，共设置能达到地表Ⅲ类标准的生活污水处理一体化设备163套，并配套建设相关收集管网。

(4)生态浮床工程主要布置在凤岭片、内新片、深井片，共建设生态浮床4 600 m^2。

(5)标志设置工程主要布置在各相关片区内村庄或路口等显眼位置，共设置界标473块，警示牌462块，宣传告示牌100块。

(6)确权划界工程主要沿着龟石水库校核洪水位184.7 m(珠基)和正常蓄水位182.0 m(珠基)高程处种植枫香和设置花岗岩界桩，共设置界桩3 300个，种植枫香3 300株。

(7)管护道路改造工程共分两段布置，其中长溪江桥至坝首段共改建管护道路757.70 m，坝首至碧溪村段共改造管护道路长3 655.50 m。

(8)综合管理建设工程主要增加相关管理设施，对水源进行水、路、空全方位的巡查。

(9)建立龟石水库综合管理平台，设置自动监测站点9个，其中浮动式自动监测站共设4座，岸壁式自动监测站共设5座。

(10)权属调查工程主要对龟石水库184.7 m高程下范围内的耕地、房屋进行权属调查。

主要建设规模详见表5-32。

表 5-32 贺州市龟石饮用水源保护

序号	项目名称			单位	总计	一级饮用水源保护区			二级饮用水源保护区						
						小计	Ⅰ-1	Ⅰ-2	小计	Ⅱ-1	Ⅱ-2	Ⅱ-3	Ⅱ-4	Ⅱ-5	Ⅱ-6
					数量	数量	碧溪山南片	碧溪山北片	数量	老岭塝北片	老岭塝南片	新村片	新石片	长源片	军田山片
1	隔离防护工程	A型	乌不站隔离沟	km	24.22	0	0	—	6.90	—	—	—	—	1.41	0.33
		B型	乌不站隔离带	km	30.65	0.64	0.64	—	6.69	0.05	0.19	0.26	1.86	—	1.34
		C型	仿木隔离栏杆	km	0.29	0.294	—	0.294	0	—	—	—	—	—	—
2	确权划界工程	界桩	182 m高程	个	1 744	0	—	—	505	22.00	13.00	22.00	19.00	28.00	36.00
			184.7 m高程	个	1 556	0	—	—	434	22.00	15.00	21.00	19.00	18.00	26.00
		枫香	182 m高程	株	1 744	0	—	—	505	22.00	13.00	22.00	19.00	28.00	36.00
			184.7 m高程	株	1 556	0	—	—	434	22.00	15.00	21.00	19.00	18.00	26.00
3	标志设置工程	警示牌	A型	块	243	15	6	9	93	6.00	6.00	6.00	9.00	3.00	9.00
			B型	块	219	21	21	—	81	—	—	6.00	12.00	—	33.00
		宣传牌		块	100	4	2	2	48	3.00	3.00	3.00	6.00	3.00	6.00
		界标		块	473	40	40	—	166	—	—	12.00	28.00	—	68.00
4	农村生活污水治理工程	一体化污水处理设备		套	163	0	—	—	30	1.00	—	—	9.00	3.00	8.00
5	农业面源污染治理工程	生态修复面积		hm^2	239.25	0.78	0.56	0.22	44.76	0.40	0.13	0.41	8.76	5.97	4.13
		生态透水坝		座	16.00	2	1	1	9.00		2.00	1.00	1.00		1.00
				km	7.49	0.30	0.09	0.21	2.41		0.11	0.07	0.55		0.25
6	入库支流生态修复工程	护岸	A型	km	1.24	0	—	—	0.89	—	—	—	0.29	—	—
			B型	km	1.50	0	—	—	0.33	—	—	—	—	—	—
			C型	km	3.76	0	—	—	0	—	—	—	—	—	—
			D型	km	1.23	0	—	—	1.23	—	—	—	0.40		
			E型	km	0	0	—	—	0	—	—	—	—	—	—
			F型	km	0.15	0.15		0.15	0	—	—	—	—	—	—
		细分子污水处理工程		套	1.00				0	—	—	—	—	—	—
7	生态浮床工程	生态浮床		m^2	4600.00	0		—	3000.00	—	—	—	—	—	—
8	长溪江桥至坝首管护道路改造工程				共改建管护道路757.70 m，新建排水沟450.0 m，修复排水沟226 m，新建路缘石										
9	坝首至碧溪山管护道路改造工程				共改造管护道路长3 655.50 m，新建排水沟3.17 km，新建混凝土仿木栏杆1.498										
10	龟石水库综合管理建设工程				龟石水库饮用水源综合管理监测建设工程										
11	龟石水库管理范围权属调查工程				龟石水库管理范围权属调查工程										

工程(一期)建设规模表

二级饮用水源保护区							准饮用水源保护区											
Ⅱ-7	Ⅱ-8	Ⅱ-9	Ⅱ-10	Ⅱ-11	Ⅱ-12	小计	Ⅲ-1	Ⅲ-2	Ⅲ-3	Ⅲ-4	Ⅲ-5	Ⅲ-6	Ⅲ-7	Ⅲ-8	Ⅲ-9	Ⅲ-10	Ⅲ-11	Ⅲ-12
凤岭片	石坝片	内新片	洪水源北片	洪水源南片	龙头片	数量	新祖岭片	虎岩片	上井片	新寨片	中屯片	粟家片	新坝片	鲤鱼坝片	沙洲片	下鲤鱼坝片	吉山片	深井片
0.52	0.40	0.63	1.04	1.10	1.47	17.32	—	1.10	—	—	1.38	2.18	2.46	2.47	3.52	1.74	2.47	—
0.86	0.50	0.35	0.78		0.51	23.32	6.93	0.32	0.86	0.87	2.50	0.86	—	3.97	2.19	—	1.36	3.47
—	—	—	—	—	—	0	—	—	—	—	—	—	—	—	—	—	—	—
57.00	52.00	31.00	70.00	24.00	131.00	1239.00	107.00	74.00	102.00	13.00	80.00	66.00	166.00	185.00	186.00	50.00	83.00	127.00
52.00	46.00	22.00	54.00	25.00	114.00	1122.00	66.00	61.00	89.00	12.00	73.00	55.00	143.00	185.00	195.00	33.00	133.00	77.00
57.00	52.00	31.00	70.00	24.00	131.00	1239.00	107.00	74.00	102.00	13.00	80.00	66.00	166.00	185.00	186.00	50.00	83.00	127.00
52.00	46.00	22.00	54.00	25.00	114.00	1122.00	66.00	61.00	89.00	12.00	73.00	55.00	143.00	185.00	195.00	33.00	133.00	77.00
12.00	12.00	9.00	6.00	6.00	9.00	135.00	15.00	9.00	6.00	6.00	12.00	12.00	9.00	15.00	24.00	6.00	12.00	9.00
12.00	9.00	—	9.00	—	—	117.00	—	36.00	15.00	—	24.00	—	—	15.00	12.00	—	9.00	6.00
6.00	6.00	3.00	3.00	3.00	3.00	48.00	3.00	3.00	3.00	3.00	3.00	3.00	3.00	6.00	12.00	3.00	3.00	3.00
20.00	20.00	—	18.00	—	—	267.00	—	75.00	32.00	—	60.00	—	—	32.00	28.00	—	24.00	16.00
—	3.00	1.00	5.00	—	—	133.00	—	13.00	—	4.00	15.00	25.00	—	11.00	42.00	—	23.00	—
4.42	5.47	4.75	3.05	3.73	3.53	193.72	12.33	7.88	0.96	1.37	12.13	25.84	17.56	24.36	57.62	7.49	14.76	11.42
—	1.00	1.00	1.00	1.00	—	5.00	—	1.00	—	—	1.00	—	—	1.00	1.00	—	1.00	—
—	0.52	0.51	0.16	0.25	—	4.78	—	0.95	—	—	0.35	—	—	1.32	2.04	—	0.13	—
—	0.28	0.32	—	—	—	0.35	—	0.35	—	—	—	—	—	—	—	—	—	—
—	0.33	—	—	—	—	1.17	—	—	—	—	—	—	—	—	1.17	—	—	—
—	—	—	—	—	—	3.76	—	0.60	—	—	—	—	—	—	1.90	—	1.26	—
—	—	0.83	—	—	—	0	—	—	—	—	—	—	—	—	—	—	—	—
—	—	—	—	—	—	0	—	—	—	—	—	—	—	—	—	—	—	—
—	—	—	—	—	—	0	—	—	—	—	—	—	—	—	—	—	—	—
—	—	—	—	—	—	1	—	—	—	—	—	—	—	—	—	—	1	—
1500.00	—	1500.00	—	—	—	1600.00	—	—	—	—	—	—	—	—	—	—	—	1600.00
917.4 m，新建仿木道路隔离栏917.4 m，道路两侧设置绿化带，绿化带总面积2 989 m^2																		
km，新建防撞墩2.28 km，新建排水涵17处，新建会车平台4处，修复路基30 m																		

第6章 设计概算

6.1 主要问题

龟石水库位于珠江流域西江水系贺江干流上游富江上,是一座集防洪、供水、灌溉、发电等综合利用的水利工程,是贺州市城区及钟山县城区主要的饮用水水源地。贺州市龟石饮用水源保护工程(一期)总治理面积为449.08 km^2,分三区26片,主要的工程措施有:①隔离防护工程共建设鸟不站隔离沟24.22 km,鸟不站隔离带30.65 km,仿木隔离栏杆0.29 km;②标志设置工程共设置警示牌462块,界标473块,宣传牌100块;③确权划界工程共设置界桩3 300个,种植枫香3 300株;④农村生活污水治理工程,污水处理一体化设备163套、细分子超饱和溶氧-超强磁化设备1套;⑤农业面源污染治理工程消落区生态修复面积239.25 hm^2,生态透水坝7.49 km、生态浮床工程4 600 m^2;⑥入库支流生态修复工程护岸7.89 km;⑦道路改造工程主要对长溪江桥至碧溪山段进行改造,共改造管护道路4.413 km;⑧龟石水库综合管理建设工程主要加强水源巡查管理及水源保护综合管理平台建设。

贺州市龟石饮用水源保护工程(一期)是一项综合工程,就目前而言,在"末端强化"治理中,对农村面源污染和农村生活污水调查、污染量的定量分析、与治理相关的入库支流的设计洪水与生态用水标准、设计水平年、研究范围、规划范围、治理方案和措施、工程投资、工程管理等方面的饮用水源保护系统工程研究和实践,鲜于报道。编制类似龟石饮用水源保护工程的设计概算,各行业无统一方法和依据。本项目从水利行业对贺州市龟石饮用水源保护工程,编制了项目的设计概算,是确定和控制该项目投资的依据,并作为控制建设项目投资的最高限额。

6.2 编制依据

(1)工程量计算依据初步设计图纸。

(2)费用构成及计算标准按桂水基〔2007〕38号文颁布的《广西壮族自治区水利水电工程设计概(预)算编制规定》《广西壮族自治区水利水电建筑工程概(预)算定额》《广西壮族自治区水利水电设备安装工程概(预)算定额》《广西壮族自治区水利水电工程机械台时费定额》《广西壮族自治区水利水电工程概(预)算补充定额》。

(3)《广西壮族自治区市政工程消耗量定额》。

(4)勘察费、设计费参考国家计委、建设部《工程勘察设计收费管理规定》(计价格〔2002〕10号)和《前期工作工程勘察收费暂行规定》(〔2006〕1352号)计列;监理费参考《建设工程监理与相关服务收费管理规定》的通知(发改价格〔2007〕670号)和广西水利厅《关于执行〈建设工程监理与相关服务收费管理规定〉的通知》(桂水基〔2007〕18号)。

(5)《关于调整广西水利水电建设工程定额人工预算单价的通知》(桂水基〔2016〕1号)。

(6)《水利厅关于营业税改征增值税后广西水利水电工程计价依据调整的通知》(桂水基〔2016〕16号)。

(7)水利厅办公室转发水利部办公厅关于印发《水工程营业税改征增值税计价依据调整办法的通知》(水办基〔2016〕31号)。

(8)《贺州市建设工程造价信息》(2018年3月)。

(9)价差预备费按桂计投资〔1999〕373号执行。

6.3 设计概算编制

6.3.1 基础单价

(1)人工单价:人工单价按桂水基〔2016〕1号调整。

(2)材料单价:依据当地的工程造价信息确定。主要材料价差为信息价与基础价之差,并考虑材料的运距调整。

(3)电、风、水预算价格:依据当地的工程造价信息和参考《广西壮族自治区水利水电工程设计概(预)算编制规定》。

6.3.2 单价组成

(安装)工程单价由直接工程费、间接费、企业利润、税金组成。

6.3.3 工程概算编制

工程概算编制分列建筑工程、机电设备及安装工程、金属结构设备及安装工程、施工临时工程、独立费用。

6.3.4 预备费

基本预备费按Ⅰ~Ⅴ部分投资之和的5%取计。

6.4 投资主要指标

经计算,本工程概算总投资为 43 556.14 万元,其中建筑工程 28 280.66 万元,机电设备及安装工程 1 371.33 万元,金属结构设备及安装工程 4 690.19 万元,临时工程 838.49 万元,独立费用 3 698.50 万元,基本预备费 1 943.96 万元,建设期贷款利息 1 690.50 万元,征地补偿费 369.83 万元,水土保持工程费 349.69 万元,环境保护工程费 322.99 万元。

6.4.1 一、二级水源保护区工程投资

总投资为 18 327.41 万元,其中建筑工程投资 12 471.75 万元,机电设备及安装工程投资 1 066.20 万元,金属结构设备及安装工程投资 850.39 万元,临时工程投资 361.65 万元,独立费用 1 588.97 万元,基本预备费 816.95 万元,建设期贷款利息 845.25 万元,建设征地补偿费 77.35 万元,水土保持工程费 129.39 万元,环境保护工程费 119.51 万元。

主要工程量:土方开挖 80 101 m^3,土石方填筑 94 117 m^3,混凝土 19 881.34 m^3,模板 35 511 m^2;其中,耗用水泥 7 159.51 t,钢筋 501.58 t,砂 32 628.04 m^3,块石 63 244.17 m^3,碎石 46 562.74 m^3,汽油 43.28 t,柴油 221.91 t,电 18.09 万 kW · h,总劳动工时 110.52 万工时。

6.4.2 准水源保护区工程投资

总投资为 25 228.73 万元,其中建筑工程投资 15 808.91 万元,机电设备及安装工程投资 305.13 万元,金属结构设备及安装工程投资 3 839.80 万元,临时工程投资 476.84 万元,独立费用 2 109.53 万元,基本预备费 1 127.01 万元,建设期贷款利息 845.25 万元,建设征地补偿费 292.48 万元,水土保持工程费 220.30 万元,环境保护工程费 203.48 万元。

主要工程量:土方开挖 184 305 m^3,土石方填筑 91 664 m^3,混凝土 7 075 m^3,模板 23 970 m^2。其中,耗用水泥 6 096.32 t,钢筋 188.29 t,砂 40 279.47 m^3,块石 99 472.61 m^3,碎石 42 497.23 m^3,汽油 15.08 t,柴油 234.23 t,电 12.47 万 kW · h,总劳动工时 239.61 万工时。

工程概算总表见表 6-1。

表 6-1　工程投资概算总表

单位:万元

分区	措施类别	项目名称		主要建设内容	建筑工程费				机电设备及安装工程	金属结构设备及安装工程	临时工程费	独立费用	基本预备费(5%)	建设期贷款利息	建设征地补偿费	水土保持工程费	环境保护工程费	投资小计	投资总计
					土建		其他	合计											
					小计	合计													
一、二级水源保护区	工程措施	水源保护工程	龟石水库一级、二级水源保护区隔离防护工程	鸟不站隔离沟 6.902 km,鸟不站隔离带 7.33 km,仿木隔离栏杆 0.294 km	189.81	349.52	3.50	12 471.75	—	—	361.65	1 588.97	816.95	845.25	77.35	129.39	119.51	18 327.41	43 556.14
			龟石水库一级、二级水源保护区标志设置工程	设置 A 型警示牌 108 块,B 型警示牌 102 块,宣传牌 52 块,界标 206 块	73.25				—	—									
			龟石水库一级、二级水源保护区划权确界工程	设置界桩 939 个,种植枫香 939 株	86.46				—	—									
		面源及内源污染控制与治理工程	龟石水库一级、二级水源保护区农村生活污水处理工程	配置一体化污水处理设备 30 套	636.69	9 876.43	142.72			850.39									
			龟石水库一级、二级水源保护区农业面源污染治理工程	消落区生态修复面积共 45.53 hm^2,生态透水坝长 2.709 km	9 113.74		112.27		—	—									
			龟石水库一级、二级水源保护区生态浮床工程	生态浮床 3 000 m^2	126.00				—	—									
		入库支流生态修复工程	龟石水库一级、二级水源保护区入库支流生态修复工程	新建生态护岸 2.607 km	1 180.67	1 180.67			—	—									
		道路改造工程	长溪江桥至坝首管护道路改造工程	新建排水沟 450 m,修复排水沟 266 m,绿化带 2 989 m^2,新建路缘石 917.4 m	52.85	52.85			—	—									
			坝首至碧溪山管护道路改造工程	改建管护道路 3 655.50 m,仿木栏杆 1 498.4 m,排水沟 3 170.0 m,防撞墩 2 284.50 m,排水涵 17 处,会车平台 4 处,修复路基 30 m	422.64	422.64			—	—									

续表 6-1

分区	措施类别	项目名称		主要建设内容	建筑工程费				机电设备及安装工程	金属结构设备及安装工程	临时工程费	独立费用	基本预备费（5%）	建设期贷款利息	建设征地补偿费	水土保持工程费	环境保护工程费	投资小计	投资总计
					土建		其他	合计											
					小计	合计													
一、二级水源保护区	非工程措施	龟石水库综合管理工程	龟石水库饮用水源综合管理建设工程	自动监测站及水源巡查管理	31.16	31.16	112.27	12 471.75	1 066.20	—	361.65	1 588.97	816.95	845.25	77.35	129.39	119.51	18 327.41	43 556.14
			龟石水库管理范围权属调查工程	权属调查（含一、二级水源保护区和准水源保护区）	300.00	300.00			—	—									
准水源保护区	工程措施	水源保护工程	龟石水库准保护区隔离防护工程	鸟不站隔离沟 17.316 km，鸟不站隔离带 23.321 km	269.17	570.12	5.70	15 808.91	—	—	476.84	2 109.53	1 127.01	845.25	292.48	220.30	203.48	25 228.73	
			龟石水库准保护区标志设置工程	设置 A 型警示牌 135 块，B 型警示牌 117 块，宣传牌 48 块，界标 267 块	83.71				—	—									
			龟石水库准保护区划权确界工程	设置界桩 2 361 个，种植枫香 2 361 株	217.24				—	—									
		面源及内源污染控制与治理工程	龟石水库准保护区农村生活污水处理工程	配置一体化污水处理设备 133 套	2 336.64	13 890.89	639.67		35.13	3 539.80									
			龟石水库准保护区农业面源污染治理工程	生态修复面积共 193.72 hm^2，生态透水坝长 4.777 km	11 520.65		121.35		—	—									
			龟石水库准保护区生态浮床工程	生态浮床 1 600 m^2	33.60				—	—									
		入库支流生态修复工程	龟石水库准保护区入库支流生态修复工程	新建护岸 5.280 km，细分子污水处理工程 1 套	570.86	570.86			—	300.00									
	非工程措施	龟石水库综合管理工程	龟石水库饮用水源综合管理建设工程	自动监测站及水源巡查管理	10.32	10.32			270.00	—									

第 7 章　结束语

贺州市龟石饮用水源保护工程(一期)是一项综合性工程,就目前而言,贺州市各部门实施保护水源工程方面都是各自为战,实施项目较多,但是都未组织验收及后评价,有的甚至已经破坏。本次设计总治理面积为 449.08 km^2,占总流域面积的 1/3。分三区:一级水源保护区、二级水源保护区、准水源保护区,26 片单元工程:碧溪山南片、碧溪山北片、老岭塝北片、老岭塝南片、新村片、新石片、长源片、军田山片、凤岭片、石坝片、内新片、洪水源北片、洪水源南片、龙头片、新祖岭片、虎岩片、上井片、新寨片、中屯片、粟家片、新坝片、鲤鱼坝片、沙洲片、下鲤鱼坝片、吉山片、深井片单元。按照工程项目划分有:①隔离防护工程;②标志设置工程;③确权划界工程;④农村生活污水治理工程;⑤农业面源污染治理工程;⑥入库支流生态修复工程;⑦道路改造工程;⑧龟石水库综合管理建设工程;⑨水源保护综合管理平台建设工程等方面综合治理。涉及污染负荷及污染量、生态透水坝、低洼塘(前置库)、生态修复池、农村生活污水收集和处理一体化站、面源污染防护、截污沟防护、植物吸收、岸壁式和河湖式水质监测和测报信息化等。

本项目在"末端强化"治理中,对农村面源污染和农村生活污水调查、污染量的定量分析、与治理相关的入库支流的设计洪水与生态用水标准、设计水平年、研究范围、规划范围、治理方案和措施、工程投资等方面的饮用水源保护进行了系统工程设计和实践。

参考文献

[1] 广西梧州水利电力设计院. 贺州市龟石饮用水源保护工程(一期)初步设计报告[R]. 2020.

[2] 张菲菲 ,黄海林 ,吴海洋,等. 人工湿地植物的选择与利用及存在问题[J]. 江西科学,2006(2):33-37.

[3] 王云辉,何建新,李光明. 湖区庭院常见绿化树种耐水淹性状调查[J]. 林业科技通讯,1998(7):30-32.

[4] 曾玲玲. 深圳市西丽水库前置库水生态修复植物配置研究[J]. 人民珠江,2014(4):45-46.

[5] 恒晟水环境治理股份有限公司. 玉林市苏烟水库饮用水水源地保护工程初步设计报告[R]. 2020.

[6] 广西壮族自治区市场监督管理局. 湖库型饮用水水源地生态环境修复技术规程:DB45/T 2234—2020[S]. 2020.